Chung Ku
Publishing

업스타일 총론

Up-Style Master

청구문화사

머리말

"배우지 않고 상상력만 가지고 있는 사람은 날 수는 있어도 걷지는 못한다."는 중국 격언이 있습니다. 또한 어떤 디자인이 아름답다는 것은 기능에 충실했을 때 보여지는 조형미를 말합니다. 헤어 업스타일 역시 기술을 연마하지 않으면 쉽게 작품을 완성할 수 없는 헤어 파트입니다. 이 책자에서는 초보자 혼자서도 독학할 수 있도록 기본 기술에 충실했으며 프로패셔널한 응용 작품까지 이론과 실기를 곁들어 충분히 이해할 수 있도록 직접 모델을 선정하여 시연 연출 하였습니다.

커트가 매끄러움과 감소의 미학을 갖고 있다면 업스타일은 입체적인 증가의 미학을 가지고 있습니다. 또한 업스타일은 헤어 예술로서 디자이너가 사람의 머리 위에서 조형의 미를 담아낼 수 있는 하이 파트이기도 합니다. 헤어 디자이너라면 커트와 퍼머, 컬러링은 물론 이거니와 업스타일의 분야에도 관심을 갖고 꾸준히 연구 노력을 하여야 유능한 디자이너라 할 수 있습니다.

1장에서는 업스타일의 정의와 개념, 2장에서는 업스타일의 역사, 3장에서는 업스타일 디자인, 4장에서는 업스타일 기본요소, 5장에서는 업스타일의 도구와 재료, 그리고 마지막으로 6장에서는 업스타일의 실제 테크닉과 응용을 자세하게 설명을 곁들어 롱, 미디움, 쇼트 헤어 길이별로 시연을 하였습니다.

최선을 다하여 작품을 쉽게 담아내고자 하였지만 미흡한 점이 많습니다. 또한 우리나라 업스타일의 역사를 업스타일 총론에서 다룰 수 있었다는 것과 업스타일 디자인 법칙과 응용 테크닉이 조금이라도 독자들에게 도움이 되었다면 용기와 격려로 삼겠습니다.

끝으로 이 책이 출간되기까지 수고하신 교수님들, 모델들, 그 외 도와주시고 격려해주신 고마우신 분들께 감사드리며, 출판을 맡아준 청구문화사 임직원들께 진심으로 감사의 마음을 전합니다.

2007년 8월
저자 일동

목 차

제 1 장 업스타일의 정의

제 1 장 업스타일의 정의

헤어에서 업스타일(Up style)이란 올린머리를 말하는데 사전에서 찾아보면 명사로서 'up+style' 즉, 머리를 높이 빗어 올려 위에서 마무르고 목덜미를 드러내는 여자의 머리 모양'이라고 정의되어 있다. 과거 여성들에게 높게 올린 머리는 매력의 상징이었다. 당나라 여성들은 머리를 30cm 이상 올렸으며 숱이 모자라면 검게 칠한 나무나 철사로 가발을 만들어 머리에 붙였다. 서양에서도 마찬가지로 18세기 영국 여성의 가발 중에는 높이가 약 120cm 정도에 이르는 것도 있었다고 한다.

이렇게 높게 올려 진 머리모양이 과거에는 지위와 아름다움을 표시하는 수단이었다면 현대의 업스타일은 위로 올려 빗는 것만이 업스타일이라 하지는 않고 어느 방향으로든 머리를 땋거나 꼬기, 혹은 하나의 포인트를 만들어 목덜미 위 어느 한 곳에 고정시켜 아름답게 연출시키는 모든 헤어스타일도 업스타일에 포함되기도 한다.

커트가 감소시키는 미학(美學)이라면 업스타일은 더하는 미학으로, 우아함과 여성스러움을 묘사하는 예술적인 디자인에 따라 양감(量感)을 넣어 연결하고, 넓게 펴거나 또는 헤어피스(Hair Piece)를 사용하여 모발의 분량을 보충하기도 한다. 기술상 표현에 있어서는 단순화된 직선과 곡선으로 칼라(Hair color)와 질감(Texture)을 표현하며, 매듭, 꼬기, 또는 컬(Curl)을 이용하여 웨이브(Wave)를 형성하여 형태와 모양의 구성으로 다양한 업스타일을 연출하고 있다.

또한 업스타일은 빠른 시간에 여러 스타일로 바꿔가며 표현할 수 있으므로 커트(Cut)와 펌(Perm)과는 달리 새롭고 다양한 스타일을 연출할 수 있는 영역의 폭이 넓은 반면, 주어진 공간과 시간에 한정되는 스타일이기 때문에 헤어디자이너에게 소홀히 다뤄지고 다른 영역으로 인식되어져 발전이 늦어진 이유가 되었다.

먼저 디자인 개념으로 한 미(Art)의 조형요소를 이해하고 그 표현방법에 있어서 반복된 숙련 끝에 얻어진 기술에 의해 기본적인 바탕이 이루어져야 한다. 그 토대 위에 체계적인 원리와 조형감각의 이해를 통하여 보다 쉽고 다양한 업스타일을 고객의 요구를 폭넓게 수용할 수 있는 예술성을 대중화함으로써 미용의 한 부분을 표현할 수 있을 것이다.

여기에서 헤어디자이너의 개인의 역량은 일상생활 속에서 체득할 수 있는 아이디어, 다양한 소품 활용 등을 통해 독창적이면서 아름다운 작품세계를 자유롭게 발휘할 수 있는 창의적이고 다양한 테크닉이 개발되어 질 때 질적인 가치를 높일 수 있다.

특히 각종 중요한 의식이나, 음악회, 파티, 모임 등의 행사가 문화적 생활로 정착되어 한복이나 웨딩에서만 주로 활용되어지던 업스타일은 오늘날은 캐주얼 의상이나 정장에도 많이 활용되어지고 있으며, 미적인 감각과 쓰임새의 조화를 통한 목적에 맞게 실용적인 업스타일 디자인을 선호하는 경향이 두드러지고 있다.

결론적으로 지위나 나이, 의상에 상관없이 때와 장소에 구애받지 않고 분위기에 맞추어 자연스럽게 업스타일 할 수 있는 것이 현대의 긴 머리 업스타일 풍속도라 하겠다.

제2장 업스타일의 역사

제2장 업스타일의 역사

1. 우리나라 업스타일의 역사

1) 상고시대

(1) 사회적 배경

우리나라에 사람이 살기 시작한 것은 구석기 시대부터이며, 석기 시대에서 청동기 시대를 거치면서 민족의 기틀이 이루어졌다. 구석기 시대에는 살기 좋은 강가를 찾아 무리지어 떠돌아다니며 채집과 사냥으로 식량을 마련하였고, 풀과 나무껍질, 짐승 가죽 등으로 몸을 감싸서 추위를 견디어 냈다. 신석기 시대에는 구석기 문화보다는 한층 발달된 문화로서, 돌을 갈아서 만든 도구인 마제 석기를 이용하여 식량을 생산할 수 있었고, 토기를 생산하여 음식물이나 식량을 저장하였다. 청동기 시대부터 본격적인 농경생활을 시작했던 우리 조상들은 농업이 발달하자 부자와 가난한 사람이 생겨나게 되었고 또 농사지은 곡식이나 땅을 지키기 위하여 씨족끼리 동맹을 맺어 다른 씨족들과 싸우게 되었다. 고대 사회의 신분은 귀족, 평민, 천민으로 이루어졌으며, 혈통에 따른 신분의 세습이 철저하였다.

(2) 상고시대 헤어스타일

우리나라 여성들의 최초의 머리 모양은 태어나서부터 전혀 손질하지 않은 흐트러진 자연 상태의 머리모양인 피발(被髮)이었을 것으로 짐작된다. 이는 무리지어 떠돌아다니며 채집과 사냥으로 식량을 마련했기 때문에 머리를 자를 도구도 없었을 뿐만 아니라 머리에 모양을 내는 데는 관심조차도 없었을 것이라는 추측이다. 그러다가 씨족공동체사회(氏族共同體社會)를 이루면서 음식과 식량을 저장할 토기를 생산하게 되었는데 이때부터 돌을 날카롭게 해서 머리카락을 자르거나, 일할 때의 불편함을 해소하기 위해서 머리를 묶게 되었다. 머리카락을 묶는 것을 속발(束髮)이라고 하는데, 바람에 흩날리는 것을 방지하기 위해서 처음에는 짐승의 가죽이나 식물의 줄기로 끈을 만들어 속발에 사용하였다. 이때부터가 우리나라 업스타일의 시초가 되었다고 할 수 있다. 나아가 이 묶은 머리는 이 후 빗의 발명으로 미적인 감각을 일으켜 더욱 다양해지면서 오늘날까지 업스타일의 기본기술로 자리매김하고 있다.

변발, 메소포타미아 지방의 여인상

수발 속발 청동기에 새겨진 여인상

묶은 머리인 속발(束髮)에 이어 빗의 발명으로 머릿결을 아름답게 보이는 수발(垂髮)의 형태가 나타났는데 수발(垂髮)이란 사전적(辭典的)인 의미로는 뒤로 머리를 길게 늘어뜨린 여자의 머리 모양으로 불상(佛像)이나 신상(神像)에서 많이 볼 수 있다고 기록되어 있다. 묶은 머리를 더욱 아름답게 표현할 수 있고 흐트러진 머리를 가지런히 빗어 내리는 빗의 발명은 처음에는 손가락을 이용하여 머리손질을 터득하였다가 짐승의 뼈로 빗을 만들어 사용하였다. 또한 머리카락을 한데 모아 풀어지지 않게 단단히 동여매는 비녀 역시 짐승의 뼈로 만들었다.

수발이 검은 머리의 피발과 속발을 더욱 세련되고 단정하게 한 머리 형태라면 머리를 땋아서 모양을 내는 변발(辮髮)은 빗을 이용하여 머리카락을 곱게 빗어 내린 뒤 창작성을 가미하여 기교적인 머리 형태를 만드는 방법으로서 이때부터 다양한 머리형태가 창출되었다.

2) 삼국시대

(1) 고구려

졸본에 주몽이 건국한 고구려(B.C. 37~668)는 삼국시대의 세 나라 중에서 한반도의 가장 북방인 압록강 중류 유역에서 국가의 기틀을 마련하였다. 이곳은 산간지역으로 식량생산이 충분하지 못하였다. 따라서 일찍부터 대외 정복활동에 눈을 돌렸고 사회기풍도 씩씩하여, 걸음을 걸을 때도 뛰는 듯이 행동을 빨리 하였으며, 막강한 군사력을 바탕으로 북벌의 대업을 이루며 705년 동안이나 독자적인 문화를 형성하였다.

사회풍속으로는 3월 3일에 수렵의 형식을 빌려 왕이 참석한 가운데 무술 경기를 열었고, 바둑, 축국(발로 차던 꿩깃이 꽂힌 공), 무도, 음악, 씨름 등의 오락을 즐겼다. 불교의 전래로는 소수림왕 때인 372년, 중국의 전진에서 순도가 불상과 불경을 전해준 것이 최초이다. 고구려의 불교는 백제, 신라, 일본에 많은 영향을 주었다.

① 고구려의 헤어스타일

고구려 여인의 머리모양에 관한 기록은 「구당서」와 「당서」의 '여자가 머리에 건괵을 썼다'라는 기록만 있으나 여러 고분의 벽화를 통하여 그 시대의 머리양식을 어느 정도 살펴볼 수 있다. 고구려 고분 벽화 속에 나타난 여인들의 머리 모양은 우리 고유양식과 중국의 영향을 받은 외래양식으로 구분할 수 있는데 우리 고유의 양식인 얹은머리와 쪽진머리는

안악3호분 시녀

덕흥리고분의 쌍계

전통머리로서 현재까지도 애용되어오고 있다. 각저총(角抵塚)의 고구려 여인과 송죽리 벽화 고구려 여인상은 쪽진머리를 하고 있고, 삼실총의 고구려 여인과 수건을 쓴 삼실총 여인은 얹은머리를 하고 있다. 또한 안악 3호분의 벽화에서는 높게 올린 머리에 타원형의 테를 두르고 있고 덕흥리 고분에서는 2개 이상으로 머리 다발을 만들어 묶은 쌍계를 볼 수 있다.

② 업스타일의 종류

ⓐ 얹은머리

얹은머리는 두 가지 방법이 있는데 그대로 틀어 올리는 방법과 땋아서 올리는 방법이 있다. 고구려벽화에서는 이 두 가지 형태를 볼 수 있다.

무용총의 얹은머리

무용총의 가무도

무용총의 얹은머리

무용총 시녀공양도 후자의 머리 모양은 머리를 그대로 올리고 둥글게 하여 머리 위에 바짝 붙이는 얹은머리를 하고 있고, 춤을 추고 있는 인물도에서는 오늘날의 애교머리처럼 옆머리를 한 가닥 내려뜨린 얹은머리를 하고 있다.

㉠ 쌍영총의 얹은머리

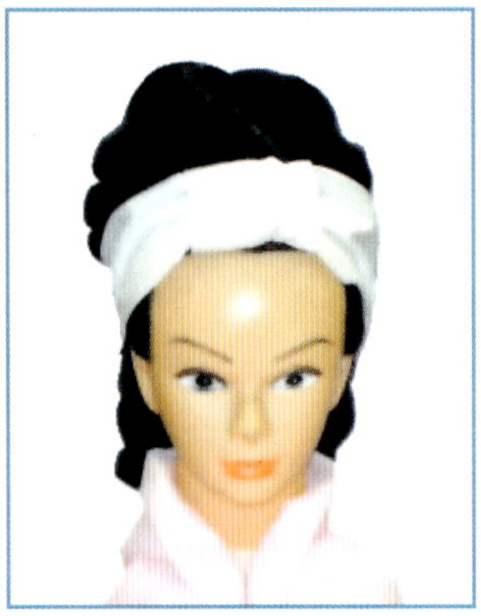

쌍영총의 얹은머리

ⓑ **쪽진머리**

쪽진 머리란 북계, 후계, 다시 말해 두발을 뒤통수에 낮게 트는 양식을 말한다. 쌍영총 인물도의 '우차를 따르는 여인' 의 머리모양은 긴 머리를 동여맨 것 같이 느슨하게 쪽진 머리를 하고 있다. 또한 각저총의 건괵을 쓴 여인도 납작하게 쪽을 지어 장식용 머리 수건으로 모가 나게 앞쪽으로 덮어쓰고 있는 모양을 하고 있다.

쌍영총의 쪽진머리

각저총의 쪽진머리

안악2호분 행렬도

무용총의 부분도

고구려의 쪽진머리

쪽진 머리에는 쪽을 찌고 머리모양을 고정시키기 위해 비녀를 사용하였다. 이것으로 보아 쪽진 머리는 얹은머리와 함께 삼국시대의 공통적인 머리 모양으로 오늘날까지 이어져 오고 있는 우리나라 업스타일의 고유양식이라 할 수 있다.

ⓒ 묶은 중발머리

무용총의 시녀 공양도에 나오는 여인의 머리는 목선아래 별로 길지 않은 머리를 간편하게 하기 위하여 낮게 묶은 뒤 다시 반전시켜 머리끝이 위로 향하도록 묶은 머리 모양을 하고 있다. 삼실총의 여인 인물도도 머리끝이 위로 향하도록 묶여 있으며, 앞쪽 두 가닥을 길게 늘어뜨린 것이 오늘날의 애교머리와 비슷하다.

무용총의 묶은 중발머리

삼실총행렬도의 평민복장 여인 묶은 중발머리

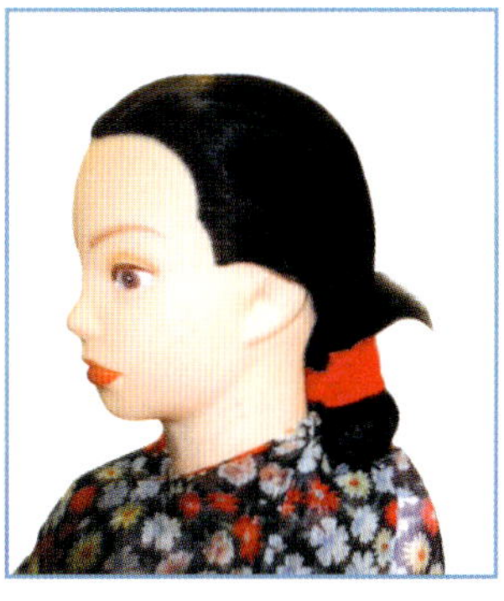

고구려의 묶은 중발머리

안악3호분 고계

안악3호분의 고계

안악3호분 부엌의 고계

안악3호분 우물가의 고계

고구려의 고계

ⓓ **고계**

안악 3호분의 동수부인과 시녀들의 머리모양은 가체를 이용하여 머리의 중앙을 높게 올려 중간에서 장식 끈으로 장식하고 타원형의 테를 둘렀으며, 두 가닥을 양볼 쪽으로 드리우게 하는 고계양식의 머리모양을 하고 있다. 오른쪽 시녀의 머리모양은 여러 가닥으로 머리를 높게 틀어 올려 붉은 댕기로 흐트러지지 않게 뒤로 묶은 고계를 하고 있고, 부엌 쪽의 여인의 머리 형태는 본인의 머리채를 하나로 묶은 다음 정수리에 높게 고정시키고 타원형의 환을 부착시켰으며 붉은 댕기로 쓰러지지 않게 고정시키면서 멋스럽게 장식한 듯하다. 안악 3호분의 우물가의 여인상 역시 고계형식으로 타원형의 틀을 머리 위쪽으로 올려 더욱 높게 장식하고 댕기로 고정시켰다. 타원형의 테는 떠구지와 비슷하고 떠구지는 지금의 혼례용 화관에 비교할 수 있는 수식이다.

(2) 백 제

백제(B.C. 18~660)는 일찍부터 중국과 교류하면서 선진 문화를 수용하였다. 따라서 지배층인 왕족과 귀족들은 중국의 고전과 역사책을 즐겨 읽고 한문을 능숙하게 구사하였으며, 관청의 실무에도 밝았다. 또한, 상무적인 기풍이 있어서 말 타기와 활쏘기를 좋아하고, 투호와 바둑 및 장기를 즐겼다. 백제인의 언어, 풍속, 의복은 고구려와 큰 차이가 없었다.

불교가 중국에서 전해진 것은 고구려 보다 12년 뒤인 침류왕 때인 384년이고 백제 불교가 크게 발전을 보게 된 것은 성왕 때 승려 겸익이 인도에 가서 많은 연구를 하고 돌아와 예의와 의식을 중요하게 여기는 계율종을 폈던 526년 때이다. 또한 삼국 중에서 불교를 일본에 가장 먼저 전해준 나라도 백제이다(552년).

고란사의 삼천궁녀들의 쌍환계

백제의 쌍환계

백제의 헤어스타일

백제사회의 업스타일은 중국 문헌을 통해서 살펴볼 수 있다. 「북사열전」에 '여자는 머리를 땋아 뒤로 늘이되 출가하게 되면 두 갈래로 나누어 머리 위에 얹는다.' 라는 기록과 「주서」에 '미혼녀는 땋아서 머리 위에 둥그렇게 얹고 한 갈래로 내려 수식(修飾)하며, 기혼녀는 두 갈래로 나누고 다닌다.' 는 기록이 있는데 이것으로 보아 백제 여인의 헤어스타일은 길고 아름답게 가꾼 머리를 생활하는데 편리하게 땋거나 묶어서 두상의 어느 한 점에 고정시켰고 또 반올림머리로 옆머리 앞머리는 올려서 얹고 뒷머리는 길게 늘어뜨려 멋을 창출했다는 것을 짐작할 수 있다. 백제 여인의 머리형태로 남아있는 그림은 삼천궁녀의 이야기를 상상으로 그린 그림인 쌍환계가 있다.

쌍환계

쌍환계란 머리를 땋거나 꼬아서 둥그렇게 환을 만들어 장식하는 머리 형태를 말하는데 머리 모양이 두 개 이상의 환으로 구성되어 있다. 쌍환계가 보여 지는 그림으로는 낙화암 고란사의 법당 뒤에 그려져 있는 삼천 궁녀의 이야기 그림이 있다.

(3) 신라

신라(B.C. 57~668)는 고구려, 백제에 비해 중앙 집권 국가로 발전한 시기가 늦은 편이었다.

신라는 동남방에 치우쳐 있던 까닭으로 대륙의 문화를 뒤늦게 받아 들였으나, 고구려 문화와 고구려를 통한 중국 북조계통의 문화를 받아들였고, 고구려 보다 한층 세련된 백제문화와 백제를 통한 중국 남조계통의 문화를 받아들였다. 또한 수 · 당과 친해져 그 문화를 받아들이게 되면서 창의적인 면에서는 어느 나라보다 훌륭한 문화를 형성하였다.

사회 풍속으로는 팔월 보름날을 가배라 하여 1년 중 가장 큰 명절로 여겼으며 남자는 활쏘기, 여자는 길쌈대회를 했다. 정월 초하루에는 해와 달에 제사를 지냈고 정월 보름에는 약밥을 지어먹고, 그것을 까마귀에게 나누어 주었다.

신라시대의 업스타일

신라여인들도 고구려 백제 여인들과 마찬가지로 얹은머리와 쪽머리를 하였음을 옛 고서를 통하여 알 수 있다. 「북사」와 「구당서」에 모두 '신라여인이 머리를 땋아 두상에 두르고 비단과 구슬로서 장식하였다.' 고 기록하고 있고 「동서지」에 '신라는 국토의 북방이 허하므로 여자의 머리 맺음을 뒤로 했다. 고로 그 이름을 북계라고 하고 지금에 이르기까지 그대로 이르고 있다' 라고 하였다. 이 북계는 후계(後髻)로 쪽머리를 가리키는데, 신라시대 여인들은 머리가 부풀지 않도록 머릿기름을 발라 참빗으로 곱게 빗어 뒤통수에 낮게 쪽을 지어 비녀를 꽂았다. 이러한 신라 여인들의 얹은머리와 쪽진머리 형태는 삼국시대로부터 고려, 조선시대를 거쳐 현재에 이르기까지 시대에 따라 약간의 변형은 있었지만 기본적인 업스타일로 자리매김 되어 오고 있다.

(4) 통일신라시대

삼국통일은 삼국이 지니고 있던 혈연적 동질성과 문화적 공통성을 바탕으로 하여 우리 민족문화가 하나의 국가 아래 발전하는 계기가 되었다. 언어와 풍습은 비슷하였고, 복장을 비롯하여 절하는 모습에서 약간 차이가 나는 정도였다.

문화사적으로는 통일신라(A.D. 669~935)는 경제생활의 안정으로 당과의 문화교류가 활발히 이루어졌는데, 신라 고유의 문화를 잘 보존하면서 중국문화와도 잘 융합하여 교육과 학문, 문학과 예술 등 여러 방면에서 찬란한 민족문화를 꽃피웠다.

통일신라시대의 업스타일

삼국의 통일로 찬란한 문화를 꽃피웠던 통일신라시대 여인들의 헤어스타일은 고구려, 백제와 함께 얹은머리와 쪽머리가 여전히 토착 헤어스타일로 남아있었고 당나라와의 교역으로 다양한 머리가 유입되어 쪽머리에 가체를 올린 커다란 얹은머리가 유행이 되었다.

선덕여왕 22년에 당시 다리가 신라의 명물로서 중국에 수출되었고 아름답고 긴 머리를 장식하기 위하여 체의 매매가 있었던 것을 「삼국사기」를 통해 알 수 있다. 신라 여인의 머리모양은 당나라의 머리 형태를 모방하였을 것으로 추측된 바, 보스톤 미술관에 소장되어 있는 장원의 '도련도' 에서 꽃과 보석으로 장식된 화려한 고계형식의 화계 업스타일을 찾아볼 수 있다.

통일 신라시대의 화계

장원의 도련도

3) 고려시대

고려(918~1392)는 통일신라의 발전된 문물을 그대로 계승하면서, 옛 고구려의 부흥을 조국의 한 이념으로 삼고 불교를 국교로 받아들였다. 사회 신분은 귀족과 중류, 양민과 천민으로 구성되었다. 신분은 세습되는 것이 원칙이었고, 각 신분에는 그에 따른 역이 부과되었다. 풍속으로는 토착 신앙과 융합된 불교의 전통 의식과 도교 신앙의 풍속을 따랐고, 행사로는 팔관회와 연등회가 대표적이었다. 또한 명절로는 정월 초하루, 삼짇날, 단오, 유두, 추석 등이 있었으며, 단오 때에는 격구와 그네뛰기 및 씨름 등을 즐겼다. 혼인 형태는 일부일처제로 부모의 유산은 자녀에게 골고루 분배되었으며 남녀 차별을 하지 않았다.

(1) 고려시대의 업스타일

고려 시대에는 대체적으로 여성의 지위가 높아 호주가 될 수 있었고, 가정생활이나 경제 운영에 있어서도 남성과 거의 대등한 위치에 있었다. 머리 모양은 초기에는 귀족여성은 무거운 가발을 착용하였으나 후에는 쪽을 머리 위에 붙인 것이 아니라 머리를 중간에 틀어 삼홍색의 갑사로 묶은 형태를 했다. 또한「송사」에 기록된 것을 보면 '고려 부인네들의 머리 묶는 것을 보면 오른쪽 어깨에 늘이고 나머지 머리카락을 땋아서 아래로 늘이며 붉은 비단으로 묶고 비녀를 꽂는다.' 고 했는데, 비녀를 꽂으나 오른쪽 어깨 위에 닿을 정도로 늘어지게 쪽을 찌르고, 나머지 머리 다발은 아래로 늘어뜨리는 머리 형태를 하고 있었다는 것을 알 수 있다. 또한 미혼녀의 머리형은 원래 속발로 하던 것이 고려 후기에 몽고풍이 들어오면서부터 변발(땋은 머리)로 하게 되었다. 변발은 상고시대 사회에서도 있었으나 보편화 된 것은 이때부터이다. 따라서 부녀의 머리도 조선시대의 쪽처럼 땋아서 틀어 묶게 되었다고 본다. 얹은머리 쪽머리 외에 고려 불화에 나오는 하늘을 향하여 높게 올려 진 고계와 화계, 말에서 떨어졌을 때의 머리모양처럼 보인다는 추마계라는 머리모양이 존재하였는데 이 모두가 중국의 영향을 받은 것이라 할 수 있다.

① 고려 불화의 고계

고려 불화의 인물 형태는 전체적으로 귀족적인 풍채로서 근엄하면서도 우아하다. 또한 당당하고 활달한 용모는 머리 모양에서도 나타난다. 가체를 이용하여 머리를 높게 올리고 금은보석으로 화려하게 장식한 고려 불화 머리 형태는 강인한 내면 지향의 정신세계가 내포되어 있어 섬세하고 단아하다. 일본 도쿄 센소지(淺草寺)에 소장된 혜허(慧虛) 스님이 그린 '수월관음도(水月觀音圖)' 에 있는 공양자상은 머리를 크게 부풀려 올리되 위로 향한 것이 아니고 평형을 이루면서 붉은 댕기와 흰색 진주 같은 것으로 머리를 장식하였다.

고려불화

고려불화

노영필아미타 9존도

수월관음도의 고계

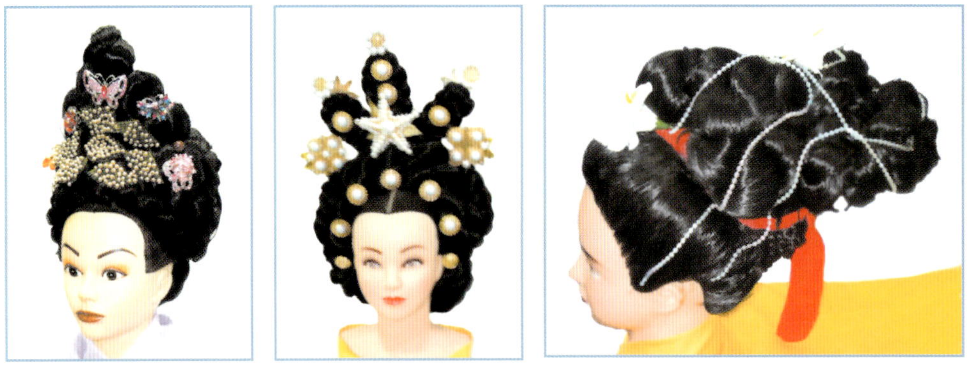

고려의 불화

② 추마계

중국에서는 추마계라는 명칭이 말에서 떨어졌을 때의 여자들의 머리모양과 같다고 해서 붙여진 이름인데 쪽진 머리와 같이 머리를 땋아서 틀어 묶은 것이 아니라 그대로 틀어 묶은 것으로 조선시대에 들어와서는 민간에서 볼 수 있었던 '새앙머리'와 비슷한 것이라 한다.

'한희재 야연도'는 한희재가 관직에서 벗어난 후 울분을 삭이기 위해 날마다 잔치를 열고 퇴폐적인 일상을 보냈는데, 그 밤잔치가 너무나 소문이 나자 궁금해진 왕이 궁정화가 고굉중을 그 파티에 보내 스케치해오도록 했다. 남의 사생활을 은밀하게 감상하고는 왕실 소장 목록에서 실수로 삭제하지 못한데서 이 그림이 남게 되었는데 인물화의 소재로서 많은 화가들이 모방을 하였다.

한희재 야연도의 부분도

한희재 야연도의 부분도

고려의 추마계

4) 조선시대

조선(1392~1910)은 고려 말의 여러 모순을 시정하면서 국가의 면모를 새롭게 하였다. 개인의 능력이 존중되고 사회제도가 합리적으로 개편되는 등 이전 시대와 다른 면을 보여주었다. 억불 숭유 정책을 국시로 하여 유교가 조선왕조의 지도이념이 되어 양반, 관료 중심의 사회체제를 확립해갔다.

양반, 중인, 상민, 천민의 엄격한 신분제와 가부장적 가족 제도 중심의 사회질서로 말미암아 서얼을 차별하였고, 여자들의 재가를 금지하였다. 조선 후기에는 사회적 변동으로 평등사상을 담은 동학과 천주교가 유포되고 크고 작은 농민 봉기가 전국적으로 일어났다. 일반 백성들은 두레와 계로서 자기들의 생활질서를 유지하고자 하였다.

조선시대의 업스타일

조선시대 여인의 머리 형태는 중국의 영향으로 양반에서 천민까지 다양한 스타일을 구사하며, 지금의 액서사리라고 할 수 있는 장식품을 활용하여 더욱 더 높고 아름다운 헤어스타일을 추구해왔다. 초기에는 고려시대의 머리 모양을 그대로 받아들여 쪽머리와 얹은머리를 수용해오던 중기쯤에 원나라의 영향으로 '체계 양식'이 부녀들 사이에 크게 유행이 되어, 가체에 드는 비용이 너무 커 사회 폐단 문제로 제기되기도 했다. 정조 12년에 가체 금지령이 단행되기 전까지 성행한 형태는 부인의 얹은머리로 체를 드리어 크게 빗은 것이었다. 이 지나친 머리 사치 풍조로 논란이 가장 많았던 정조 12년에 체를 금하고 쪽진 머리로 대신하도록 하였으나 순조 이후에야 실시가 된 듯하다.

체계란 가체, 다시 말해 가발로 머리 모양을 꾸미는 것을 말하는데 본인 머리에 체자(髢子), 월자(月子)라 불리는 다래, 즉 다른 사람의 머리카락을 덧붙여 얹은머리 스타일을 만드는 것을 말한다.

조선시대 여인의 머리모양은 신분과 계급에 따라 다양하게 나타났다. 왕비, 왕세자빈 또는 내외 명부의 의식용으로 대수, 큰머리, 어여머리가 사용되었고, 평상시에는 첩지머리, 쪽머리를 했다. 관례를 치른 궁녀에게는 어여머리가 사용되었고 태어나서 처음으로 머리를 올리는 아기 내인들에게는 배씨 머리로 꾸며졌다.

일반 평민 부녀자들은 본인의 머리카락으로 만드는 얹은머리, 쪽진 머리를 애용하였으며 미혼녀들은 땋은 머리를 하고 다녔다. 민화에 많이 나타나고 있는 기녀들의 얹은머리는 가체를 이용한 트레머리로 최대한 풍성하게 연출되었고 두 개의 쪽으로 만들어진 낭자쌍계도 쪽머리의 변형으로 잠시 나타나기도 했다. 신분에 따라 머리를 화려하고 높게 올렸던 조선시대의 머리 모양은 서구 문물이 들어오는 개화기 이후부터 여성들의 사회참여로 인하여 간편한 복장과 함께 간단한 헤어스타일로 변화하게 되었다.

① 얹은머리

얹은머리 형태의 머리모양은 삼국시대부터 조선시대까지 계속하여 사용되었던 것으로 보인다.

가체로 만든 얹은머리는 조선조 중기에 나온 것으로 가르마를 타서 뒤로 넘긴 머리를 본머리로 하고, 그 위에 다래를 여러 개 엮은 가체를 얹어 놓기도 하고 또아리처럼 넓적하게 해서 본 머리에 핀과 끈으로 고정시킨 머리모양으로 사람의 머리카락을 이용해 만들었기에 대단한 고가품이었다. 영, 정조 시대에 기본형의 얹은머리를 만드는 데 드는 가격이 20냥, 당시 시세로 황소 한마리 값이었으며 더욱 화려한 모양새로 만들면 수백 냥을 소비하기도

얹은머리

조선시대 일반부녀자들의
의례용머리: 업스타일

얹은머리

김홍도의 우물가
– 서민들의 얹은머리 –

했다. 결혼을 하기 위해서는 가체머리를 올려야 했는데, 부유한 집안에서는 화려하게 가체머리를 얹고 식을 올렸지만, 가난한 집에서는 가체머리 할 돈이 없어 결혼을 미루기도 했다.

② 트레머리

트레머리는 기본의 얹은머리에 가체를 사용하여 높고 풍성하게 올려 진 머리 모양을 말한다. 머리를 높게 올린다는 의미에서 고계와 비슷하나 조선 후기 신윤복이나 김홍도의 풍속도에 많이 나오는 기녀의 머리 모양을 살펴보면, 쪽머리에 사용되어진 족두리가 보이지 않는 점이 다른 모습이다.

트레머리

신윤복 미인도 : 트레머리

단오풍경 트레머리

굿놀이 – 트레머리

영친왕비

대수의 재현

신윤복의 인물풍속화에서는 여인들의 얹은머리가 자주 보이는데 회화에 나타난 여인들의 대부분은 기녀나 상민, 천인들로서 제 머리만으로 가체를 이용한 얹은머리를 하고 있다. 트레머리는 조선왕조가 붕괴되고 신분사회의 의미가 약화되면서 사라지게 되었으며 곧 본머리로 틀어 올려 정수리에 얹는 정도의 단정한 모습으로 바뀌어졌다. 트레머리는 머리에 많은 수식을 하지 않고도 기하학적 비대칭의 조화미를 이루면서 기교적으로 대담하게 꾸며진 업스타일이라고 할 수 있다.

③ 대수

조선시대 궁중에서 대례를 행할 때 왕비가 갖추는 가체머리를 말한다. 머리 양식은 전체적으로 위보다 아래가 넓은 삼각형 형태를 이루고 있다. 머리를 어깨 높이까지 곱게 빗어 내리고 양 끝에 봉이 조각된 비녀를 꽂으며, 뒷머리 가운데에는 숱이 많은 머리를 두 갈래로 땋아 자주색 댕기를 늘이고, 머리 위와 앞 부분에 떨잠과 봉비녀 등으로 웅장하게 장식한 형태를 이루고 있다. 영친왕비의 대수가 유물로 남아있다.

④ 거두미(큰머리)

거두미는 궁궐 안에 기거하는 왕족녀들이 사용하던 것으로 목제 가발을 말한다. 가체 대신 목제를 만들어 쓰게 한 것은 가체머리를 사치풍조로 보고 이를 시정해보려 했던 기록이 정조3년에 '내가 등극한 후에 먼저 궁중에서부터 이를 금해야겠다. 옛날에는 모발로 하던 것을 나무로 대신하게 하였으니 이것이 가계의 제도이다.' 라고 나와 있다.

거두미

제조 상궁 거두미

조선시대 거두미

거두미는 고가의 가체머리와 달리 나무로 만들어 비용을 대폭 절감할 수 있었고 무게도 훨씬 가벼워졌다. 목제 가발에는 다리를 엮은 듯 보이는 무늬가 새겨져 있는데, 큰 다리를 엮어 만들었다는 것을 표시하기 위해서였다. 거두미는 궁중의 머리 양식이었지만 민간인들이 혼례식을 할 때 착용할 수 있었다. 이것으로 보아 거두미는 올림머리 위에 화관과 면사포를 쓰고 예식을 올리는 현대 결혼식의 웨딩 업스타일과 무관하지 않다는 것을 알 수 있다.

⑤ 어유미(어여머리)

어유미는 얹은머리의 일종이며 어여머리라고도 한다. 의식 때 명부가 착용하며, 명부 중에서도 외명부가 하던 머리모양이다. 궁중에서는 왕비, 출가한 공주, 옹주와 양반가에서는 당상관 부인만이 할 수 있었고, 상궁은 지체 높은 지밀상궁만이 할 수 있었던 머리모양이다. 민간에서는 혼례식 때 신부가 머리를 장식하는 것으로 거두미와, 어유미 ,그리고 족두리를 사용했는데, 정조 12년 가체심금절목 가운데, '어유미는 명부가 상시에 착용하는 것이나 인가에서 잔치와 혼례 때에 사용하는 것은 금단하지 말라' 고 한 것으로 보아 혼례 때에도 어여머리가 사용되었음을 알 수 있다. 서민 여성들에게 어유미는 혼례용으로 일생에 한 번 사용하는 것이기 때문에 대개 빌려서 이용했다.

어여머리는 대수 다음으로 잘 꾸며진 머리모양이다. 대수는 대례용이고, 착용할 수 있는 기회가 흔하지 않지만 어여머리는 소례용으로 수시로 사용할 수 있어 대궐 안에서 평소에도 볼 수 있는 화려한 머리였다. 어유미 역시 민간인들에게서 차츰 변형이 되어 현대 웨딩 업스타일에서 간단하게 착용하는 족두리 또는 화관에 비유할 수 있다.

윤황후와 어여머리 부인

조선시대 어유미

윤비의 첩지머리

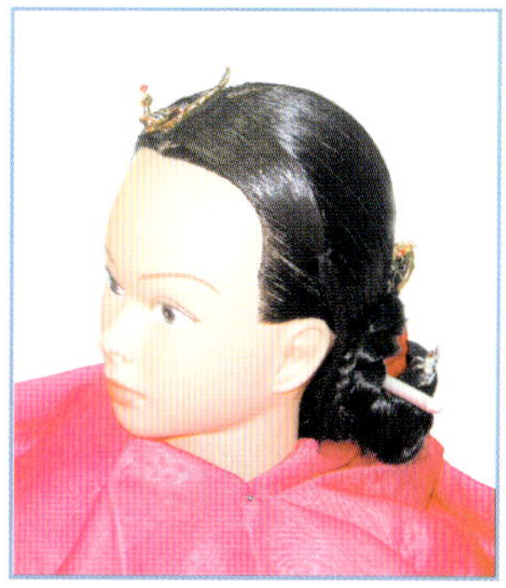

조선시대 첩지머리

⑥ 첩지머리

정조의 가체금지령에 따라 쪽머리만 허용되자 밋밋한 머리를 의식해 최소한의 장식을 곁들인 머리를 하게 되었는데, 이것이 첩지머리이다(그림). 신분에 따라 첩지재료와 장식이 달라서 황후는 용 첩지를, 비빈은 봉 첩지를 썼다. 명부들은 개구리첩지를 사용했는데 지체에 따라 금을 도금하거나 은, 놋쇠를 썼다. 쪽머리를 한 뒤에 가르마 한가운데 위치하도록 첩지를 위치하고, 머리카락으로 가는 띠 같은 것을 만들어 첩지를 고정시켰다. 궁중여인들은 평상시에 사용하였고 외명부는 입궐할 때, 일반 부녀자들은 예장용으로 착용하였다. 의식 때에는 첩지머리 위에 족두리나 화관을 썼다.

⑦ 낭자쌍계

낭자란 쪽머리를 일컫는 것으로 낭자쌍계는 쪽을 두 개 만들어 비녀를 꽂은 것을 말하는데 쪽머리의 왜소함을 보완하기 위해서 크고 도톰하게 응용을 했던 것으로 추정된다. 또한 풍속화에도 자주 나타난 것으로 보아 서민 여성들 사이에 유행했던 머리라고 할 수 있겠다. 흔히 쪽머리는 한 개의 쪽을 쪄서 말아 올리나 낭자쌍계는 두 개의 쪽을 쪄서 비녀를 꽂아 장식했다. 또한 댕기로 장식한 것이 쪽머리와는 다른 점이다. 쪽머리보다는 부피가 크다는 것으로 보아 그 시대 멋을 추구하는 여인들에게 선호도가 높았을 것으로 사료된다.

신토장생도 낭자쌍계

부벽루연회도부분도 낭자쌍계

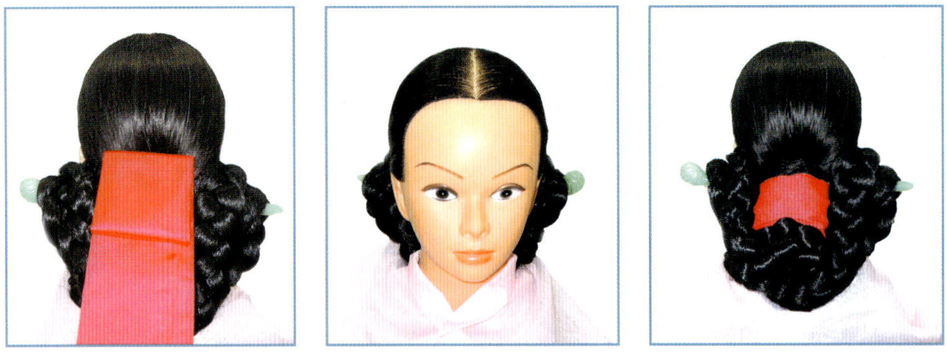

낭자쌍계

배씨머리

⑧ 배씨머리

배씨머리는 태어나서 처음으로 머리를 땋아 단장시키는 방법으로 양반가의 여자 아이들에게 적용된 머리모양이다. 세 살쯤 되면 머리가 손으로 잡아 묶을 수 있을 정도가 되는데 이때부터 가르마를 타고 양쪽으로 나눈 머리카락을 잡아 땋은 후 배씨 댕기로 짧은 머리카락을 함께 엮어 뒷머리에 고정시킨다.

배씨란 먹는 배의 씨를 뜻하며 마름모형으로 되어있고 어린이의 머리 중앙에 올려놓고 양쪽 보조 댕기 끈으로 짧은 머리가 나오지 않도록 뒤쪽으로 잡아 고정시킨다. 배씨머리는 태어나서 처음으로 머리를 땋아 단장시켰다는 것에 의의를 둔다.

⑨ 쪽머리(북계, 후계, 낭자머리)

쪽머리는 현대 사회에서도 가끔 볼 수 있는 헤어스타일로서 한국 여성들의 대표적인 고전머리라 할 수 있겠다. 삼국시대부터 존재하였던 이 쪽머리는 주로 결혼한 부녀자들의 머리 모양으로 북계(北髻), 후계(後髻)라고도 불려왔지만, 흔히 낭자머리라고 불려왔다. 쪽머리가 조선시대에 전국적으로 보편화된 것은 실학사상의 영향이 있었던 순조 중엽 이후(1800)라고 할 수 있다.

쪽머리 양식은 가르마를 타고 양쪽으로 곱게 빗어 뒤로 길게 한 줄로 땋아서 댕기로 끝을 묶은 다음 쪽을 만들어 비녀를 꽂으면 된다. 이때 남편이 있는 여자는 자주색 댕기를 드렸고, 과부는 검정색, 상을 당한 사람은 흰색으로 하였다. 쪽의 위치는 시대에 따라 다르게 표현되었는데 목선을 중심으로 목 위 또는 목선 아래 저고리 바로 위까지 내려온 적도 있었다.

조선시대 쪽머리

5) 현 대

개항 이후 조선사회에 확산된 서양의 종교와 사상은 전통 사회 및 신분 질서의 붕괴를 촉진하는 자극제가 되었다. 조선 후기에 전래된 천주교는 19세기 중엽에 교세가 확장되어 평등의식의 확산에 기여했고, 동학의 인내천 사상은 적서 차별, 남존여비를 부정하는 인간 평등주의로서 평민층 이하의 지지를 받았다. 또한 개신교는 의료사업을 전개하고 각지에 학교를 설립하여 선교과정으로 한글의 보급, 미신의 타파, 남녀평등 사상의 보급, 근대 문명의 소개를 통하여 사회와 문화면에서 많은 영향을 끼쳤으며 애국계몽운동에도 이바지 하였다.

1960년대 이후 꾸준한 경제 개발 5개년 계획의 실시는 1980년대 초반까지 고도의 경제 성장을 이루었다. 또한 산업화와 함께 여성의 취업 인구가 크게 늘어났고, 저임금의 미숙련 노동자에서부터 전문직으로까지 직업 분야를 확대해 나갔으며, 사회적 참여와 함께 위상도 높아졌다. 2000년대 도시화와 산업화가 급속하게 진행되면서 노동 문제, 환경 문제, 여성 문제 등 여러 가지 사회 문제가 대두되었다.

현대의 업스타일

신분에 따라 화려하게 꾸몄던 머리모양은 개화기이후, 외국사조와 신문화의 유입, 여성의 적극적인 사회참여로 인하여, 단순하고 간편한 머리 형태로 차츰 변화하게 되었다.

1910년대 여성들의 머리형태로는 유학을 마치고 귀국한 신여성들에 의해 변화를 가져왔다. 머리를 틀어 올려서 귀밑머리를 풀어 머리를 치켜 올려 빗은 퐁파두르 스타일이 미국에서 귀국한 고순영에 의해 화제가 되었지만 그 당시에는 유행은 되지 않았다.

옆 가르마를 타서 갈라 빗고 뒷머리를 땋아 뒤에다 넓적하게 틀어 붙이는 트레머리와 머리를 뒤에서 한 가닥으로 굵게 땋아서 머리 둘레에 터번 모양으로 둘러 머리 위에 틀어 얹고 핀을 꽂는 둘레 머리가 유행하였다. 이 밖에도 S자 모양으로 틀어 머리 뒤에 종으로 붙이는 S자 머리와 8자 모양으로 머리 뒤에 횡으로 틀어 붙인 8자 머리, 도우넛 모양으로 빗어 붙이는 말똥머리 등이 유행하였다.

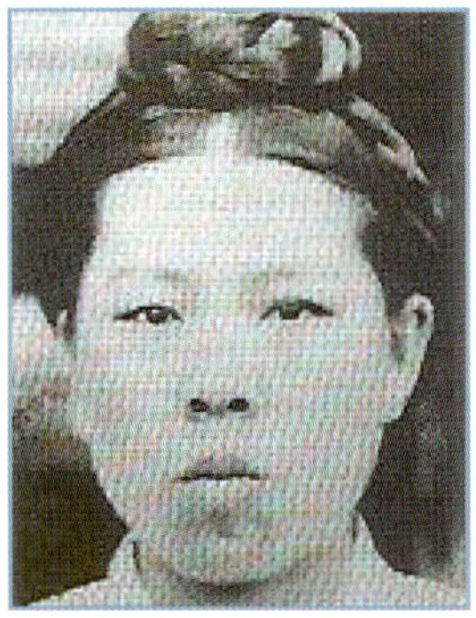

얹은머리

쪽머리 얹은머리

1920년대, 30년대는 일본 유학을 마치고 돌아온 신여성들에 의해 단발머리가 선보여 급속도로 유행을 하였고 업스타일 형으로는 서양 양식인 팜프도어와 조선왕조 후기 여성들의 머리 모양이었던 쪽머리, 얹은머리를 많이 했다.

1950년대 후반 우리나라 영화관이 여러 곳에 신축되었고 여성들은 영화에 나온 패션을 받아들이게 되어 손질하기 쉬운 간편한 헤어스타일을 선호하였다. 부푼 형태의 업스타일은 1960년대를 기준으로 잠시 유행을 하다가 1970년 이후 점차 퇴조하는 현상을 보였다. 여성들의 사회 진출이 많아지고 활동 범위가 넓어져 시간을 절약할 수 있는 퍼머와 짧은 커트머리를 하고 다녔기 때문이다.

1980년대는 고정관념을 깨트리는 비대칭 헤어스타일로 헝클어진 머리나 굵은 웨이브 머리가 유행하였고, 1990년대는 중반부터 컬러링이 일반화 되어가면서 10대 층으로부터 화려한 컬러가 유행을 하였다. 2000년대는 초반까지도 화려한 컬러가 유행을 했지만, 2000년 중반에 들어가면서 건강에 대한 관심도가 높아지면서 화려한 컬러링이 약세를 보였다. 또한 남성이 헤어스타일과 패션에 관심을 보이기 시작해, 남성스타일 여성스타일이 따로 존재 하지 않게 되었고 캐포츠룩의 유행과 함께 스포티한 느낌을 주는 에디 콘로우, 테일드레드, 레게 등 여러 모양의 브레이드 스타일이 유행하기도 했다. 따라서 2000년대 업스타일은 커트와 퍼머, 브로우 드라이와 함께 때와 장소를 가리지 않고 언제 어디서나 누구든지 쉽게 만질 수 있는 스타일이 되었다. 쉬운 예로 핀의 유행으로 혼자서도 쉽게 틀어 올리는 소라형 업스타일이 있다.

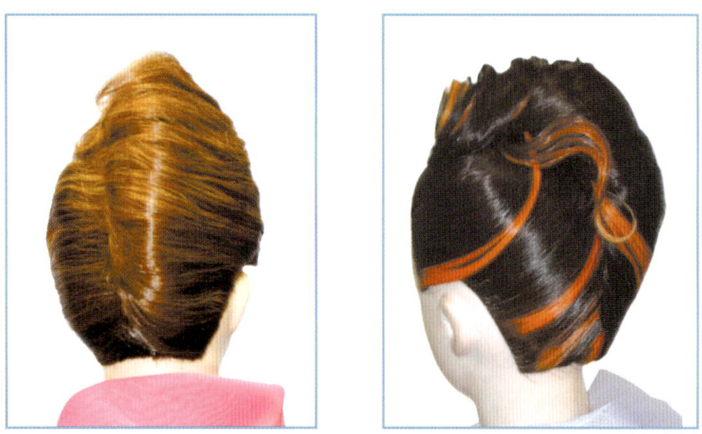

소라머리

업스타일은 팜프도어 스타일을 계기로 고전 업스타일과 서양 업스타일이 혼용되어 사용하게 되었는데 업스타일 유형으로는 셋팅을 하지 않고 바로 묶어서 올리는 시뇽 스타일, 웨딩 업스타일, 싸롱 업스타일, 칵테일 파티 스타일인 헤어 바이 나이트가 다양한 컬러와 함께 2000년대 업스타일의 조형예술로 자리매김 되고 있다.

시뇽 스타일

웨딩 업스타일

싸롱 업스타일

헤어 바이 나이트

2. 서양 업스타일의 역사

1) 고대시대

(1) 이집트(Egypt)

이집트인들은 더운 기후에 적응하기 위해서 개방적이었다. 또한 햇빛으로부터 보호하기 위해 둥근 모자와 짧은 가발 등을 사용하였다. 간단한 의복에 비해 머리형태와 머리장식에는 기교적인 것이 많았고 가발은 성글게 짠 포에 인모, 양모 및 식물성 섬유를 엮어서 만든 것으로 가늘게 땋거나 컬하여 머리 아랫단이 수평에 가까운 보브 스타일(bob style)을 주로 하였다.

(2) 그리스(Greece)

그리스 여성의 머리는 긴 머리로 아름답고 풍부하였으며 향유를 바르고 자연스럽게 뒤로 늘어뜨렸는데 때로는 허리까지 내려오기도 했다. 특히 금발을 좋아하여 잿물이나 노란색 꽃을 우려낸 물에 머리를 감고 온종일 햇볕에 앉아 있기도 하였다고 한다.

초기 그리스 여인들은 앞머리를 곱슬거리게 컬(curl)을 하고 옆에는 작은 고리 모양을 만들었으며, 뒷머리는 그대로 늘이거나 목에서 자유롭게 묶는 등 간단한 형태가 유행했다.

이집트 헤어스타일

그리스 헤어스타일

(3) 로마(Rome)

로마인들도 그리스인과 같이 컬이 있는 금발(red blond)을 좋아하였다. 이에 따라 상류계층 여성들의 머리는 숙련된 노비에 의해 향유와 머리 분을 사용하여 항상 향기 나도록 빗겨 졌으며 황금색으로 염색(hair coloring)을 주로 하였다. 또한 하류계층은 노랑이나 청색으로 했다.

로마시대의 머리형태는 단순한 형에서 복잡한 형으로 다양하게 변화했다. 공화정 시대에는 그리스 헤어 형태에 기초를 두어 머리모양을 앞가르마를 타고 양쪽 머리는 곱슬거리게 늘어뜨리거나 머리 전체를 짧게 컬하고 또는 그리스 여성들과 같이 목덜미 위에서 시뇽을 하는 등 단순한 스타일이 주를 이루었다.

왕정시대에는 정교한 형으로 발전하여 앞머리는 작은 컬이 높게 솟아오르게 하고 뒷머리는 땋아서 늘어뜨리거나 위로 둥글게 말아서 쌓아 올린 스타일 등이 많았다.

로마 헤어스타일

2) 중세시대

(1) 비잔틴(Byzantine) (6~10세기)

비잔틴 시대의 여성들의 머리형태는 초기에는 머리를 자르는 것이 금지되어 있었으므로 자연 그대로의 머리를 늘어뜨리거나 양쪽으로 길게 땋아 허리나 무릎까지 길게 늘어뜨렸다. 4세기 경 귀부인들 사이에는 특수한 머리장식으로 롤과 패드를 댄 큰 캡(cap)이 유행되었는데 롤의 색깔은 궁중이나 상류계급은 흑색 비단으로 하고 일반 여인들은 자색이나 기타의 색으로 하였다.

비잔틴 시대 헤어스타일

(2) 로마네스크(Romanesque) (11~13세기)

이 시대의 머리형태는 비잔틴의 영향을 받아 앞가르마를 타고 머리를 두 가닥이나 세 가닥으로 땋아 길게 내려뜨린 형태가 주를 이루었는데 자신의 머리 외에도 가발이나 리본으로 감아내려 거의 발까지 닿을 정도로 타래를 드리웠다. 귀부인들은 관을 쓰기도 했고, 베일을 쓰기도 했는데, 머리 위에 한 종류 이상의 원형이나 장방형의 베일을 얼굴이 나올 수 있을 정도로 구멍을 뚫거나 그대로 썼다. 그 길이는 어깨까지 내려오거나 허리까지 내려왔으며 또는 발까지 내려오는 것도 있었다.

12세기에 들어오면서 길게 땋아 늘어뜨렸던 머리는 위로 올려 꼭 붙게 망으로 싸는 형태가 되었다.

(3) 고딕시대(Gothic) (14~15세기)

중세 여성의 머리형태는 고딕시대에서 본격적인 발달을 보게 되는데 독일 스트라스비리 대성당에 소장되어있는 1280년의 '세계의 왕' 에서 볼 수 있듯이 당시 여성들의 의복은 고대복과 같이 가느다란 체격에 아름다운 곡선미를 나타내었으며 여성의 머리모양은 길게 땋거나 목덜미 위에서 부드럽게 롤을 하고 머리위에는 띠를 두르거나 관을 쓰기도 하였다.

젊은 여성들의 머리는 느슨하게 늘어뜨렸고 기혼 부인은 양의 뿔이라 하여 중앙에서 나누어 땋아서 양 귀를 덮어 정돈하였다. 여기에 토크(toque)형의 관을 쓰기도 하고, 머리 전체나 양 옆의 땋은 머리에다가 금, 은, 견사와 보석으로 장식한 그물망을 덮어썼다.

머리형태와 머리장식은 화려함보다는 뾰족함을 살렸는데, 에넹(Hennin)은 고딕시대 여성의 가장 특징적인 모자로서 에넹 부인이 고안해 낸 것으로 고딕 건축의 뾰족함을 가장 잘 살리고 있다.

비잔틴 & 고딕시대 헤어스타일

3) 근세시대

(1) 르네상스(Renaissance) (16세기)

중세 말기의 머리 전체를 덮었던 쓰개 머리 장식은 없어지고 새롭게 아름다움을 표현하기 시작하여 머리에다 좋아하는 색으로 염색을 하였으며 향기로운 머리 분(粉)을 사용하여 반짝거리게 했다. 당시 유행했던 머리색은 황금색이나 적색이었으며 청색은 하류 계급만 사용하였다. 또한 여러 가지 색의 가발도 사용되었고 길게 늘어뜨린 머리는 고전적인 방법으로 뒤로 모아 끈으로 묶거나 여러 가지 색의 머리띠, 화환을 사용하기도 하였으며 다양한 종류의 레이스가 개발되어 장신구에 사용되었다.

(2) 바로크 시대(Baroque) (17세기)

바로크(Baroque) 란 원래 "일그러진 진주"를 의미하는 포르투칼어에서 유래한 것으로, 르네상스의 고전적인 양식에서 벗어난 활력에 가득 찬 강한 동세와 타오르는 듯한 격정을 가진 웅장한 감을 가지고 있다. 바로크 초기의 머리형태는 이마에서 높이 올려 큰 빗을 꽂거나 리본으로 조금씩 묶어 보석이 박힌 아름다운 핀과 장미꽃 등으로 매우 섬세하고 정교하게 빗은 스타일에 포마드(pomade)를 발라서 머리가 흩어지지 않도록 하였으며 향수를 뿌리고 좋아하는 색의 머리분(粉)도 발랐다. 위로 높이 올려 빗은 스타일은 귀족적인 분위기를 나타냈으며 이에 따라 여성들은 몸가짐에 있어서도 머리가 흩어지지 않도록 조심스럽게 움직여야만 했다.

르네상스 시대 헤어스타일

바로크 시대 헤어스타일

17세기말에 이르러 양 옆을 크게 부풀렸던 과장된 머리형태는 점차 자연스러워지고 머리 위에는 퐁탕주(fontange)라고 하는 새로운 형태의 작고 둥근 캡(Cap)을 썼다.

또한 17C 후반에서부터 얼굴에 패치(patch)를 붙이는 것이 유행하였고 강한 향수를 많이 사용하였다. 이러한 화려한 귀족풍의 의복에 따른 기이한 머리형태와 장식은 18세기 말에 이르러 극치에 달하였다.

(3) 로코코 시대(Rococo) (18세기)

로코코 머리모양은 가장 흥미를 집중시키는 스타일을 연출하기도 했다. 18세기 초까지는 바로크 시대에 유행했던 퐁탕쥬형(fontange style)이 주를 이루었으나 루이 14세가 사망한 후 퐁파두르(pompadour)라는 낮은 머리형이 유행하게 되었다. 이 형은 머리카락을 부풀리지 않고 뒤로 빗어 넘긴 우아하고도 깔끔한 머리형으로 머리 위에 조화나 다이아몬드, 진주 등의 보석을 박은 리본이나 조화, 금이나 은으로 만든 머리핀, 레이스 캡, 깃털 등의 섬세한 장식을 사용하기도 하였다. 1760년경부터는 머리형에 점차 변화가 나타나 점차 머리 모양이 높아지고 거대해져 갔으며 그 위에 장식 등을 했다.

세기 말에 이르러 귀족풍의 화려한 의복과 환상적으로 높이 다듬어진 머리형은 프랑스 혁명에 의해 복장의 간소화와 함께 무너지고, 모발을 자연스럽게 꾸몄으며 높은 머리는 관중이나 공식적인 행사 때만 하게 되었다. 또한 머리형이 간단해 짐에 따라 유행의 관심은 머리형태에서 모자 등으로 옮겨져 19세기에는 더욱 다양하게 변화되어 갔다.

로코코 시대 헤어스타일

4) 근대시대

(1) 엠파이어 스타일(Empire Style) (1789~1815)

나폴레옹 1세 시대로 여자의 머리형태와 장식은 19세기 초 나폴레옹 대관식 이후 엠파이어 스타일로 복식의 실루엣이 심플해짐에 따라 점차 낮아지고 간단해지기 시작했다. 곱슬거리는 컬을 부분적으로 늘어뜨리고, 머리를 뒤쪽으로 높게 치켜 빗고 리본으로 묶는 그리스 시대의 헤어스타일이 유행하였다. 또한 가발도 많이 사용되었으며 머리카락이 거의 보이지 않게 덮어쓰는 앞 챙이 돌출된 포크 보닛(Bonnet)이 유행되기도 하였다.

(2) 로맨틱 스타일(Romantic Style) (1815~1848)

왕정 복고시대로 여성들의 고전적인 머리형태는 없어지고 머리의 양 옆이나 뒤에 가발을 붙여 크게 결발을 했다. 가르마를 타서 양쪽 옆머리가 관자놀이로부터 둥근 롤을 만들어 볼로 내려와 귀를 덮는 것, 뒷머리를 땋거나 꼬아서 위로 고정시킨 것 등이 있었다. 이 외에 머리를 높이 올려 큰 빗으로 고정시키고 꽃, 깃털 등으로 장식하는 정교한 아폴로 놋(appollo knot)을 하거나 좋아하는 형태의 가발을 쓰기도 했다. 이렇게 복잡한 머리가 유행됨에 따라서 여러 가지 모양의 머리핀과 빗도 사용되었다.

1840년대 이후에는 가운데 가르마를 타고 양쪽에 소시지 컬(sausage curl)이라는 귀를 덮고 후두부에는 둥글게 뒷머리를 말아 붙인 스타일이 유행하였다. 여기에 꽃을 달아 장식하기도 하였다.

(3) 크리놀린 스타일(Crinoline Style) (1848~1870)

나폴레옹 3세시대로 가운데 가르마를 타고 양쪽으로 돌돌 말린 컬을 자연스럽게 늘어뜨리는 머리형이 유행하였으며 붉은 갈색머리를 만들기 위해 염색약과 탈색제를 사용했다. 1860년대 머리형의 특징은 계절과 의복의 색상에 따라서 비단, 벨벳, 리본, 레이스, 깃털 등으로 화려하게 장식했으며 이 외 머리빗, 생화 · 조화도 사용했다. 밀짚이나 벨벳, 실크 등으로 만든 보닛은 전보다 크기가 작아지고 형태도 변하였으며 머리카락이 많이 보였다.

(4) 버슬 스타일(Bustle Style) (1870~1890)

19세기 후반 스커트의 부풀림을 뒤쪽으로 집중시킨 버슬이 유행됨에 따라 머리형태와 머리 장식은 더욱 정교하고 다양해졌다. 주로 퐁파두르 형으로 앞에서 뒤로 머리카락을 빗어 넘기거나, 이마 위는 작은 컬을 하고, 컬을 한 머리를 뒤 어깨에 늘어뜨리거나 굵게 땋아 시뇽을 하거나 머리 위로 높게 올렸으며 여기에 꽃을 꽂거나 아름다운 빗과 핀 등을 꽂았다.

(5) 아르누보 스타일(Art Nouveau) (1890~1910)

S-커브 실루엣의 복식과 함께 복부를 납작하게 누르고 가슴과 힙을 과장되게 나오도록 고안된 새로운 S자형 코르셋 등장으로 스커트의 폭은 좁아지고 의복이 점차 단순화됨에 따라 머리형태도 간단해졌으며 일반적으로 사용되었던 레이스나 벨벳의 작은 캡은 거의 없어지고 보닛도 없어졌다. 또 모자는 실용적인 것으로 변하여 갔다.

5) 현대시대

(1) 1900~1930년대

1900년대 초는 S-자형 실루엣과 더불어 느슨한 곡선 형태의 가르마 없이 자연스럽게 빗어 올린 퐁파두르 형(Pompadour Style)이 유행하였다.

변형으로는 앞머리는 이마위로 빗어 올리고 기다란 뒷머리는 뒤에서 올려 높이 고정시켰는데 랫이나 스위치(switch)와 같은 머리 다리나 인공 패드를 머리 속에 집어넣어 백코밍(back coming)으로 부풀리는 효과를 주었다. 또한 앞머리는 이마 너머로 넘겨지거나 웨이브를 주어 매력적으로 보이게 하였고 뒷머리는 시뇽으로 했다. 그리고 패드나 시뇽은 이마 가까운 곳이나 머리 꼭대기 혹은 목의 중간 높이나 낮은 곳에 다양하게 부착하여 장식하였다.

1910년대는 제 1차 세계대전이라는 시대적 배경 속에서 과학과 기술의 급격한 발전으로 기능주의가 대두되어 허식을 벗어나 단순함과 기능성을 추구하는 보브 스타일(Bobbed Style)이라 불리는 짧은 단발머리가 출현하였다. 또한 이 당시 유행했던 모자는 챙이 넓고 깃털 장식을 한 커다란 모자나 크라운이 높고 챙이 좁은 모자, 토크 형의 모자 등이 있었다. 랑벵(Lanvin)의 헤어밴드, 글로쉐(Cloche)모자, 부활절 모자, 터번 등과 함께 사용되었다. 또한 마샬 웨이브(Marcel wave)가 일반적으로 사용되어 짧은 머리도 곱슬거리게 컬을 했다.

엠파이어 스타일

로맨틱 스타일

크리놀린 스타일

버슬 스타일

아르누보 스타일

(2) 1940~1960년대

1940년대는 제2차 세계대전으로 인해 머리형태는 더욱 간소해졌고, 모자는 장식용이 아닌 머리 보호용으로 착용했으며 모자 대신 스카프가 유행되었고, 전쟁이 끝난 후에는 크리스찬 디오르의 뉴룩(New look)패션으로 머리는 되도록 작아보이도록 두상에 딱 달라붙은 시뇽 스타일이 유행하였다.

1950년대 스커트의 길이가 무릎을 덮을 정도로 짧아짐에 따라서 머리는 두상에 꼭 붙게 시뇽을 하거나 어깨까지 내려온 머리의 끝을 안말음을 한 페이지 보이 보브(Page boy)스타일이 유행했으며 긴 머리를 뒤로 모아 고무줄이나 끈으로 묶는 호올스 테일, 또는 포니테일(Pony Tail)도 유행했다. 또한 이마와 뺨에 납작하게 붙인 곱슬 애교머리 스타일도 유행하였다. 폴(Pall), 브레이드(Braid) 등이 사용되었다.

1960년대의 여성들은 머리를 과도하게 부풀리는 형인 부판트(bouffant)를 선호하였으며 재키 케네디(Jackie Kennedy)여사의 바깥말음 스타일을 많은 여성이 모방했다. 머리 위의 부풀림은 머리의 길이에 상관없이 긴 머리나 짧은 머리에도 사용되었고 헤어피스와 가발도 많이 사용되었다.

(3) 1970~1980년대

1970년대 초 자연으로 돌아가자는 운동과 함께 여성들은 바람머리처럼 자연스런 머리형태를 선호했으며 층이 있는 부드러운 웨이브 머리를 목 뒤 선까지 길렀고, 짧은 머리는 모든 연령층에 유행하였다. 또한 유니섹스(unisex) 스타일이 유행하면서 남녀가 같은 머리형태가 유행하였다.

짧은 펌 스타일과 긴 복고풍의 의상과 함께 머리형태도 1930년대의 자연스러운 웨이브진 스타일이 유행하였다. 또한 영국 찰스 황태자와 다이애나 비의 결혼식으로 다이애나비의 바람머리 커트가 폭발적으로 유행했으며, 다양한 기구의 퍼머 스타일과 함께 블로우 드라이 테크닉이 주를 이루었다.

(4) 1990~2000년대

1990년대는 개인의 독창성이 중요시 되어지고 다양한 스타일이 많이 유행하였다. 90년대 초에는 자연을 보호하자는 운동과 함께 에콜로지 룩(ecology look)과 더불어 밝은 색의 길고 자연스런 웨이브가 유행하였고, 중반으로 오면서 인종의 다양성이 인정되고 아프리카풍의 힙합 레게(reggag)패션이 유행하였다.

또한 오리엔탈 룩(oriental look)이 유행하면서 인도나 중국풍의 생머리나 직선적 뱅(bang)을 한 머리형태가 유행하였다. 후반에는 패션 등이 아주 다양해지면서 개성이 강조되었는데 스트레이트 형이 유행을 하였고, 과감한 헤어 컬리링의 다양성과 여러 가지 헤어스타일링 제품의 발전과 함께 새로운 스타일이 계속 출현하였다.

(5) 2000~현재

2000년대 초에는 전 세계적으로 흘러내린 듯한 내추럴한 굵은 웨이브 머리와 앞머리 짧은 뱅과 비대칭 스타일이 선풍적인 인기를 모았다. 또한 안쪽 층 모발은 짧게 자르고 바깥층은 길게 잘라 머리의 움직임을 최대로 움직일 수 있는 비달 사순의 디스커넥션(disconection) 스타일이 유행을 하고 있다. 또한 업스타일 형으로는 자연스럽게 틀어 올리는 머리형태와 어깨 위로 늘어뜨리는 싸롱 스타일, 컨테스트용의 화려한 업스타일이 이루어져 가고 있다.

제 3장 업스타일 디자인

제3장 업스타일 디자인

1. 업스타일 디자인의 의미

디자인(design)의 기본적인 의미는 '계획' 또는 '설계'로서 인간생활의 목적에 맞는 실용적이고 미적인 조형을 계획하고 실현하는 것을 말한다. 또한 디자인의 중요한 과제는 구체적으로 미(美)와 용(用)을 어떻게 조화시키느냐 하는 것이다. 이런 관점에서 기능적 형태가 가장 아름답다는 것은 어떤 디자인에 있어서 그것을 최대로 만족시키는 형식을 추구하면서 기능에 충실했을 때의 형태가 가장 아름답다는 뜻으로도 해석할 수 있다.

업스타일에 있어서도 디자인의 과제는 머리카락이라는 소재로 어떤 디자인에 있어서 고객의 욕구에 맞게 재료와 도구와 공정과의 상호작용이 기능적으로 얼마만큼 충실했는가에 따라 미적인 만족도가 달라진다는 뜻도 된다.

예술 가운데 공간적인 형태의 시각적 예술품을 만들어 내는 일을 조형예술(造形藝術)이라고 하는데 조형이란 물건을 만들 때 형태를 잡는 것이며, 조형에는 반드시 색이 따른다. 그러므로 조형이란 모양과 색채, 질감에 의해서 이루어지고 그 셋이 합쳐진 것을 디자인이라고 한다. 업스타일도 형태를 이루면서 최상의 아름다움을 추구하기에 조형예술적 측면에서 접근하게 되는 것이다. 업스타일 디자인에 있어서도 다른 예술 분야와 마찬가지로 형태, 질감, 색상으로 작품이 구성된다.

업스타일은 무엇보다도 디자인의 기초지식이 중요하다. 개인에 따라 두상 및 얼굴형, 신체의 균형(body structure), 조화(proportion)가 다르기 때문이다. 여기에서는 모발(毛髮)이라는 소재를 어떻게 조화롭게 디자인하느냐가 중요하다. 또한 시간(time), 장소(place), 목적(object)에 따른 머리 길이와 머리형, 상황, 개인적인 스타일 센스(sense), 최근 패션 경향(fashion trends) 등의 디자인 감각이 요구되기 때문이다.

업스타일을 시술하기에 앞서 대상(고객)에 대한 이미지 컨셉(concept)이 명확하게 그려지지 않는다면 아름다운 헤어스타일을 만들 수가 없다. 우선 고객과의 대화와 설문을 통해 정보와 감성까지 파악하고 나서 어떤 점을 우선할 것인가를 상황에 맞게 설정한 후에 디자인이 이루어진다면 스타일의 완성도는 더 높아질 것이다.

1) 업스타일 디자인

(1) 업스타일 디자인은 로맨스, 엘레강스, 여성스러움, 우아함 등을 표현한다.
(2) 다른 모든 예술 활동, 조각가, 건축가, 꽃꽂이 등과 같이 디자인 구성요소를 고려하여 디자인을 구상하고 창작한다.
(3) 완성된 디자인을 시각적으로 영상화시킬 수 있고 그 디자인을 수행해낼 능력을 갖추어야 한다.

2. 고객 정보

1) 외부 정보

신부라 하면 전문예식장의 화려한 분위기와 조화를 이루는 최상의 수준으로 연출하며, 그 친인척들은 조연으로서 역할을 맞는 디자인에 따라야 한다. 결혼식 때의 업스타일이 마음에 들었다 해서 돌잔치 분위기에 그 스타일이 어울릴 수 없는 것처럼 예쁘게 만들어진 스타일만 가지고 잘 되었다고도 할 수 없다.

이처럼 때(Time), 장소(Place), 상황(Occasion) 그리고 의식 등 분위기에 따라 섬세한 판단이 요구되기 때문에 고객에 대한 정보를 정확하게 파악할 필요가 있다.

(1) 디자인 정보제시

① 우선 왜 머리를 하는가 : 결혼식, 약혼식, 발표회, 잔치(파티), 모임, 면접
② 주연인가, 조연인가 : 주객이 전도되는 우를 범하는 일이 없어야 한다(결혼식이라 할 경우). 신랑 측의 어머니, 신부 측의 어머니, 이모, 사촌, 친구 등의 역할을 살려야 한다.
③ 의상 : 한복, 드레스, 양장 등
④ 장소 : 야외, 교회, 식장, 호텔, 집 등
⑤ 유행 스타일 : 개성
⑥ 기타 : 날씨, 주야, 계절 등
⑦ 모발의 조건 : 길이, 탄력, 모량, 커트, 웨이브, 목선 상태 등
⑧ 체형, 얼굴형(전면과 측면) 등

2) 내부 정보

이미지, 개인의 스타일과 취향(희망 스타일), 직업, 가치관, 성격, 나이 등

3. 디자인의 컨셉(Concept) 구성 순서

1) 소재 확인 후 이미지

업스타일에 있어서 먼저 중요한 것은 모발이라는 소재가 가지고 있는 개성을 살려서 표현하는 것이다. 오감(五感)에 의해 여러 가지 인상을 느끼고, 그러한 이미지를 머리에 담고 전체적인 면을 파악한 다음 디자인에 부합시키는 것이 스타일링의 시작이 된다. 즉, 이미지화시키는 것이라 할 수 있다.

2) 개성 연출

개성을 살릴 때는 자신의 감각을 충분하게 살린 다음 전체적으로 강조, 또는 부분적으로 강조한다. 조화를 이루며 변화시켜 개성을 충분하게 작품에 반영시킨다.

3) 완성 이미지

소재 확인 후 완성할 마지막 이미지를 머리속에 그리는 것이 중요하다. 또한 소재를 어떻게 변화시키고 어떤 표현 방법에 의해 완성시킬지 면밀하게 구성하는 것이 완성도를 높인다.

4) 컨셉에 따른 구체적인 방법

컨셉의 계획이 정해지면 그에 따른 표현 방법, 표현 도구 등의 필요한 구체적인 방법이 필요하다.

5) 표현력

실제 스타일링에 필요한 것은 표현력이다. 즉, 적절한 테크닉의 조화가 있어야 작품을 표현할 수 있다. 너무 많은 표현력은 작품의 주제를 상실케 할 수 있고 또 적은 표현력은 작품을 이해하기 어렵게 한다.

① 기초 테크닉을 중요시 한다 : 기본 스타일을 잘 연출하기 위해서는 기초 테크닉을 마스터해야 한다. 그래야만 원하는 스타일에 맞는 소재를 자유자재로 표현할 수 있다.

② 완성도를 최대화 시킨다 : 스타일에 따라 정해진 소재와 시간 안에 작품의 완성도를 높이는 것이 매우 중요하다. 이것은 디자이너 스스로의 많은 훈련으로 인해 생겨나는 결과로 그러기 위해서는 많은 감각적인 훈련이 필수이다.

③ 감성을 표현한다 : 스타일에 있어 감성을 표현한다는 것은 전체와 부분의 세부적인 요소마다 디자이너의 섬세함이 연출되는 것이다. 그러한 구성으로는 헤어, 메이크업, 의상의 전체적인 조화가 이루어져야 한다.

④ 디자이너에 의한 창조력 : 업스타일에 필요한 여러 가지 요소 중에 작품의 질을 결정하는 것인 디자이너의 창조력이다.

4. 업스타일 디자인 구성 3요소

1) 형태(Form)

형태는 헤어디자인의 모양을 나타내며 윤곽선이나 실루엣에 의해 결정되어지며 이 형태의 특성(성질)은 모양(shape), 크기(size), 방향(direction) 등의 구성요소들로 이루어져 있고 이 구성 요소들은 완성된 스타일을 변화시킬 수 있는 중요한 역할을 한다.

특히 롱 헤어디자인은 여성의 우아함과 여성스러움을 표현하는 예술형식으로 형태(form), 질감(texture), 칼라(color)와 같은 디자인의 요소들을 고려하여 디자인을 구성한다.

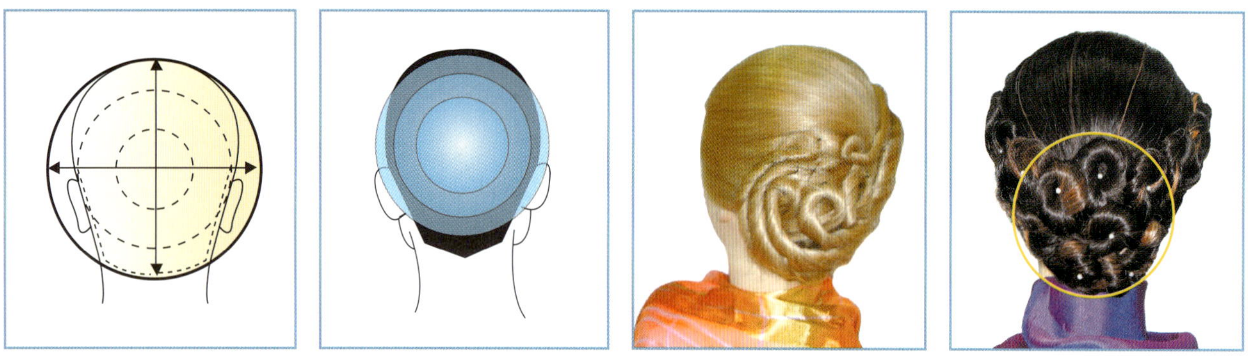

원(Circle) : 위치에 따라서 길이, 넓이, 높이가 균등한 비율의 둥근원형이다.

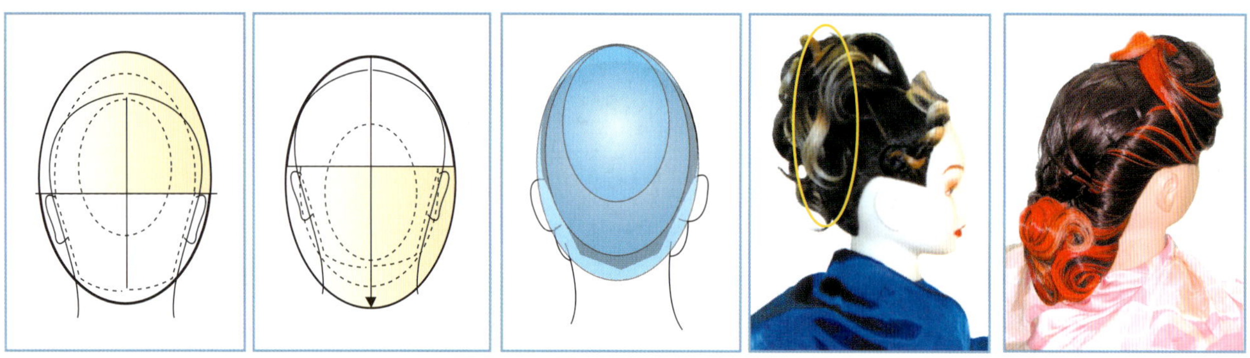

프롤레이트(Prolate) : 장구형, 타원형
세로길이와 높이가 위로, 또는 아래로 확장된 타원형이다.

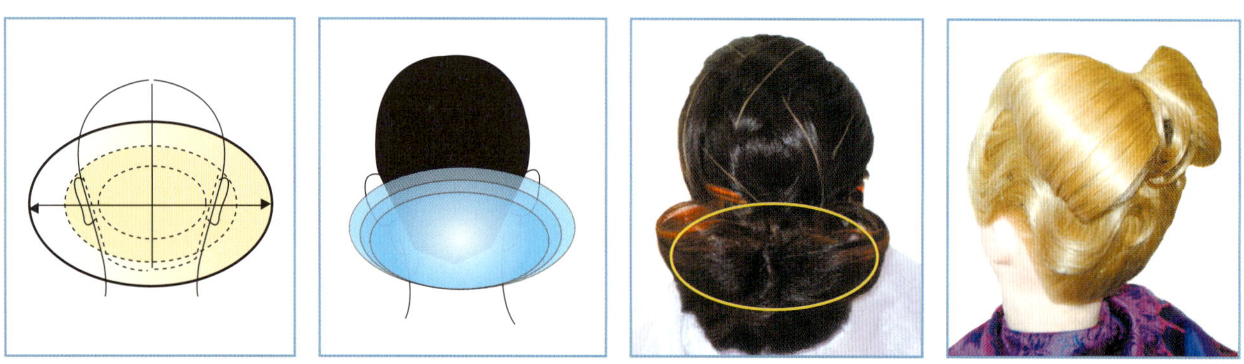

오블레이트(Oblate) : 편구형, 타원형옆으로 넓이가 확장된 타원형이다.

형에는 평면적인 형과 입체적인 형이 있다. 점(point)과 점을 연결하는 것으로 선(line)을 만들고 선이 이동한 곳에 면(plane)이 생겨 형(shape)이 된다. 이것들이 모여 입체적인 형태(form)를 만든다. 또한, 실루엣(silouette)은 그림자라는 뜻으로 평면에 있는 형을 말한다. 이에 비해 볼륨을 포함한 입체적인 모양을 가진 것을 형태라고 한다. 볼륨에 따라 헤어디자인의 형이 결정되는데 이것은 디자인이라는 단순한 평면적 발상에서 입체화된 면의 이동에 따른 단계라고 해석할 수 있다. 거기에 방향 구성요소가 덧붙여지면 전체적인 모습의 변화가 생기게 된다.

(1) 모양과 크기(Shape & Size)

① 점(point)

기하학적 정의에 의하면 점은 면적이 없이 위치만을 표시하는 것을 말하는데 조형요소로서 점은 도면상에 비교적 작은 면적을 점유하는 것을 말한다. 업스타일에서의 점은 하나의 포인트로서 디자인상 한 점에 결정되어진 시뇽 또는 놋드 등 위치의 결정을 말한다.

② 선(line)

선은 시각적 요소들 가운데 매우 중요한 것으로 기하학에서 '무수한 점들의 연속'으로 정의한다. 또한 선은 '점이 이동하고 남긴 경로이며'이며 '하나의 이어진 동작을 눈으로 볼 수 있는 과정'이라고도 할 수 있다. 하나의 선은 길이나 넓이, 농도 또는 방향에 따라 다양해지는데, 이러한 다양성을 활용함에 따라 작품의 결과가 달라진다. 업스타일에서는 실루엣과 선의 방향을 말하는데, 선의 운동 방향에 따라 느낌이 다르게 다가온다.

③ 면(plane)

면은 공간을 구성하는 기본단위이며, 형을 만드는 형상요소들 가운데 기본형상의 하나이다. 이동하는 선의 자취가 면을 이루는데 선의 꺾임과 구부러짐의 가능성에 기인하여 면의 윤곽을 결정한다. 따라서 면은 점의 밀집이나 선의 집합, 선으로 둘러싸여 성립되며, 공간에 있어서 입체화된 점이나 선에 의해서도 성립된다. 업스타일에서는 모발의 측면이 집합하여 만든 면적과 표면 광택을 말하는데 S컬, C컬, J컬, 또는 패턴화된 질감으로 나타낼 수 있다.

④ 입체(solid)

입체는 면의 이동으로 점, 선, 면보다도 명백하고 보다 많은 특징을 지닌다. 그것은 굵기와 긴밀함, 한정성, 3차원성, 무게 등이다. 원, 정사각형, 삼각형이라는 기본 평면을 입체로 전개될 때 입체의 기본형식이 된다. 업스타일에서는 얼굴형에 맞는 입체적인 구성을 요하며 대체로 삼각형 구도로 디자인한다.

(2) 방향(Direction)

① 천체축 방향

ⓐ 방향은 천체축의 수평, 수직, 대각으로 결정된다.

ⓑ 천체축은 모든 직선과 곡선으로 구성되어 형태의 방향을 분석하는데 이용될 수 있다.

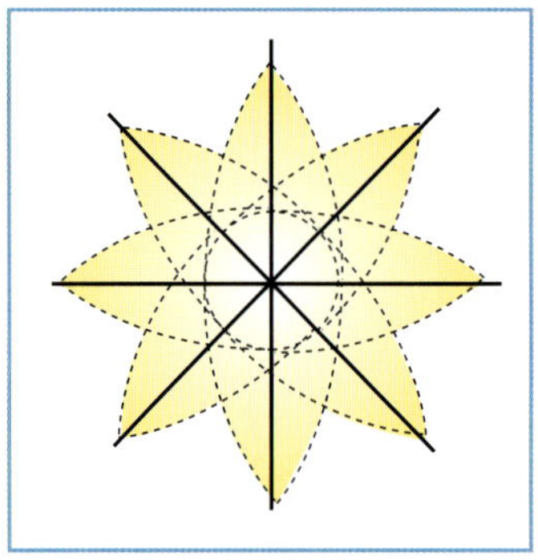

천체축(Celestial axis)

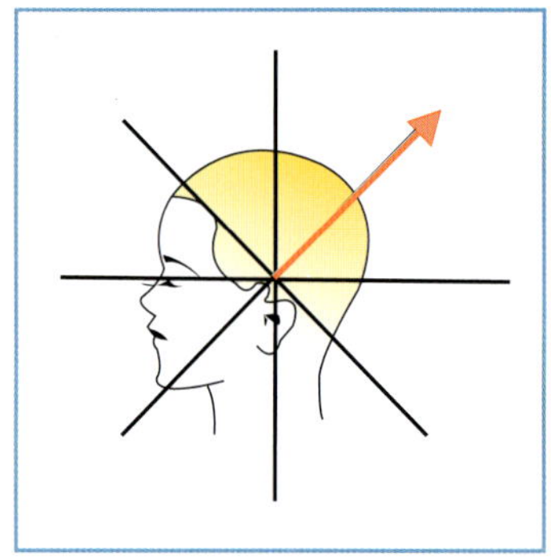

수직(Vertical)

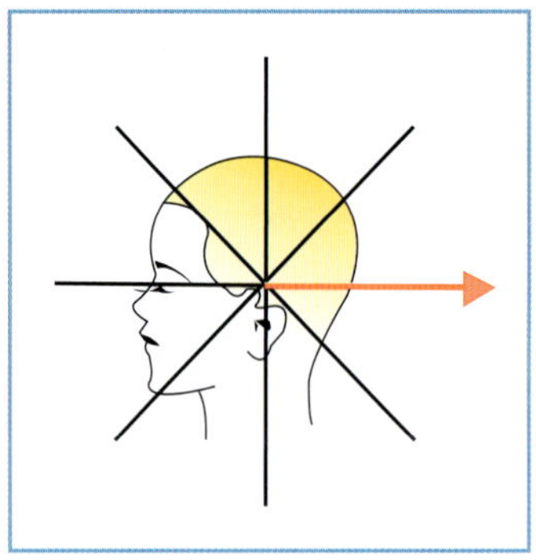

수평(Horizontal)

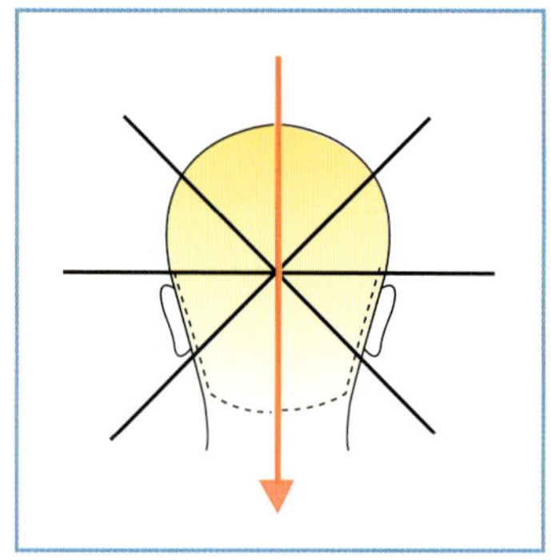

대각(Diagonal)

② 형태내의 방향

ⓐ 디자인(형태)내의 방향은 움직임, 역동성에 중요한 역할을 한다.

ⓑ 형태의 크기와 볼륨 위치에 따라 결정된다.

ⓒ 디자인이란 모양을 조합한 것이 아니고 시각적인 효과를 계획하며, 형태 내의 모양, 방향, 크기에 의해 스타일의 조화를 이룬다.

ⓓ 수직, 수평, 우대각, 좌대각 방향으로 천체축의 직선과 곡선을 조합하여 디자인한다.

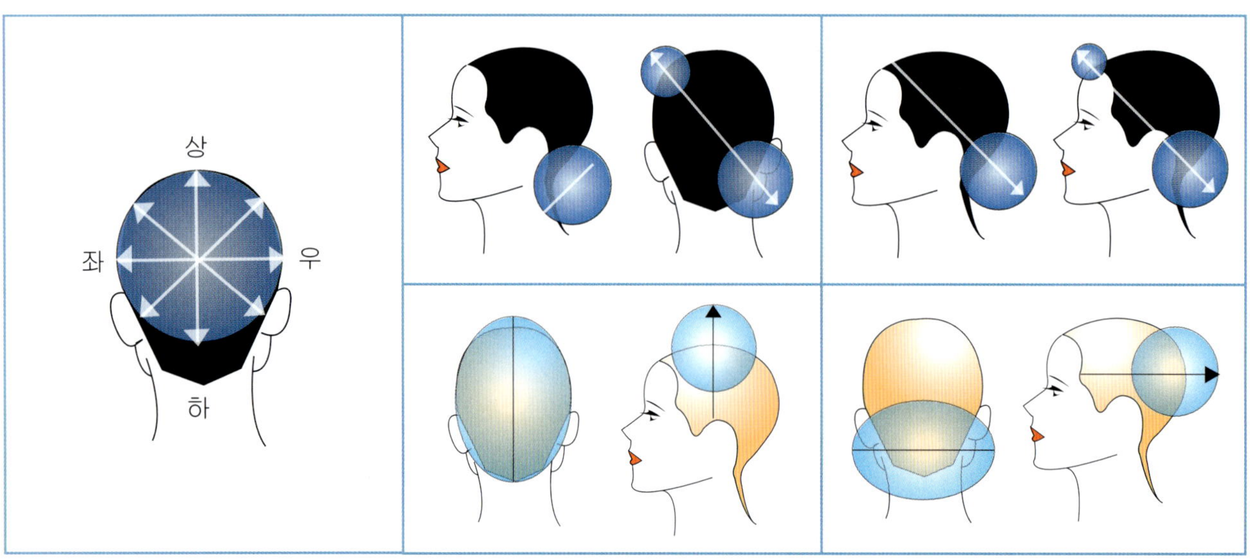

(3) 위치(Position)

모양이나 크기 방향에 따라 조화미에 영향이 있으며 각각의 얼굴형에 어울리도록 하는 수단으로 유용하게 사용될 수 있다. 또한 포인트의 위치 이동에 따라 다양한 이미지 변화를 창출할 수 있다.

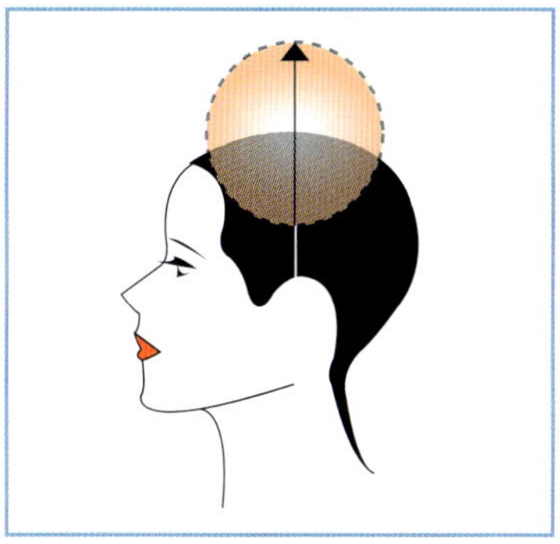

① 높은머리

ⓐ 톱을 향한 원형과 타원형
ⓑ C.P(Center point : 화려하고 우아함)
ⓒ T.P(Top point : 젊고 발랄함)
ⓓ E.P(Ear point : 현대감, 단아함)
ⓔ 톱과 전두부의 위치에 여러 기법을 이용한 볼륨 또는 포니테일로 올린 머리

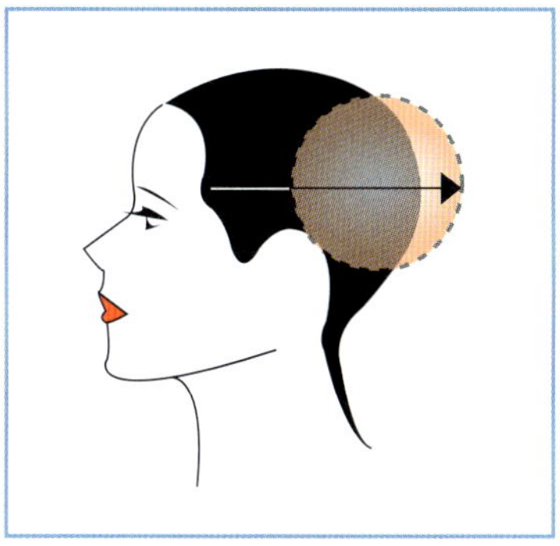

② 중간머리 : B.P(Back point : 정교함, 고상함)

백 부분에 볼륨과 원형, 장구형 등의 모양을 여러 기법을 만들어 백부분으로 올린머리

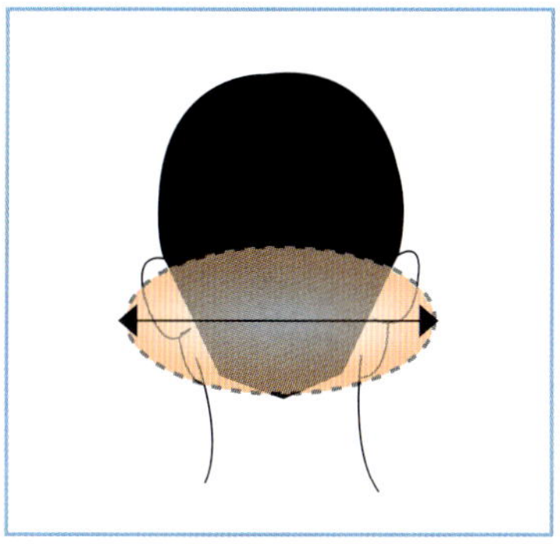

③ 낮은 머리 : 편구형 N.P(Nape point : 고상함, 점잖음)

네이프에 목을 감싸듯이 앞에서 보이도록 올린 머리

2) 질감(Texture)

어떤 물체를 직접 눈으로 볼 수 없을지라도 그것을 손으로 만지면 어떤 느낌이 들 것 이라는 것을 경험을 통해 알 수 있는 것이 물체의 질감이다. 어떤 물체든 재료로서 구체화되기 때문에 재질에 대한 감각적 체험이 중요하다. 업스타일에 있어서 질감이란 어떤 표면의 모습이나 매끈함 정도의 '느낌'을 말한다. 부드럽다, 거칠다, 곱슬거린다. 매끄럽다, 오돌토돌하다와 같은 말은 질감의 성질을 묘사하는 말이다, 따라서 컬의 기법과 모발의 양은 결과적으로 나타나는 질감에 영향을 준다.

예를 들어, 고리로 말거나 쭉 뻗은 직모는 매끈한 표면을 만들어내며, 땋거나 꼬거나 컬이 진 머리는 패턴화 되거나 오돌토돌한 표면을 만든다.

ex) 꼬기, 겹치기, 고리 만들기, 매듭짓기, 말기 등이 있다.

(1) 언엑티베이티드(UnActivated) : 매끈한(Smooth) 무거운, 끊김이 없는 상태

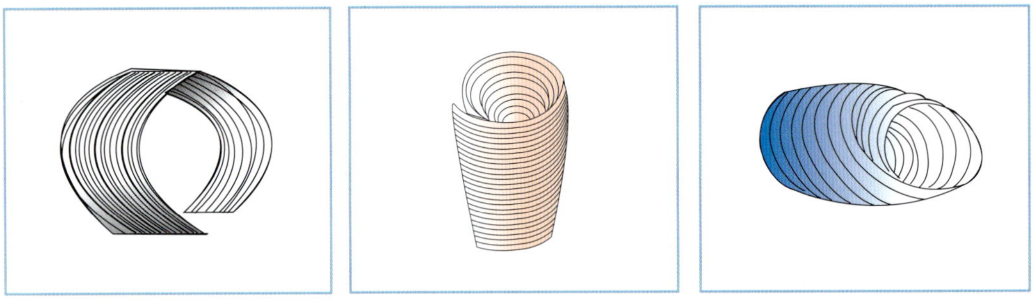

→ 고리(Loops), 말기(Roll), 직모 등

(2) 엑티베이티드(Activated) : 겉 표면이 패턴화된(Patterned) 질감으로 거칠고, 오돌토돌한 상태

→ 땋기(Braids), 꼬기(Twists), 컬진(Curl) 머리 등

(3) 혼합형(Combination) : 거칠은 패턴과 매끄러운 모양이 섞여서 업스타일 된 상태

→ 언엑티베이티드 + 엑티베이티드

3) 컬러(Color)

색은 광원으로부터 나오는 광선이 물체에 비추어 반사, 분해, 투과, 굴절, 흡수될 때 안구의 망막과 여기에 따르는 시신경에 자극됨으로써 감각된 현상으로 나타난다. 똑같은 크기와 형태를 지닌 물체가 색상에 따라 전혀 다른 느낌을 갖게 하는 예는 색상이 인간의 심리와 절대적인 상관관계에 있음을 증명하는 것이다. 조형의 대상으로 되는 빛은, 물리적 현상으로서의 빛이 아니고 인간 쪽에서 어떻게 받아들이는가에 따른 심리적 빛이다. 예를 들어, 빛의 강도, 방향 등에 따라 대상을 다르게 인지한다.

업스타일 조형 예술에 있어서도 색상은 밝고 어두움 정도에 따라 깊이, 면적 그리고 질감의 착시현상을 일으키는 디자인 요소이다. 더 어두운 머리 색상은 더 깊이가 있으며 외각 형태에 주위를 집중시키는 반면, 더 밝은 색상은 형태 내의 각각의 세부적인 모양에 시선을 이끈다. 또한 따뜻한 색상의 모발은 차가운 모발 색상과 함께 있으면 앞으로 돌출되어 보이면서 어떤 특정한 부분에 흥미를 더해주고, 차가운 톤의 색상은 후퇴되어 보이면서도 안정적으로 보인다.

빛의 반사를 통해 알 수 있는 구성요소에 있어서 디자인 내의 특정한 부분에 포인트를 강조하는 하이라이트 또는 전체칼라, 패널칼라(부분칼라)를 곁들여 시선을 집중시킨다. 높고(밝음), 낮음(어두움)을 통해 질감효과, 과장 및 축소, 깊이(Depth), 면적(Dimension), 질감의 착시(Illusion of Texture)현상을 일으키는 디자인 요소이다.

(1) 어두운 색 대 밝은 색(Dark vs Light)

① 어두움(Dark) : 더 깊이가 있으며, 전반적인 외곽형태의 주위를 집중시킴
② 밝음(Light) : 형태 내의 모양이나 질감이 세밀하게 보인다.

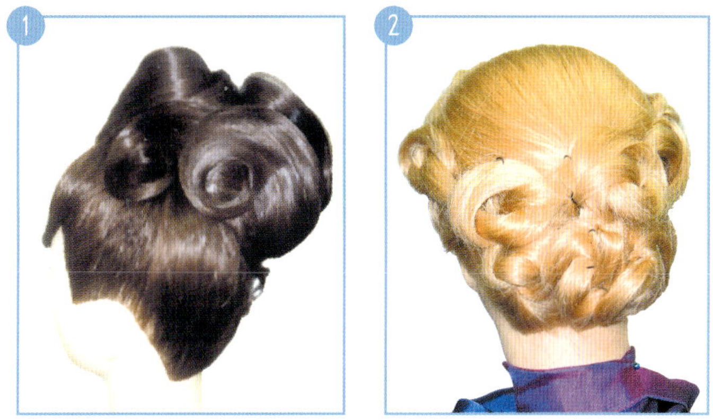

1 어두운 색 2 밝은 색

(2) 색상 혼합(Color Combination)

다양한 색상의 혼합 사용은 입체감과 질감의 영향을 준다.
① 미묘한 색상은 변화 : 웨이브 패턴의 방향을 강조한다.
② 강한 색상 변화 : 각각의 모양을 분리시킴으로써 방향감과 함께 흥미를 더해 준다.

5. 디자인 법칙(Design Principle)

디자인 법칙이란 디자인 요소들이 어떤 특정한 효과를 성취하기 위해 어떻게 결합되어야 하는가를 결정하는 연관법칙 또는 구성계획이라 할 수 있다. 다시 말해 디자인 법칙은 예술가들이 디자인 요소를 구성하는데 사용하는 구성 배열 패턴이다. 조화와 비례, 균형, 율동 등이 독립적으로 나타나는 것이 아니고 상호 보완적인 관계를 갖고 형식적인 요소나 감각적 요소의 영향에 의해 총체적으로 나타난다.

업스타일에 있어서도 다른 예술 형식과 마찬가지로 형태, 질감, 색상을 구성하는데 사용하는 구성 배열 패턴으로 디자인 법칙을 이용한다. 업스타일을 창작하는 데 있어서 주로 사용되는 두 가지 법칙은 균형과 강조이다.

이러한 패턴을 알고 있으면 디자인을 분석할 때 예술가로서의 의사소통이 구축되고 자신만의 예술 작품을 창조하기 위한 예술적 토대를 만들 수 있다.

1) 균형

두 개 이상의 요소 사이에서 부분과 부분, 또는 전체 사이에서 시각상의 힘이 안정되어 보이면 사람에게 안정감을 준다. 균형이란 디자인의 시각적, 혹은 실제 무게감을 말하는데, 시각적인 균형은 모양, 명도, 질감, 색채의 균형으로 구분하고, 모양의 균형은 대칭과 비대칭의 두 가지 형태로 구별된다.

대칭은 가장 정형적인 구성형식이며, 가장 일반적으로 균형이 잡힌 형태로서 구성의 중앙을 지나는 선을 축으로 양쪽 면을 접으면 완전히 일치되는 것을 말한다. 양쪽의 실제 무게감도 똑같이 분배되고 크기와 모양도 똑같이 위치하기 때문이다. 일반적으로 대칭의 균형을 이룬 구성은 안정되고 위엄이 있으며, 고요하게 보이는 경향이 있다.

비대칭은 한 형태의 양쪽이 서로 다른 모양이지만 시각적 무게를 갖고 있어서 보는 사람에게 변화 있는 형태로서 안정감을 주며, 개성적인 감정을 느끼게 한다. 비대칭, 또는 부정형의 균형이 가지고 있는 다양성은 정형적인 균형보다 훨씬 매력적이고 은밀한 신비로움을 준다. 단독 혹은 혼합 사용하여, 흥미로운 디자인을 구성한다.

① 대칭(Symmetry) : 중심선이나 중심축의 양쪽에 크기와 모양이 똑같이 위치, 실제 무게감도 똑같이 분배된다.

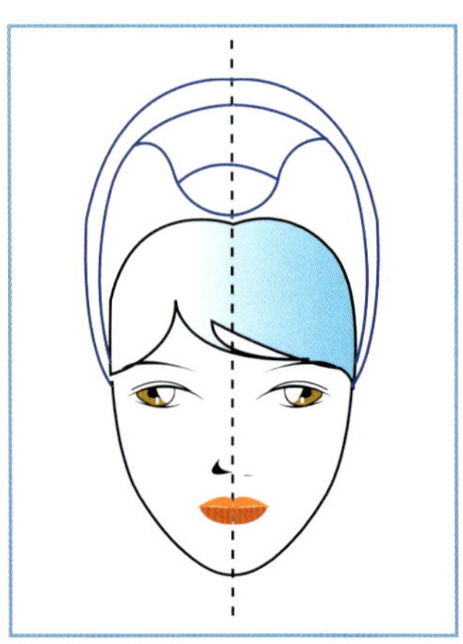

대 칭

② 비대칭(Asymmetry) : 중심선이나 중심축의 양쪽에 크기와 모양이 고르지 않게 위치, 무게감도 다르다.

비 대 칭

* 균형 잡힌 디자인을 계획할 때는 크기, 모양, 질감, 색상 사이의 비례적인 관계를 고려한다.

2) 강조(Dominance)

강조는 어떤 부분을 특히 두드러지게 표현하는 것을 말하는데, 업스타일 디자인에 있어서의 강조는 디자인의 초점이나 주된 흥미와 관련된다. 형태를 통해 어느 한 점에 개성적인 포인트를 주어 시선을 한 곳으로 집중시킨다거나, 밝은 색상이나 혹은 어두운 색상을 사용해 작품의 강조점을 만들어내는 것 등 형태, 질감, 색상을 통하여 어떤 특정한 효과를 성취하는 것은 헤어디자이너의 예술적인 감각이다.

색상의 강조

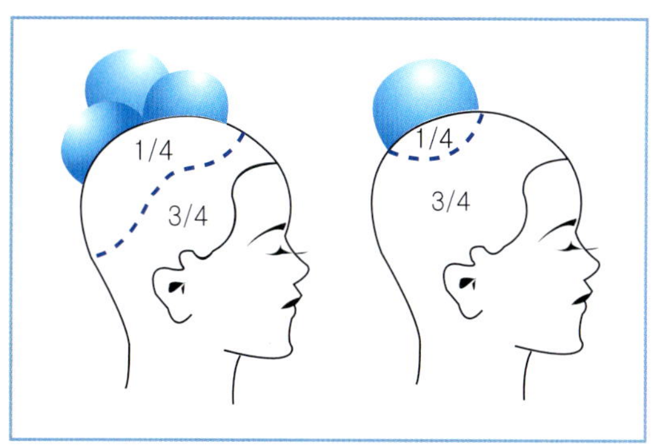

크기의 강조

3) 조화(Harmony)와 비조화(Discord)

조화란 두 개 이상의 요소 또는 부분의 상호관계에서 서로 분리되거나 배척하지 않고 통일된 전체로서 높은 감각적 효과를 발휘할 때 일어나는 현상이다. 디자인에서 두 가지 이상의 요소가 동일하거나 유사할 때 완전한 조화라고 할 수 있는데 이는 오히려 단조롭다.

비조화란 이와 반대로 디자인 요소간의 격차가 극대화된 것으로 구성단위들 사이 최대한도의 간격을 말한다. 차이성이 현저할수록 미적으로 매력적이고도 개성이 뚜렷해 보인다.

조화는 부분들 상호간의 성질이나 수량상의 통일 관계에 의해 쾌감을 이루는 것인데, 두 가지 이상의 서로 다른 요소가 분리 배척되지 않고 각 요소가 통일감으로 감각적 효과를 발휘하는 미적 현상으로서 감각, 분위기, 표현 방법 등이 일치감 있는 유사성 등으로 서로 충돌되지 않는 느낌, 즉 상호 소속되는 느낌을 주는 원리이다.

헤어에서는 기법의 통일성 또는 장식물에 통일성을 줌으로써 조화를 이룰 수 있으며 색과 재질에도 영향을 받는다.

색상의 조화

색상의 비조화

4) 반복(Repetition)

반복은 동일한 요소나 대상 등을 반복적으로 배열시켜 시선 이동을 유도하여 동적인 느낌을 줌으로써 율동감을 느끼게 하는 것이다. 이러한 반복은 대상의 의미를 강조하는 수단으로 사용되기도 하는데 모든 구성 단위들이 위치만 다르고 동일하기 때문에 단조로운 느낌을 주기도 한다. 또한 한 가지 디자인 요소가 동일하게 구성됨으로써 반복은 일종의 거울과 같다. 거의 똑같은 어떤 두 대상의 모양, 짜임새, 색상, 방향 혹은 모발 길이의 단위가 동일하게 연결되는 것이 반복이다.

모양의 반복

5) 교대(Alternation)

교대는 두 개 혹은 그 이상의 대상 요소들이 서로 번갈아 가면서 연속적으로 반복되는 것을 말한다. 롤과 스트레이트, 크고 작은 모양의 교대가 있다.

교대는 두 개 혹은 그 이상의 단위가 연속적으로 반복되는 것으로 변화를 수반하고 원래 상태를 다시 회복하는 형태이다.

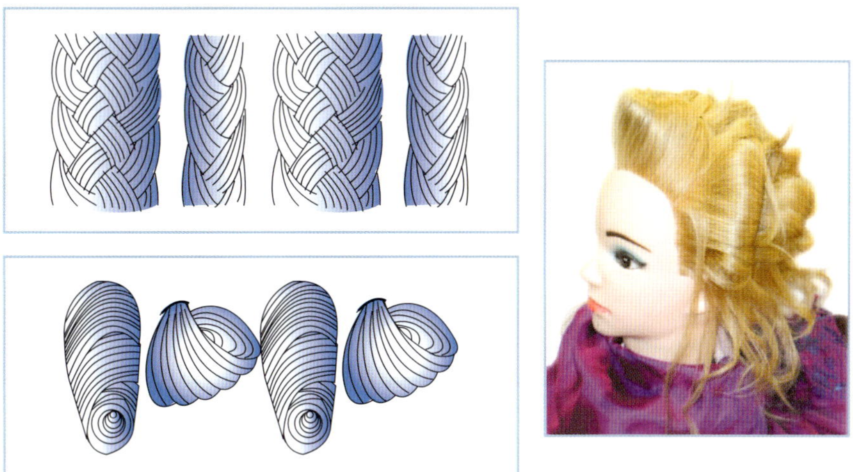

모양의 교대

6) 진행(Progression)

진행은 반복의 경우보다 동적인 표정을 갖고 있으며, 디자인 요소가 비율적인 단계로 연속해서 펼쳐지는 형태이다. 모든 구성 단위가 비슷하지만 점차 상승 음계나 하강 음계의 형식으로 비율적으로 변화하는 것을 말한다. 초승달이 보름달까지 점차 만월로 변화하는 과정이라든지 음악 악보의 음계의 변화로 점점 소리가 올라가는 것 등은 변화와 운동을 내포하고 있으며, 시각적인 힘의 경쾌한 율동감을 가져온다.

디자인 요소가 점점 증가, 진행 또는 점점 감소하는 형태이다.

진행은 비례적인 단계의 연속적인 시리즈를 말하는 것으로 방향 변화와 짜임새의 활동성, 길이, 색상(어두운 것에서 밝은 것)에 대한 연속성 등을 인식시켜야 한다.

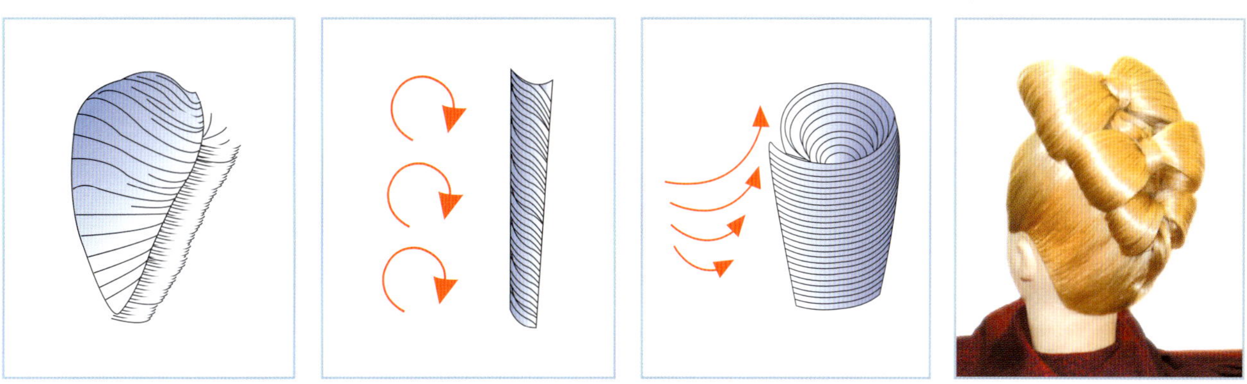

크기의 진행

7) 대조(Contrast)

대조는 서로 상반되는 요소들의 바람직한 관계로서 업스타일 디자인에서는 색상의 대조, 질감의 대조 등으로 흥미를 돋아주고 주의를 끈다.

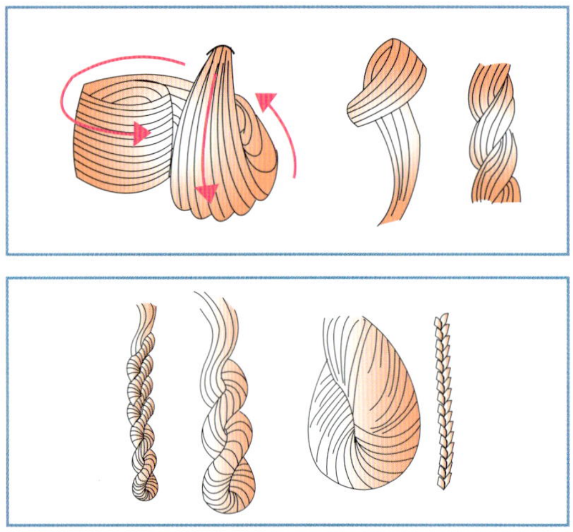

질감의 대조

8) 통합(Unity)

디자인은 전체적으로 통일된 연결이 없으면 아름답다 할 수 없으므로 디자인에서 연결을 조직해서 계획하는 것은 가장 중요한 요소이다. 그러나 너무 단조로우면 흥미를 잃게 되는 경우도 있게 된다. 선의 방향, 형의 크기, 주의를 끄는 힘의 통일 등으로 분류할 수 있다.

6. 업스타일의 디자인 법칙에 사용되어진 상징기법들

업스타일의 디자인에 쉽게 다가가기 위해서는 디자인 법칙에 사용되어지는 상징기호들을 인식할 줄 알아야 한다. 이것은 롱 헤어디자인에 필요한 것이기도 하지만, 오늘 날 업스타일의 개념은 긴 머리에만 사용되어지는 것이 아니기 때문에 숏(short), 미디움(medium), 롱(long) 헤어에 있어 고객의 욕구에 맞게 언제든지 디자인을 창출할 수 있도록 그 기법을 익혀놓아야 유능한 헤어디자이너라 할 수 있다.

업스타일의 디자인 법칙에 사용되어지는 상징기법들은 땋기, 꼬기, 매듭짓기, 겹치기, 고리 만들기, 말기 등이 있다. 이 기법들을 디자인 법칙에 따라 구성 요소들과 적절히 배합하면 업스타일이 예술 작품으로서 최상의 아름다운 조화미를 얻을 수 있을 것이다.

1) 기본 테크닉의 실제

(1) 땋기(Braid)

땋기는 연령에 관계없이 다양하게 연출할 수 있는 기법이다. 또한 입체적인 효과를 주기 위해서 패턴화된 모양으로 업스타일에 많이 사용되어지고 있다. 세 가닥 기법을 기준으로 5가닥, 7가닥, 9가닥 등 여러 가지 크기와 형태로 디자인을 창작할 수 있다.

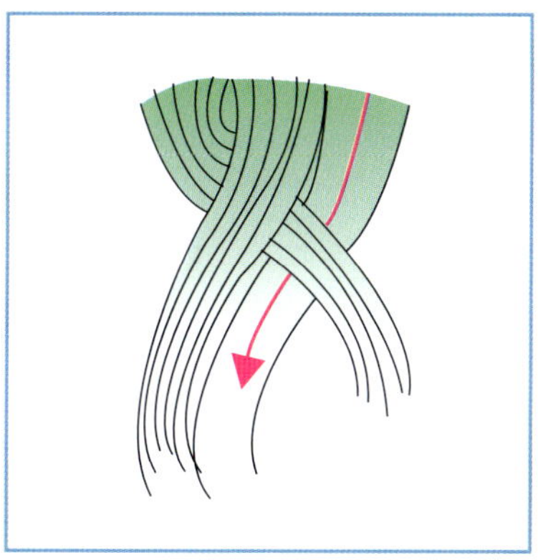

3가닥 아래로 땋기
– 양쪽 패널이 아래로 겹쳐주고 가운데 패널이 겉으로 나오게 된다.

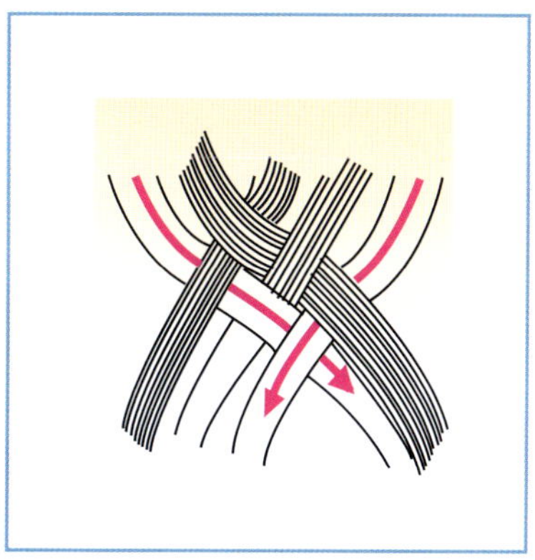

5가닥 아래로 땋기
– 기본 5패널 중 가운데 3패널을 먼저 땋고 양쪽 패널들이 아래, 위로 엮으면 넓은 패턴으로 돌출된다.

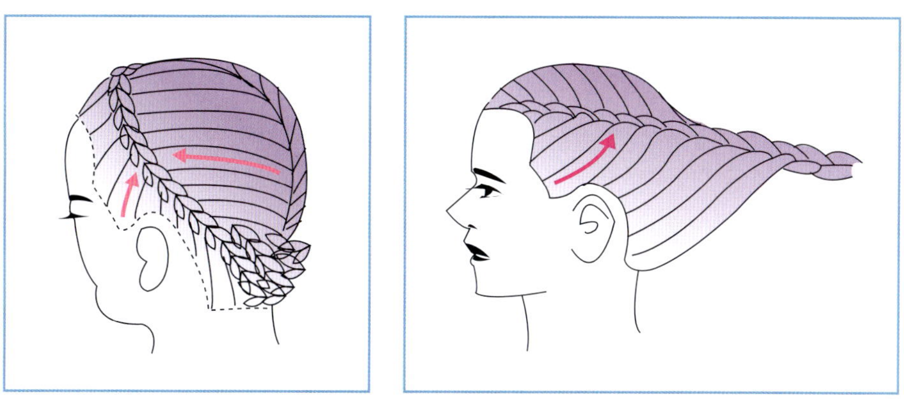

3가닥 양쪽 잡아 땋기
– 가장자리에서 양쪽 잡아 땋기로 V형태 만들기

3가닥 한쪽 잡아 땋기
– 백은 교차땋기 하고, 헤어라인 쪽은 한쪽잡아 땋기로 V형태 만들기

(2) 꼬기(Twist)

꼬기는 머리 가닥을 한 쪽 방향으로 계속 돌려서 밧줄 같은 모양을 나타내는 기법을 말하며 크기와 길이에 따라 다양한 변형을 가져올 수 있다. 1가닥, 또는 2가닥의 머리가닥으로 시계 방향이나 시계 반대방향으로 꼬아서 디자인에 맞게 어느 위치에 고정을 했을 때 꼬기의 텐션에 따라 분위기가 달라 보인다. 꼬기는 두상의 어느 위치에나 시술 가능한 기법이다.

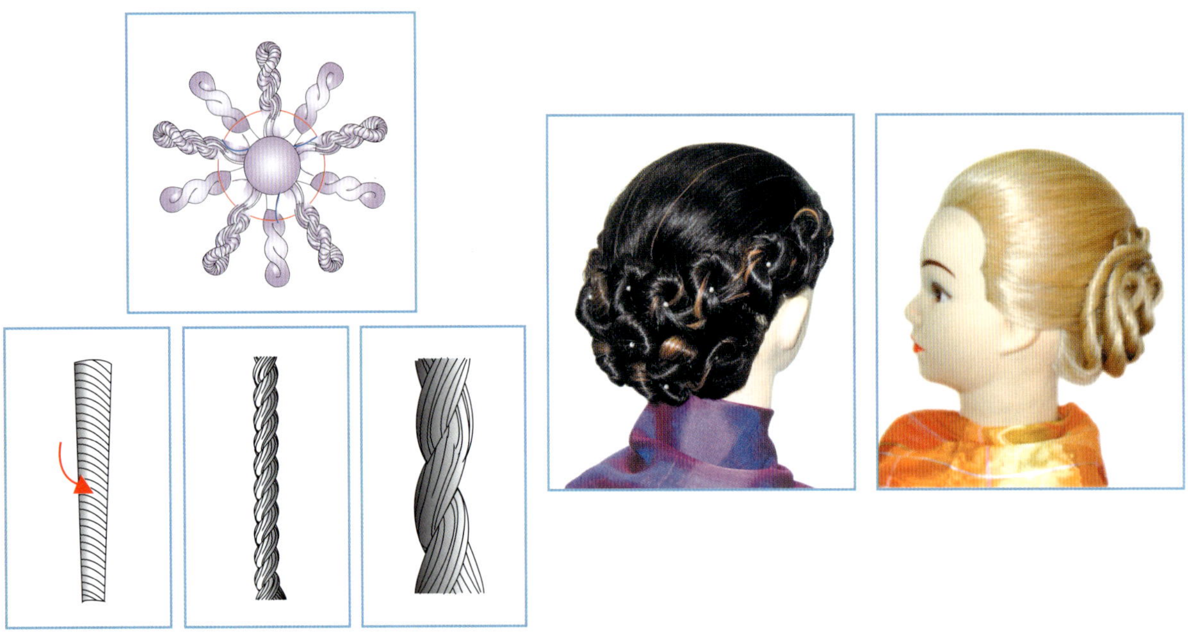

1가닥 꼬기의 응용
– 1가닥으로 연결해서 꼬아 액세서리를 꽂는다.

(3) 매듭(Knot)

매듭은 하나, 또는 두 개의 머리가닥으로 사슬처럼 묶어주는 기법을 말한다. 한 가닥의 매듭의 크기는 작은 것에서부터 큰 것에 이르기까지 다양하게 연출될 수 있는데 두상의 어느 부위에나 놓여 질 수 있으며 자연스런 볼륨감을 얻을 수 있다. 매듭을 엮을 때 머리 가닥의 방향은 얼굴형과 헤어스타일에 영향을 미친다.

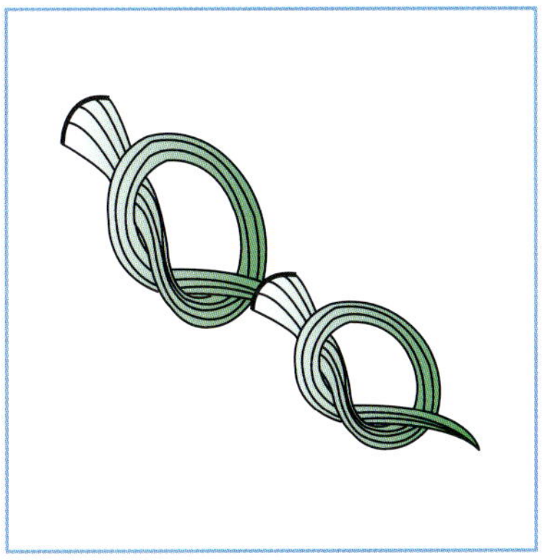

1가닥 매듭(Single-Strand Knot)
- 1가닥으로 원형의 매듭 모양을 만든다.

2가닥 매듭(2-Strand Knot)
- 머리 2가닥으로 함께 묶어 사슬 모양의 효과를 낸다.

(4) 고리 만들기(Loop)

고리(Loop)는 머리 가닥을 조가비 모양으로 접거나 구부리거나 동그랗게 하여 곡선 모양으로 두상의 어느 한 위치에 고정시키는 기법이다. 고리는 여러 모양으로 변형시킬 수 있는 장점을 가지고 있는데, 한 가닥으로 한 개의 고리를 만들거나 한 가닥으로 두 개의 고리를 만들어 크기와 모양을 다양하게 연출할 수 있다.

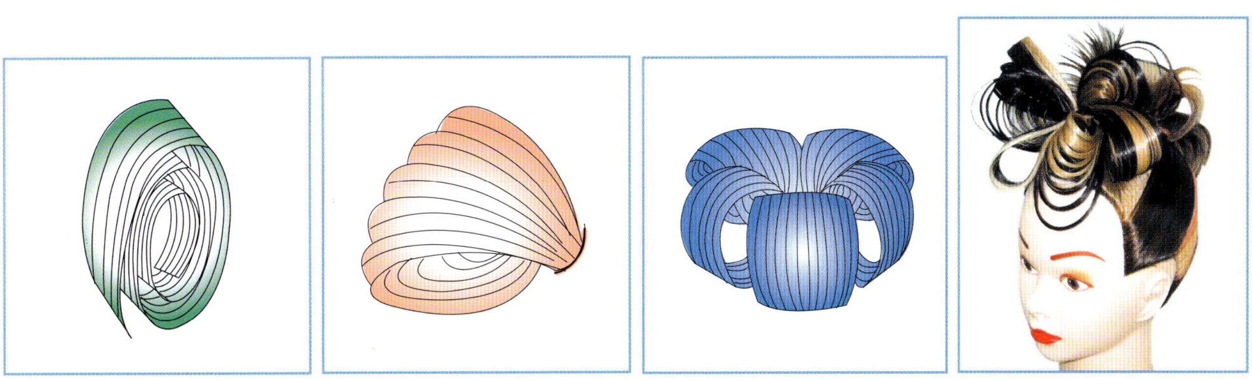

외고리(Single Loops)

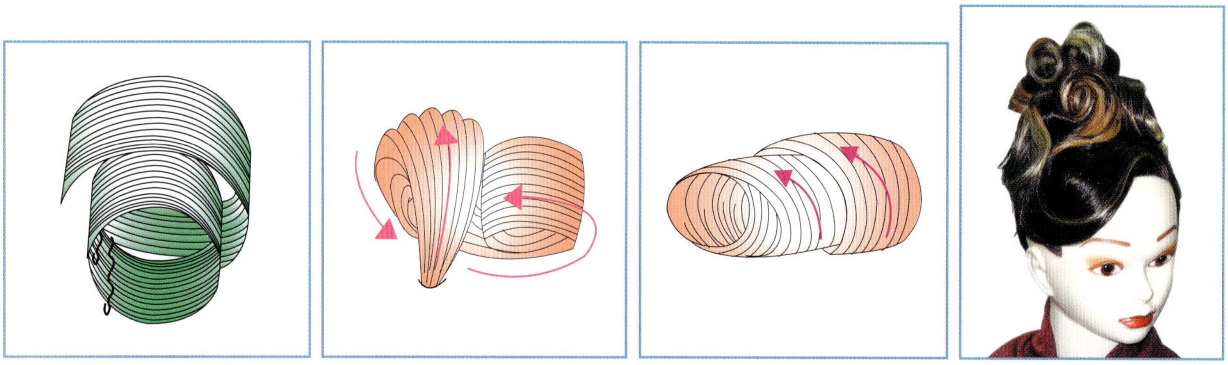

겹고리(Double Loops)

(5) 겹치기(Ovrelap)

겹치기는 두 개의 머리 가닥을 서로 반대쪽 가닥 위로 겹쳐서 십자 겹침 효과를 얻는 기법이다. 위로 겹치기와 아래로 겹치기가 있는데, 겹치기는 우선 빗질을 매끈하게 하여야 하고 늘어지는 효과를 만들기 위해 두피 면에 대한 시술 각을 인식하고 있어야 한다. 다른 테크닉과 혼합하여 사용하면 대조적인 질감을 얻어낼 수 있다.

① 두 가닥 위로 겹치기(2-Strand Overview Down)

머리가닥을 교대로 다른 가닥의 위로 겹치며, 아래 방향으로 진행한다.

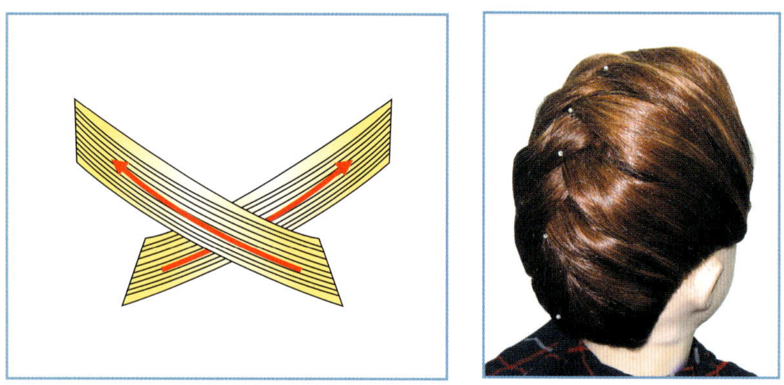

② 두 가닥 아래로 겹치기(2-Strand Overview Up)

머리가닥이 교대로 다른 가닥의 위로 겹치며 위 방향으로 진행한다.

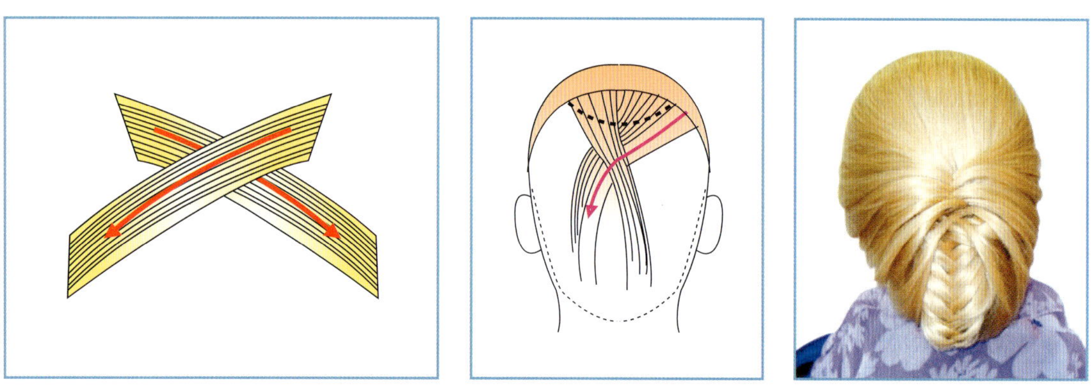

③ 크기(Size)

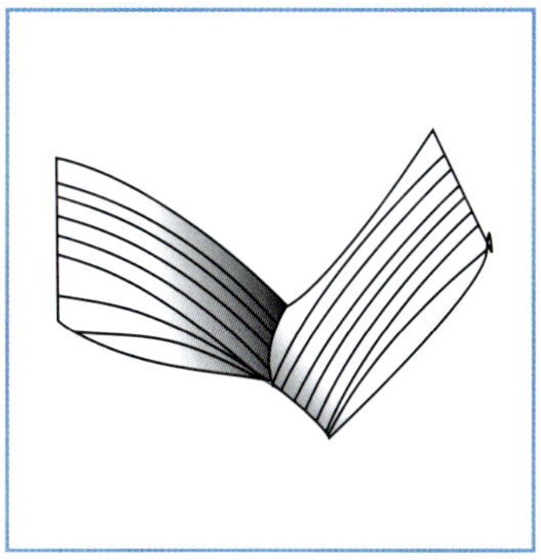

큰 섹션의 윗방향은 겹쳐져 덮히는 효과

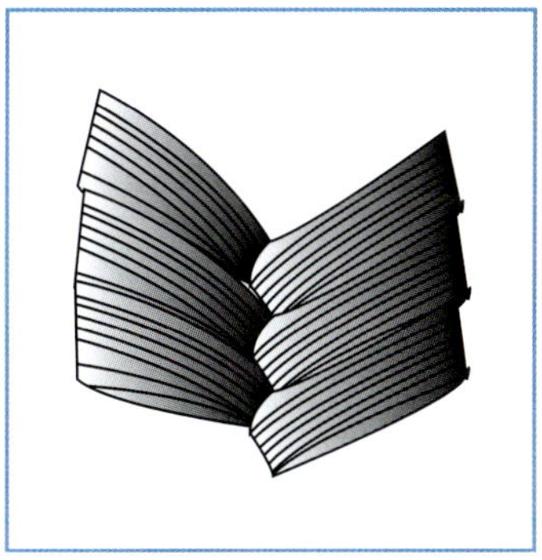

중간 크기 섹션 윗방향은 섹션 크기가 증가하며 십자형 패턴은 감소

작은 섹션 아래 방향 – 십자형 패턴 증가

(6) 말기(Roll)

롤(Roll)은 머리 가닥 자체 내에서 볼륨감 있게 싸여지고 감겨지는 것을 말한다. 업스타일 디자인에서 롤의 대표적인 스타일은 소라형 업스타일이다. 소라형 업스타일은 목선 위에서 수직형으로 감겨 올라가는 것으로 대체적으로 원통형이나 원뿔형의 모양을 하고 있다. 또한 롤은 수직롤과 헤어라인에 평행한 윤곽롤이 있는데 두상의 어느 선을 따라서든 감을 수 있다. 롤이 감기는 방향은 시계 방향과 시계 반대 방향 모두 가능하다.

롤의 크기는 대체적으로 머리 길이에 따라 결정되어 지지만 긴 머리로는 볼륨감을 더 많이 얻어낼 수 있고, 짧은 머리로도 백콤밍에 의한 볼륨감을 얻어낼 수 있다. 롤은 평상시에도 긴 머리를 간단하게 말아 올리는 실용성이 가미된 업스타일의 상징 기법으로서, 생머리나 퍼머넌트머리, 셋팅 머리에도 다양하게 창출될 수 있고, 때와 장소에 관계없이 누구나 할 수 있는 스타일이다.

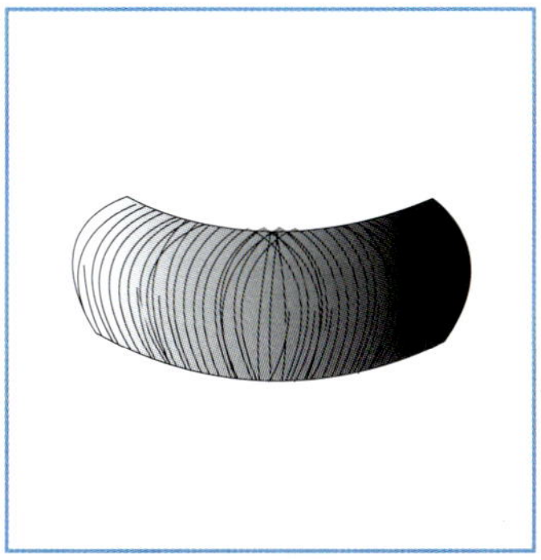

외곽 말기(Contour roll)
– 목덜미를 따라서 옆으로 진행한다.

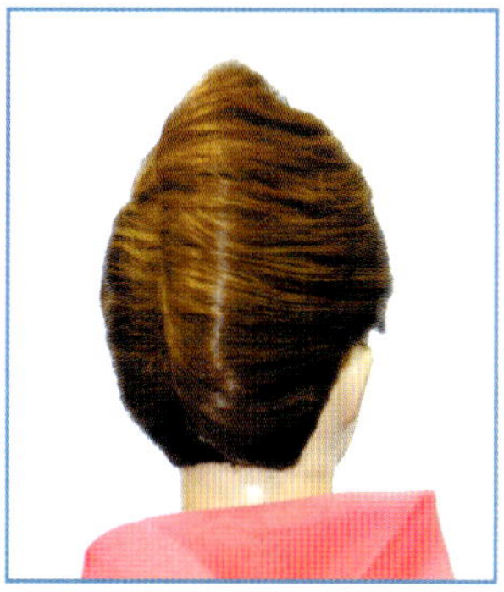

수직 말기(Vertical roll)
– 목덜미로부터 수직선을 따라 위쪽으로 진행한다.

제4장 업스타일의 기본요소

제4장 업스타일의 기본요소

1. 세팅(Setting)

업스타일을 시술하기 전에 필요한 과정으로 디자인을 설정 한 후 그 디자인에 따라 적합한 롤 와인딩이 선행되어야 한다. 모발의 길이와 스타일에 따라 롤의 굵기와 방향, 각도를 고려하여 시술하는 것이 중요하다.

1) 세팅의 목적

(1) 롤 웨이브를 만들기 위해
(2) 볼륨을 만들기 위해
(3) 모발 끝의 변화와 방향감, 움직임 등의 질감 표현을 위해

2) 업스타일에 따른 세팅

(1) 업스타일에 따른 세팅 와인딩
(2) 묶음스타일에 따른 세팅 와인딩
(3) 얼굴형과 헤어 파트에 따른 전두부 세팅 와인딩

3) 세트롤 와인딩

(1) 모델 업스타일에 따른 세트롤 와인딩 하기

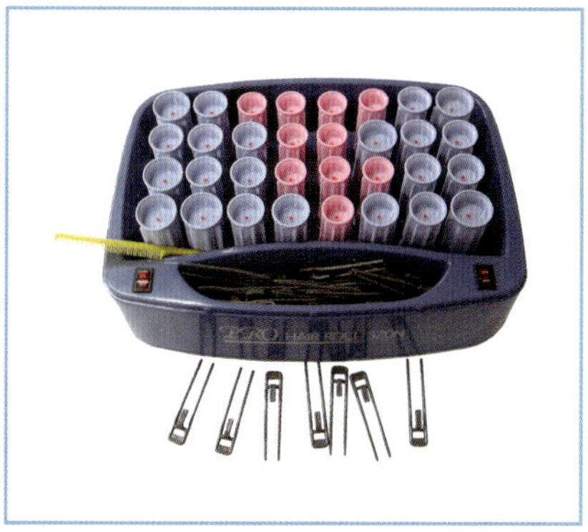

ⓐ 전기 셋트롤 와인딩 10~15분 전에 전원을 켜 놓는다.
ⓑ 세트롤 사이드 원형 테두리 내부에 빨강 원점이 흑자색으로 되면 가열된 상태이므로 모발을 와인딩 한 다음 10~15분 후에 다시 빨강색의 원점으로 되면 롤을 풀어 업스타일을 시술 한다.
ⓒ 오리지널 세팅과 달리 모발을 완전히 건조 시킨후 시술해야 한다.
ⓓ 모발에 핀 고정시 자국이 남지 않도록 롤과 두피 사이에 고정하도록 한다.
ⓔ 롤러가 뜨거우므로 고객의 두피나 귀바퀴에 닿지 않도록 주의하여야 한다.

※가르마 방향에 따른 세팅 말기

가운데 가르마 세팅말기

왼쪽 옆가르마

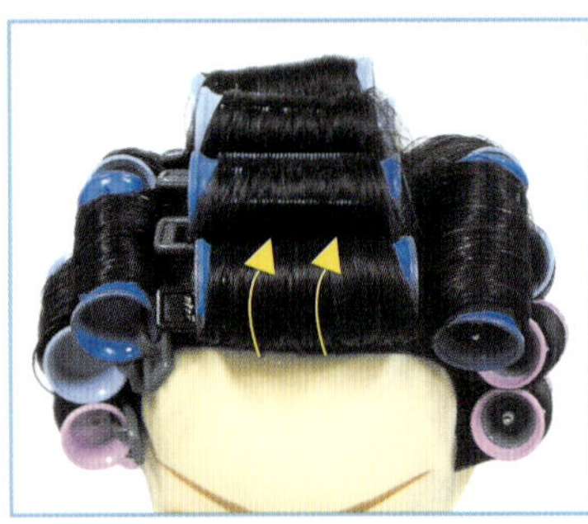
올백 세팅 말기

포워드 애교머리

1

2

3

ⓐ 업스타일을 하기 위해 먼저 볼륨과 웨이브를 형성하기 위한 세트롤을 와인딩 한다.
ⓑ 세트롤 와인딩시 패널 각도는 전두부 135°, 120°로 모발 끝부분이 꺾이지 않도록 둥글게 빗어 넣어 와인딩 한다.

톱 크라운 위치의 패널은 90~120° 각도로 와인딩하되 고정핀의 방향은 두피쪽의 파팅선 내부에 수평 직각으로 고정 한다.

백 사이드 패널은 90° 각도로 모근쪽에서 매끄럽게 빗고, 끝 모발은 넓게 펴서 꺾여 들어가지 않도록 주의해서 와인딩 한다.

사이드, 네이프 등 귀 주위에는 후대각 사선으로 15~25° 정도의 낮은 각도로 인덴테이션(Indentation), 겉마름, 아웃컬 방향으로 와인딩 한다.

와인딩 된 롤의 간격이 많이 갈라지지 않도록 짧은 머리까지 매끄럽게 와인딩 해서 업스타일 컨셉에 맞는 적합한 세팅의 볼륨과 웨이브를 형성 한다.

2. 백콤(Back comb)

백콤은 업스타일에서 중요한 작업 과정의 하나로 일반적인 빗질이 아닌 역방향의 빗질로서 모발이 모근에 쌓여서 느슨한 모발을 억지로 끌어당겨서 모발을 서로 얽히게 하는 것이다. 백콤은 기초토대(基礎土臺)라고 하는 이유는 백콤의 테크닉에 따라 견고함과 볼륨감, 방향성, 면의 연결, 모발의 혼합 등 다양한 기능을 갖고 있기 때문이다.

1) 백콤의 종류

(1) 전체에 커다란 부풀림을 주기 위한 목적인 양감 백콤
(2) 머리다발을 연결하기 위한 연결 백콤
(3) 페이스 라인 부분을 위한 페이스 백콤
(4) 자연스런 양감 목적인 횡거 백콤
(5) 브러싱 백콤

2) 백콤 넣을 때 위치에 따른 각도

(1) 모발의 스트랜드의 폭은 2~3㎝, 넓이는 약 5㎝ 정도이다.
(2) 디자인에 따라 목적에 맞는 백콤을 시술한다.
(3) 백콤의 양과 들어갈 위치를 파악한다.
(4) 전체를 업 시킬 경우 프런트 부분은 120° 이상의 각도를 주고, 네이프 부분은 완전히 다운시켜 45° 이하로 백콤을 한다.
(5) 사이드 하단을 30° 이하로 세로로 백콤을 넣어 볼륨을 살려준다.
(6) 주로 높은 볼륨감을 시술할 때는 각도를 높이 들어 주고(120~180°)
적당한 볼륨을 시술할 때는 90~120°, 낮은 볼륨감을 시술할 때는 45~90°의 각도가 적당하다.

크라운 120° 업스탬 볼륨을 위한 백콤하기

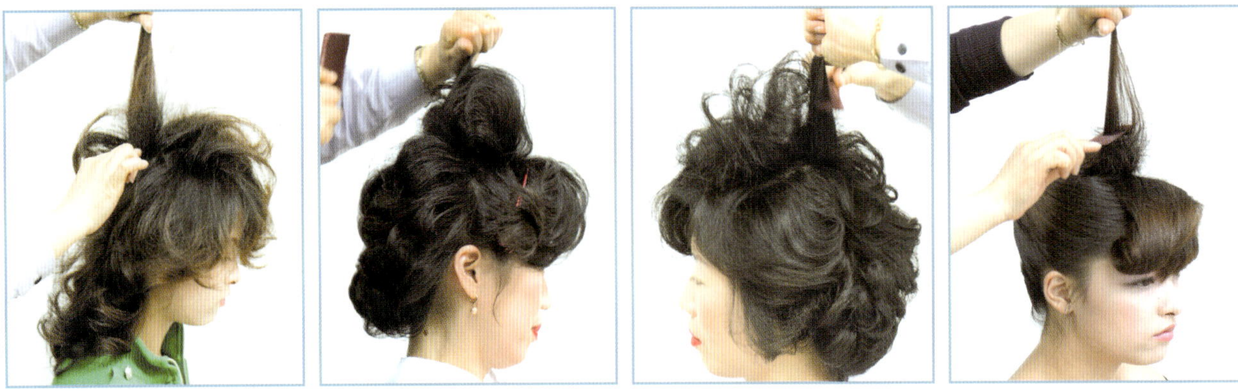

톱 90° 볼륨을 위한 백콤하기

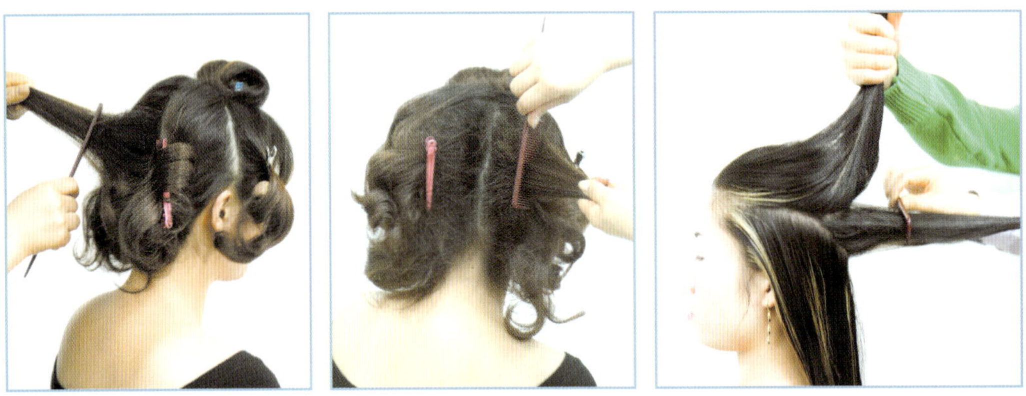

백스탬 수직, 수평 90° 백콤하기

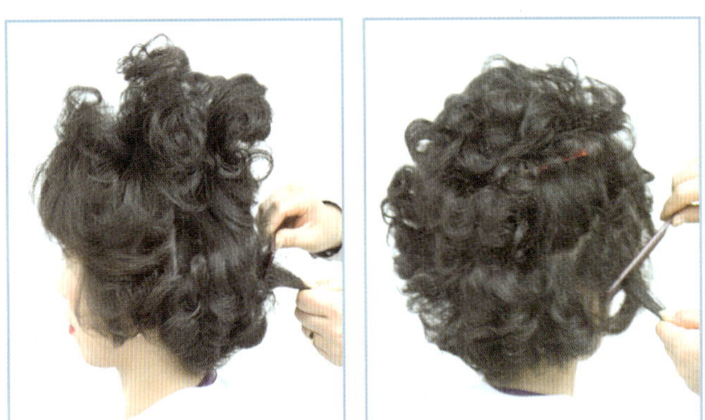

다운스탬 45°볼륨 백콤하기

사이드 다운스탬 백콤하기

휭거 백콤

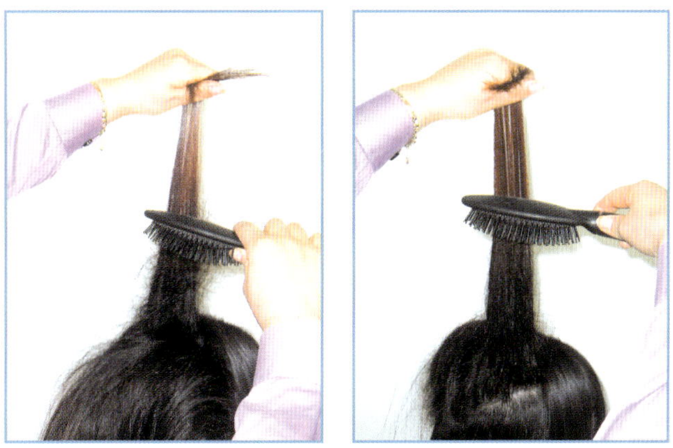

브러싱 백콤

3) 백콤 시 유의사항

(1) 디자인의 질감이 보이는 안쪽에서 백콤한다.
(2) 넓은 면적을 넣을 때는 스트랜드의 섹션은 벽돌 쌓기로 뜬다.
(3) 텐션의 강약을 조절하면서 왼손 검지와 중지 손가락 사이에 패널 끝부분을 잡고, 엄지손 지문으로 검지손 중앙에 힘을 밀어 준다.
(4) 백콤을 넣을 때는 표면이 울퉁불퉁하지 않도록 고르게 넣는다.
(5) 모발면이 가늘고 부드러워 백콤이 들어가지 않을 때는 백콤 과정 중 스프레이를 분사 후 다시 백콤을 넣어준다.

3. 섹션 나누기(브로킹)

ⓐ 톱 : 크라운 원형
ⓑ 백 : 센터

사이드 : 이어 투 이어
(E. T. E)

왼쪽 사이드 파트 프린지
애교머리 남김

전두부 크라운 백 원형

톱, 백, 네이프 센터

톱과 네이프 분리

4. 토대(Foundaion)

토대란 두상 내의 어느 지점을 삼각형, 원형, 타원형 등의 섹션을 나누어서 스트랜드를 떠내 1개 또는 2~3개의 다발로 묶거나, 백콤을 넣어 원하는 볼륨 높이로 묶기도 하고, 비틀어 고정시키는 방법이다.

1) 토대의 목적

백콤을 넣어 묶거나, 기둥의 역할로 핀 토대로 고정한다든지, 싱을 넣어 두상의 모량과 디자인을 고려해서 넓이, 높이, 위치를 결정하여 단단하게 고정하는데 있다.

2) 토대 만드는 방법

(1) 묶음 토대 만들기

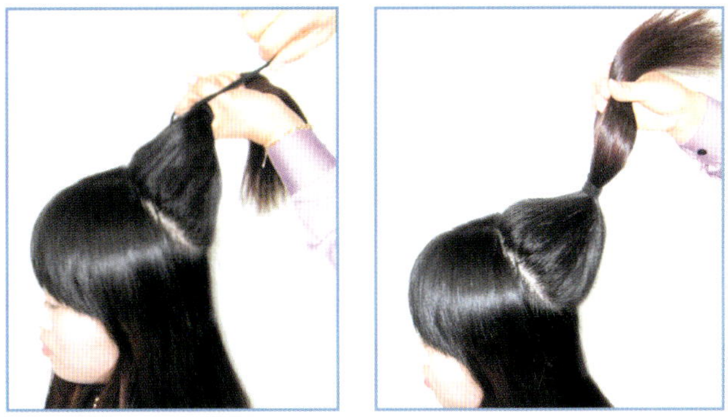

① 머리를 한 곳으로 모아 전두부, 톱, 백, 네이프에 대칭, 비대칭으로 묶어줌으로써 토대 중 가장 단단하게 고정시킨 방법이다.

② 디자인에 따라 토대 면적의 넓이나 위치가 결정되어 지는데 장식이 많을 경우나 모량이 많은 경우에 해당된다.

(2) 백콤 토대

① 짧은 머리의 업스타일을 시술 시에 적당하며 모근 부분에 강한 백콤을 넣어 토대를 만든다.

② 볼륨이나 높이를 조절할 때 머리숱이 많은 머리에 만든다.

(3) 크로스핀 토대

핀을 두피면에 고정하여 토대를 만드는 방법으로 모발양이 적을 경우에 해당하며 핀과 핀이 겹치도록 고정시키고 두피에 밀착하여 단단하게 고정시키는 것이 중요하다.

(4) 회전(트위스트) 토대

업 회전과 다운회전, 사이드회전 등이 있는데 브로킹한 머리다발을 비틀어서 회전시켜 고정시키는 방법으로 머리길이에 따라 토대의 면적을 조절할 수도 있다.

(5) 세갈래 땋기 토대

업스타일에 장식이 없을 경우와 모량이 많아 모발을 감추어 줄 때는 세 가닥으로 땋아 돌려서 고정을 단단하게 해주는 역할을 한다.

3패널 땋기 토대

꼬기(트위스트)토대

5. 포니테일(Ponytail)

포니테일 스타일이나 시뇽 스타일을 시술할 시에 토대를 만드는데 필요한 과정으로 묶는 도구로는 고무 밴드와 끈 고무줄이 있으며 정확한 자리에 단단하게 묶는 것이 중요하다.

1) 묶는 방법

(1) 고무밴드 묶기

고무밴드의 한 쪽에다 실핀을 끼워놓고, 모발다발을 엄지와 검지로 잡아 그 엄지 손가락에 실핀 걸린 고무밴드를 걸어 안으로 탄탄하게 감고 보비핀을 모발속에 끼우면 안전하게 묶이게 된다.

(2) 줄밴드

검정 줄밴드를 가지고 묶는 방법으로 주로 모량이 많은 경우에 사용한다.

(3) 극소량 모발묶기

땋고 난 후 적은 모량을 묶고자 할 때 꼬리빗과 모발을 함께 묶어 고무밴드가 느슨하지 않을 때까지 감는다. 그리고 나서 꼬리빗을 뺀다.

6. 헤어싱(Hair sing) 넣기

모발의 숱이 적거나, 백콤만으로 부족한 볼륨을 주기 위해, 스타일을 입체적으로 표현하기 위하여 싱을 넣어 채워줌으로써 조절이 가능하다.

헤어싱의 모양은 삼각형, 둥근원형, 반원형, 초생달형, 삼각형, 소라형 등이 있다.

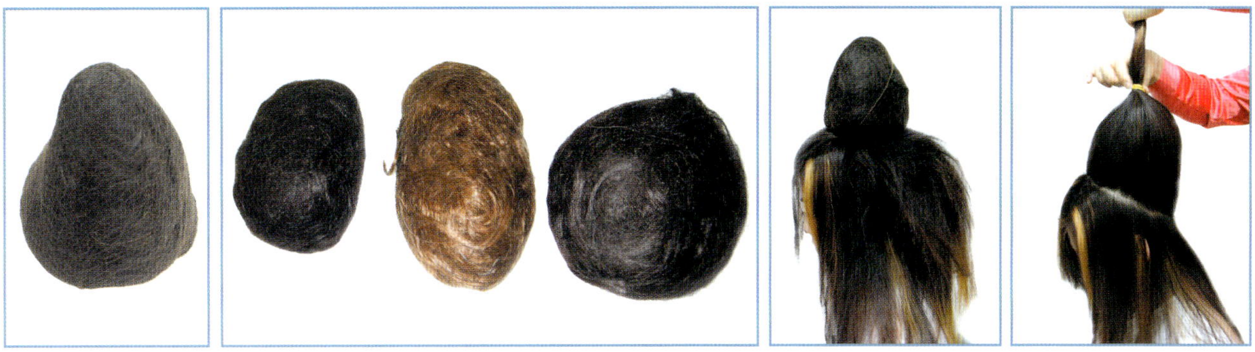

여러 모양의 헤어싱과 응용

7. 헤어피스(Hair piece)

모발의 일부분에 붙이는 가발 또는 붙임머리로 모발 숱이 적거나 , 길이가 짧은 부분에 사용하고 헤어스타일에 따라서 볼륨과 실루엣, 포인트를 강조하는 경우와 보완하는 의미로 각가지 다른 색상들의 피스를 사용하여 화려한 장식용으로 사용한다. 다양한 모양의 피스로 업스타일의 효과를 높일 수 있다.

헤어피스 종류

8. 핀 꽂기

핀 꽂기는 업스타일에 있어서 그 완성도를 높이기 위해 필요한 방법이다. 또한 의도하는 디자인에 따라 핀의 선정과 정확한 위치와 핀의 고정방법으로 확실한 고정력을 원한다.

1) 평면 겹치기 고정법

가장 기본적인 방법으로 볼륨을 감소할 때, 모발 양이 적은 부분을 고정할 때, 핀토대를 만들 때 주로 사용한다. 두피면에서 핀이 들뜨지 않게 밀착시키는 것이 중요하다.

2) 라운드 고정법

둥그런 두상에서 가로로 꽂아야 할 경우 길이가 짧은 스몰핀이 더 용이하다.
마지막에 꽂아야 할 핀은 반드시 반대 방향에서 하나 꽂아 주어야 한다.

핀 꽂기의 여러 기법들

3) 일직선 고정법

넓은 면을 직각으로 고정할 때 사용되며, 적당한 방법으로 핀과 핀이 깊게 겹치도록 서로 붙는 일직선상에 꽂는다.

4) 감추기 고정법

디자인의 형태를 유지하면서 형태의 표면에 핀이 노출되지 않도록 감춰서 고정하는 방법으로 두피면의 머리와 형태의 면을 바늘로 꿰메듯이 고정한다.

9. 세이핑과 브러싱

업스타일의 형태를 만들어 가는 중요한 사항으로 세이핑 과정은 올바른 브러시 사용법에 있는데 의도한 디자인의 형태와 질감은 브러시를 그 목적에 올바르게 사용하였을 때 효과가 크다. 이 작업을 통해 업스타일의 선, 면 형태를 아름답게 표현할 수 있다.

1) 면 연결 브러싱

모발을 잡고 브러시를 사용하여 빗질할 경우 모근 부분 가까이에 브러시를 대고 모발 중간에서 그치지 않고 모발 끝까지 빗질하여 표면의 질감을 매끄럽게 연결시킨다.

2) 백콤 제거 브러싱

(1) 안쪽의 백콤의 볼륨이 눌리거나 풀어지지 않도록 유지하면서 모발 표면을 매끄럽게 브러싱하는 방법으로, 브러시를 모근 가까이에 빗살의 한쪽을 대고 반회전하면서 머리 겉면을 위쪽으로 걷어 올려 빗는다. 아래쪽은 아래로 내려 빗는다.

(2) 백콤 넣어진 모발을 브러싱 할 때는 백콤을 넣었던 안쪽 끝부분부터 점점 제거해 준다.

3) 세이핑 하기(Hair Shaping)

헤어 디자인을 고려하기 위해 모발을 수평, 위, 아래로 빗는 동작을 세이핑이라 한다.

(1) 수평 세이핑(Horizontal Shaping) : 모발을 뒤로, 똑바로, 수평으로 빗어주는 동작이다.

(2) 다운 세이핑(Down Shaping) : 모발을 수평 아래 30˚로 내려빗는 동작이다.

(3) 업 세이핑(Up Shaping) : 모발을 수평선 위로 30˚ 이상 올려빗는 동작이다.

수평 세이핑

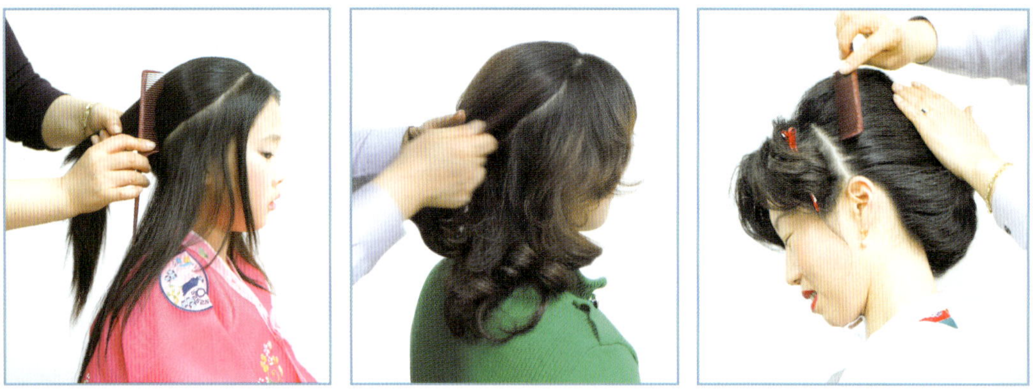

다운 세이핑

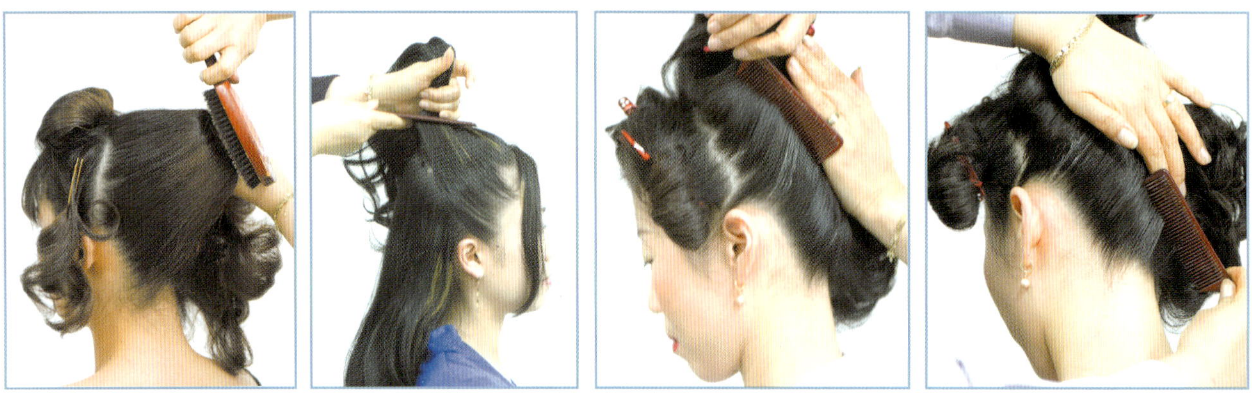

업 세이핑

제5장 업스타일의 도구와 재료

제5장 업스타일의 도구와 재료

성공적인 헤어스타일의 목적에 적합한 도구들로 선정하고, 그 성질을 파악하여 신체의 일부처럼 자유자재로 사용할 수 있도록 하여야 다양하고 섬세한 표현 영역을 넓힐 수가 있다. 업스타일은 사용한 도구의 방법과 제품에 따라 완성된 스타일에서 질감이나 형태가 달라질 수 있기 때문이다.

1. 업스타일 도구 및 헤어제품 종류

1) 도구의 종류

(1) 빗(Comb)

빗은 섹션을 뜨고 메쉬(Meche)를 정리하고 백콤(back comb)할 때 사용한다. 또한 딱딱한 재질의 빗은 탄력이 없어 백콤을 하기 어렵고, 빗이 너무 부드러워도 휘어져 사용하기가 어렵다. 적당한 강도의 빗을 선택하고 빗의 꼬리가 매끄러운 것을 사용하는 것이 좋다.

① 꼬리 빗(Rattail comb)

쥐의 꼬리처럼 가는 자루가 붙어있는 빗으로 일반적으로 테일 콤(Tail comb), 링 콤(Ring comb) 등으로 불리는데, 자루 부분은 파트(part)를 나누거나, 머리 묶음을 나눌 때 사용된다.

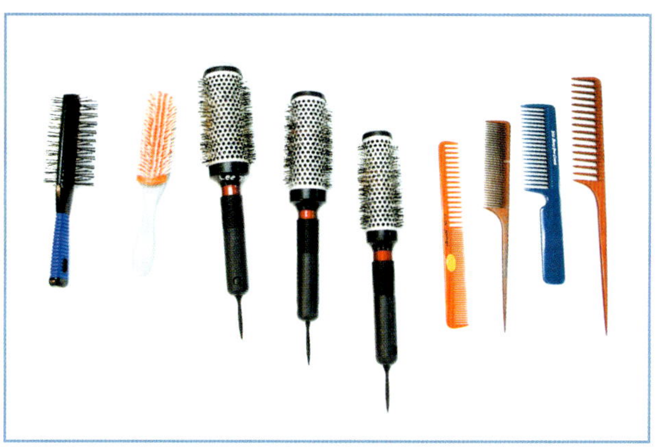

빗과 브러쉬

② 백콤 빗(Back comb)

딱딱한 재질의 빗은 탄력이 없이 백콤이 이루어지는 과정을 손끝으로 느끼기가 어렵고, 너무 부드러우면 백콤을 시술하기가 용이하지 못하기 때문에 탄력과 강도가 있는 재질을 사용하는 것이 좋다.

(2) 브러시(Brush)

브러시는 선과 면, 광택과 볼륨 등을 표현하는데 중요한 역할을 한다. 숙련된 디자이너는 한 종류의 브러시로 처음부터 마무리까지 하는 경우도 있지만, 역시 각각의 브러시의 특징을 파악해서 용도에 맞게 사용하는 것이 의도한 디자인으로 섬세하게 표현하는데 도움이 될 것이다. 브러시는 모발 결이나 백콤을 정리할 때 많이 사용하며 모발의 표면을 균일하게 할 수 있고 백콤할 때도 사용된다.

① 쿠션 브러시(Cushion Brush) : 모발의 흐름을 자연스럽게 유도하여 머릿결을 부드럽게 하는 역할과 쿠션의 역할을 해주어 두피에 자극과 피지분비를 촉진시켜 윤기나게 한다. 롱헤어의 형태는 사용할 도구의 형태나 소재에 따라 완성 될어 질 작품의 질감이나 형태가 달라지게 된다. 그러므로, 브러시의 역할은 선과 면, 광택과 볼륨 등을 표현하는데 매우 중요하므로 신중하게 선택하여 사용할 수 있는 감각이 필요하다.

② 타원형 쿠션 브러시(Elliptical Cushion Brush) : 원랭스나 작품머리 시술 시 기초작업을 자연스럽게 하기 위하여 사용하는 브러시이다.

③ 피니싱 브러시(Finishing Brush) : 업스타일 작품 시술 시 모발을 곱고 매끈하게 정리해 주는 브러시다.

④ 유러피안 롤 브러시 : 소재가 알루미늄으로 되어 있어 열 전도가 빠르기 때문에 스피드하게 스타일을 연출할 수 있다. 그러나 견고성은 돈모보다 약한 것이 단점이다.

⑤ 돈모 브러시(Swine bristles brush) : 백 코밍(Back combing)된 머리카락을 볼륨을 유지하며 표면의 질을 정교하고 광택있게 정리할 수 있는 밀도가 촘촘한 돈모로 이어진 브러시다. 그 모양은 S자의 형태나 수평의 형태 등 다양한 모양이 있다. 빗살이 깊이 들어가지 않은 형태를 선택하여 사용하는 것이 바람직하다.

브러시의 종류

(3) 핀(Pin)

① 스몰핀 : 길이가 짧고 가늘며 고정력이 약하기 때문에 소량의 스트랜드를 고정할 때 사용한다. 또한 모량이 없고 힘이 없는 모발, 면의 볼륨감을 감소시킬 때, 섬세한 부분에 사용한다.
아주 작은핀으로서 숱이 적은 부분을 고정시킬 수가 있다. 따라서 숏커트 헤어를 위해서 꼭 필요하다고 볼 수가 있다. 가볍게 머리를 고정시키는데 많이 사용된다.

② 보비핀(실핀) : 업스타일에서 가장 많이 사용되는 핀으로서 면과 스트랜드를 고정할 때 사용한다.

③ 대핀 : 많은 양의 모발을 고정시킬 때나 두꺼운 스트랜드를 회전시켜 고정할 때 사용한다. 단, 숱이 적은 모발에 사용했을 때는 고정력이 떨어진다.

④ U핀(大) : 머리다발이나 스트랜드를 임시로 지탱하고 고정하는데, 또는 싱을 고정하는데 사용한다. 사이즈가 큰 핀으로서 일반적으로 롱헤어에 사용한다. 머리다발을 크게 고정하는 경우라든지, 시뇽 등을 고정하는 경우에 사용한다.

⑤ U핀(中) : 업스타일 마무리 단계에서 뱅과 컬의 고정을 위해 사용한다.

⑥ U핀(小)=오니핀 : 업스타일 마무리 단계에서 뱅과 컬의 갈라짐을 방지하거나 고정할 때 사용한다. 롱헤어, 숏트 헤어의 어느 쪽에도 사용하는 핀으로서 머리카락이 뜬다든지 연결할 때, 일반적으로 꿰메듯이 꽂고 머리모양을 고정하는데 쓰인다.

⑦ 핀컬핀 : 모양이나 웨이브 연출 후 모양이 흐트러지지 않도록 일시적으로 고정하는데 사용한다.

⑧ 핀셋 : 업스타일을 하기 위해 블로킹을 나눈 머리다발을 고정하기 위해 사용한다.

⑨ 플랫핀(Flat Pin) : 이 핀은 싱글핀 또는 핀컬핀에 U자 모양의 판넬을 붙여서 만든 것으로 업스타일 작품 시 판넬을 임시로 고정시킬 때 사용한다.

⑩ 싱글핀(Single Pin) : 업스타일에서 웨이브 고정 시 또는 컬을 고정시킬 때 사용한다.

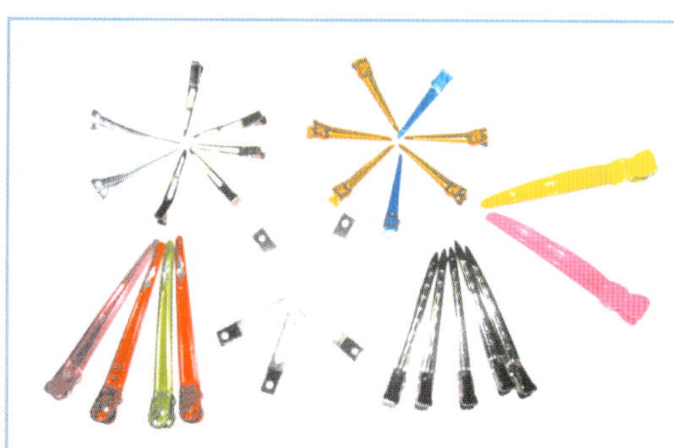

핀셋의 종류

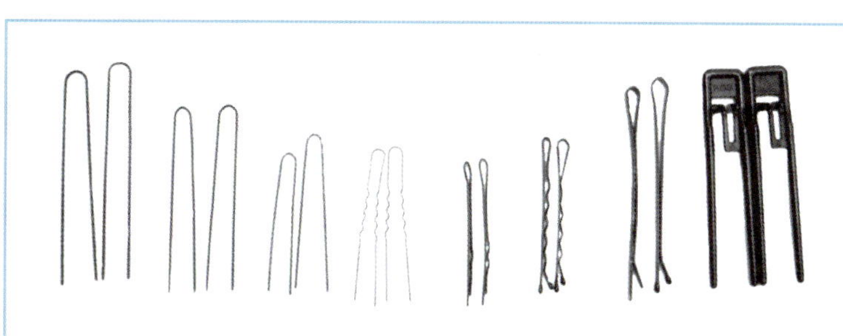

헤어핀의 종류

(4) 클립(Clip)

① 웨이브 클립(Wave clip) : 프론트나 사이드에 주로 사용하며 웨이브의 릿지를 뚜렷히 만들 때 사용, 컬을 연출하는데 있어서 S컬의 릿지(ridge)를 세우는데 사용한다.
② 고정 클립 : 블로킹을 타서 고정시키거나 많은 양의 모발을 고정시킬 때 사용한다.

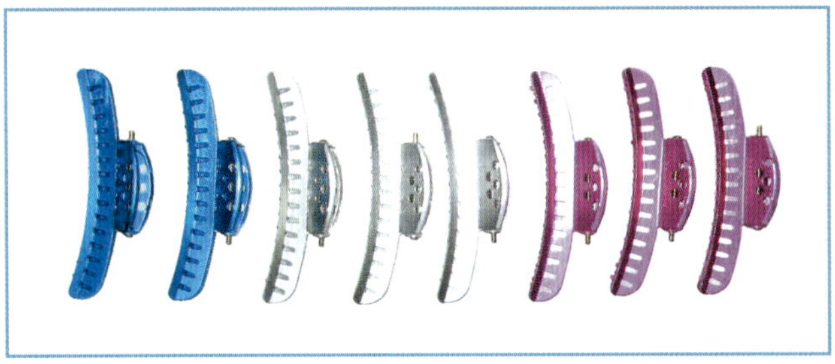

클 립

(5) 망

업스타일 시술 시 시뇽(chignon)이나 컬의 형태를 보정하는 역할로서 잔머리가 많거나 모량이 많아 핀 고정이 쉽지 않을 경우, 무게감으로 머리 다발이 쳐지기 쉬운 경우, 또한 경험이 많지 않아 테크닉에 숙련도가 부족할 경우 망을 씌워 시술한다.

망을 사용할 때는 모발의 색을 고려해서 망의 형태가 나타나지 않도록 연출하여야 하며, 망을 사용 시 표면은 매끄럽지만 내추럴한 질감 표현이 되지 않으므로 가능한 사용하지 않고 테크닉을 발휘하여야 한다.

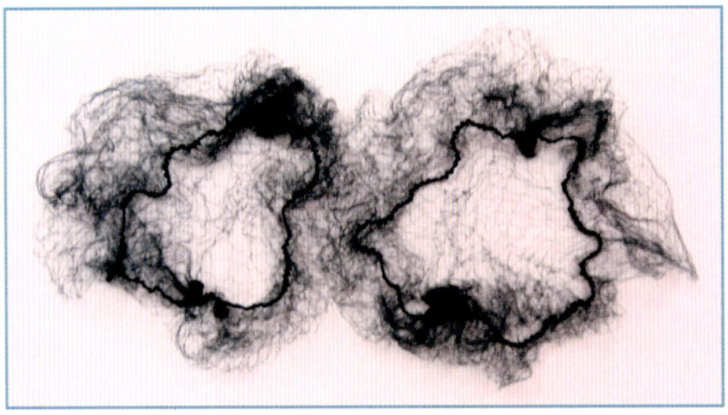

헤어망

(6) 헤어싱

헤어싱은 부족한 모발의 양을 보충하며 백콤만으로 부족한 부분에 싱을 넣어 실루엣을 잡기 용이하게 한다. 모발의 색과 같은 색을 사용하나 장식으로 보이게 사용할 경우는 다른 색의 헤어싱을 사용해도 된다.

① 헤어싱의 역할과 기능

ⓐ 토대 표면의 요철을 정리하면서 부족한 높이와 넓이를 만들어 준다.
ⓑ 백콤만으로 부족한 볼륨에 싱을 넣어 실루엣을 잡는다.
ⓒ 모발이 연출할 수 없는 타이트한 부분을 싱을 넣어 형태를 보강한다.
ⓓ 볼륨 밸런스를 보정한다.
ⓔ 작업에 방해가 되는 핀 다리에 싱을 얹어 다음 작업에 방해가 되지 않도록 한다.

② 헤어싱의 형태

삼각형, 원형, 원통형, 반원형, 초생달형 등으로 만들 수 있다.

헤어싱의 형태

(7) 가발

① 헤어피스(hair piece) : 하이패션 스타일에 주로 적용하는 것으로 부분적인 포인트를 주고자 할 때 사용한다.

② 시뇽(chignon) : 한 가닥의 모 다발을 땋거나, 꼬거나, 매듭을 지어 모발에 장식용으로 쓰는 것으로 헤어피스와 비슷한 용도로 사용한다.

③ 탑 피스(top piece) : 전두부의 모발에 숱이 없거나, 볼륨을 주고자 할 때 사용한다.

④ 폴피스(fall piece) : 짧은 모발을 일시적으로 길어 보이게 표현할 때 사용한다. 모발을 면으로 처리하여 만든 피스로 모발 끝의 수가 전혀 없는 곳에 연출하기 쉬운 피스이다.

⑤ 위그(wig) : 모발 전체를 덮는 형의 가발을 말한다. 모발의 숱이 적은 경우나 대머리를 감추기 위해서 또는 헤어스타일에 전체적인 변화에 사용되는 경우로 모자형으로 만들어졌다.

⑥ 위글렛(wiglet) : 탑 부분에 볼륨을 주거나, 전두부에 모발 숱이 적을 때 볼륨감을 주기 위해 주로 사용한다.

⑦ 캐스케이드(cascade) : 길고 우아하며 풍성한 헤어스타일을 연출할 때 사용한다.

⑧ 쪽머리 : 짧은 모발에 쪽을 지고 싶을 때 모발끝 처리가 힘들 경우 그대로 갖다가 붙이는 것으로 손쉽게 연출할 수 있다.

⑨ 아코디언 : 잡아당기면 넓게 늘어나며 양쪽에 핀셋 또는 빗으로 고정시킨다. 손쉽게 연출할 수 있다.

⑩ 줄 피스 : 부분적인 커버를 한다거나 웨이브 있는 모발에 연장을 할 수 있는 피스이다.

⑪ 컬러 헤어 피스 : 업스타일 디자인에 포인트를 강조할 수 있는 컬(피스)로 오렌지 계열, 바이올렛 계열, 그린 계열 등의 밝고 어두운 컬러 색상 등으로 길거나 짧게, 두껍거나 얇게 준비해 두었다가 스타일을 우아하고 풍성하게 또는 포인트를 강조할 때 연출한다.

헤어피스와 다래

(8) 글루건

모발을 잇거나 작품을 시술할 때 사용한다. 글루건의 재료로 실리콘을 사용할 때는 투명색과 흑색을 주로 사용한다.

(9) 각종 액세서리

구슬이나 합성섬유, 여러 소품으로 만든 재료, 조화의 소재로 만든 재료 등이 사용된다.

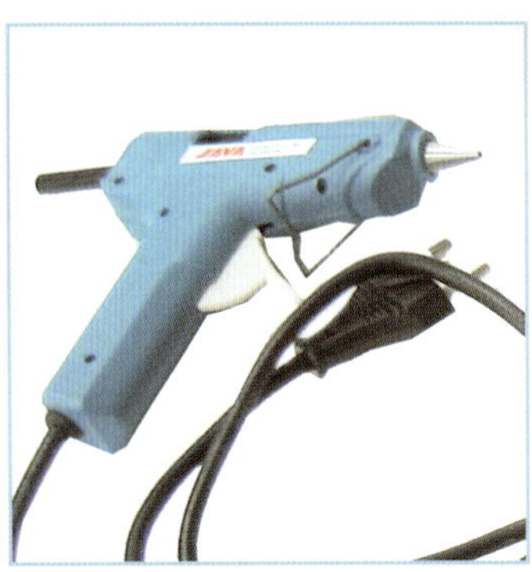

글루건

액세서리

2) 헤어 제품의 종류

(1) 헤어 스프레이(Hair Spray)

업스타일을 제작하는 과정에서 사용되는 스프레이는 모두 디자인을 고정시킨다는 의미로는 같으나 사용상 가볍게 매쉬를 고정해야 함으로 입자가 곱고 스프레이 하고 나서도 빗질이 가능해서 수정, 보완이 용이해야 한다. 소프트(soft)와 하드(hard) 타입의 헤어 스프레이가 있다.

(2) 무스

스타일링제 무스의 고정력은 제조 회사에 따라 제품이 다소 차이가 있으므로 사전에 사용해보고 적당한 제품을 준비한다.

(3) 염모제(컬러링 제품)

업스타일을 진행하는 과정에서 보다 쉽게 사용할 수 있는 제품으로는 스타일의 디자인을 행하기 전, 각종 염모제 특히 산성칼라나 탈색제를 활용하여 디자인 연출에 미적 감각을 부각시키는 컬러링에 필요한 색상으로 선별하여 준비한다.

(4) 광택제

헤어 스프레이처럼 분사하며 모발에 광택과 부드러움을 더해주는 제품이다.

(5) 에센스

오일형의 액체로 된 에센스는 손상모, 건조한 모발에 윤기를 낼 수 있다.

(6) 젤

모발 디자인 형태를 고정하거나 윤기를 낼 수 있다.

(7) 왁스

건조한 모발이나 손상된 곳에 윤기와 촉촉함 및 고정력을 강조할 수 있다.

(8) 반짝이 젤, 반짝이(금, 은색)

완성된 스타일에 포인트를 강조하고 화려함을 연출한다.

헤어 제품의 종류

(9) 큐빅 및 구슬

작품의 단점을 보완하거나 포인트를 강조하며 의상, 메이크업과 맞춰 심플하거나 화려하게 연출한다.

그 밖의 도구는 헤어드라이어, 세팅 롤, 전기 세팅기, 아이론, 매직 아이론 등이 있다.

제6장 업스타일의 실제 테크닉

제6장 업스타일의 실제 테크닉

1. 두상 구조의 이해

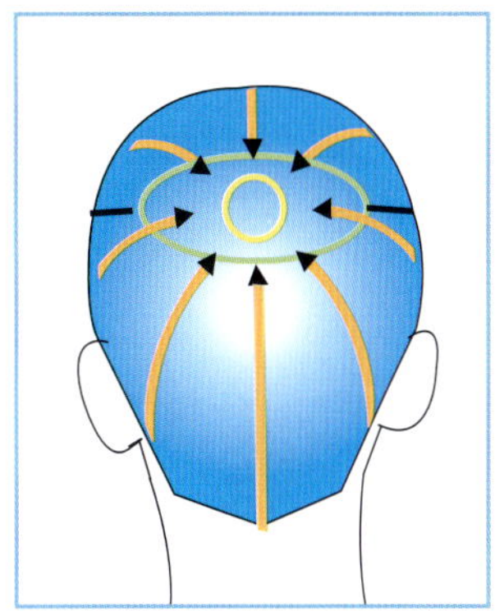

업스타일 디자인의 계획안을 세우기 위해서 두상 구조에 따른 포니테일(묶음) 위치는 노란색 작은 원으로 표시하였고, 섹션 나누기와 파팅은 검정색 라인, 빗어주는 방향은 오렌지색 화살표, 완성된 디자인의 위치나 모양은 그린색으로 전체적인 업스타일을 재빨리 분석해 낼 수 있다.

2. 업스타일에 사용되는 기본 기법

업스타일을 디자인할 때 상징 기법으로는 꼬기, 고리 만들기, 땋기, 겹치기, 매듭, 롤 말기 등의 상징 기법과 C,S,J컬에 따른 혼합된 기법으로 업스타일이 완성된다.

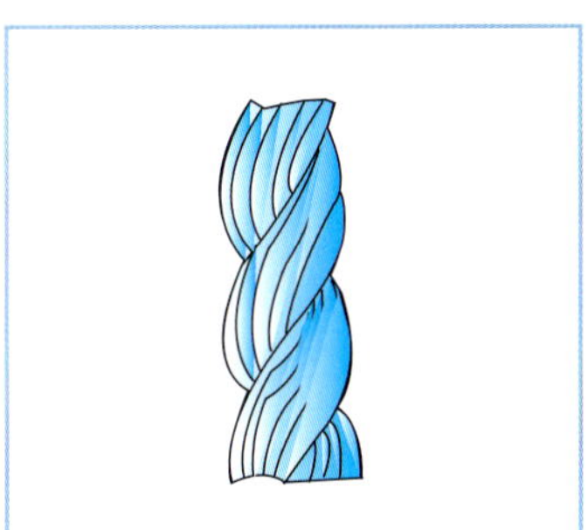

꼬기(Twist)

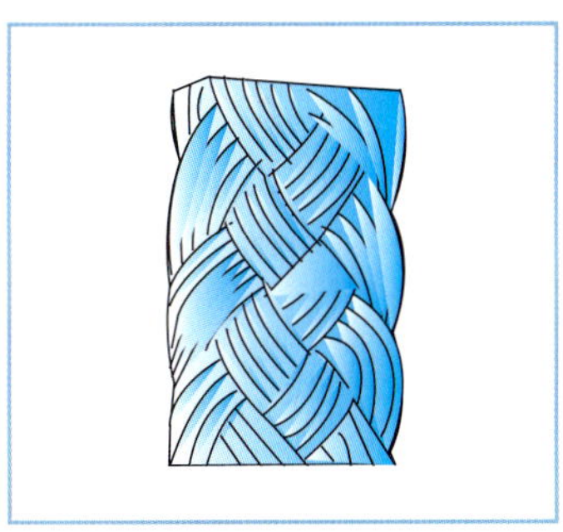

땋기(Braid)

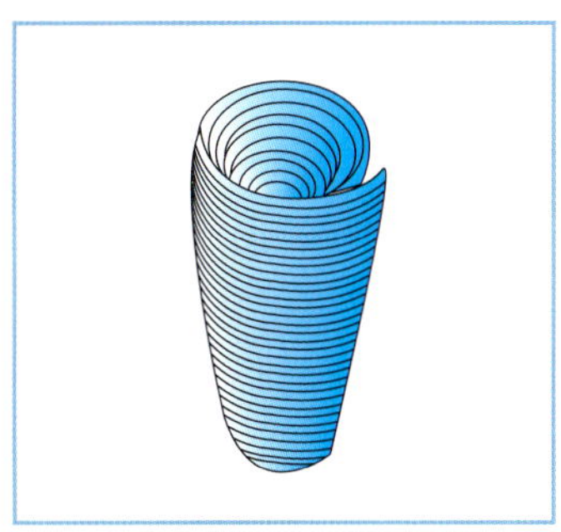

롤 말기(Roll)

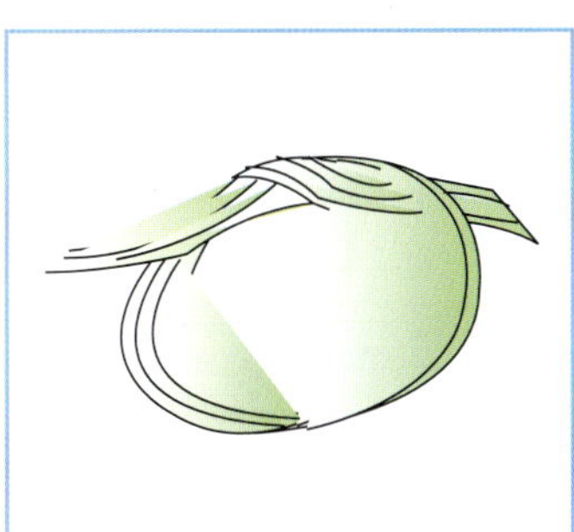

겹치기(Overlap)

매듭(Knot)

고리 만들기(Loop)

1-1. 로맨틱 업스타일 I

1-1. 로맨틱 업스타일 I

3. 모발 길이에 따른 업스타일

1) 롱헤어 업스타일

긴 머리를 여러 가지 기법으로 다양한 스타일을 연출할 수 있으며, 헤어피스나 각종 액세서리를 사용하여 포인트를 주고, 단조로움을 커버하며 웨딩, 한복, 정장 의상 등에 화려하거나 단아한 분위기의 업스타일을 디자인할 수 있다.

1-1. 로맨틱 업스타일 Ⅰ(매듭 기법)

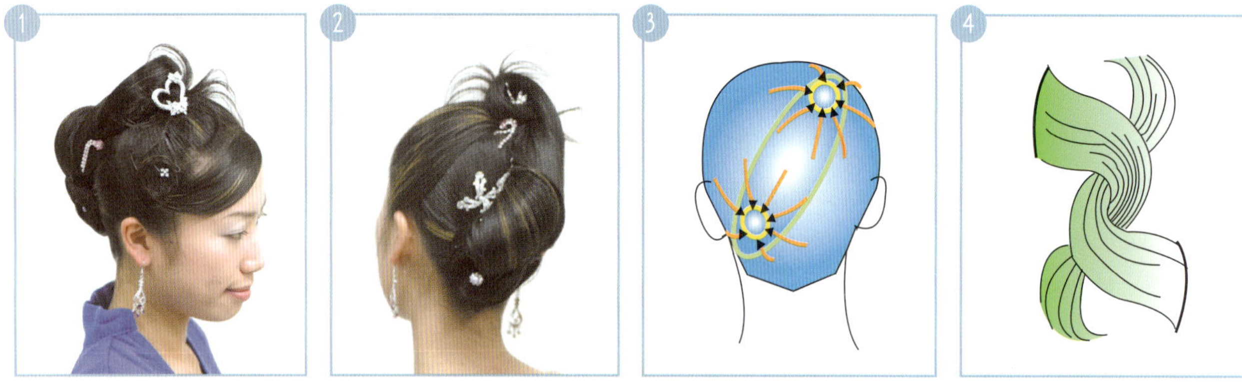

등선 중간 길이의 스트레이트한 모발에 셋팅을 감아 웨이브를 형성하고, 2개의 포니테일(묶음)로 매듭 기법의 디자인으로 단 시간에 한복, 정장, 파티 의상에 어울리는 우아한 업스타일로 연출한다.

① 섹션 뜨기와 묶어 주기

섹션은 이어 투 이어로 2등분해서 톱과 네이프 5cm 윗 지점에 수직 또는 사선 방향으로 포니테일한다.

② 매듭 기법과 끝머리 디자인 기술

ⓐ 광택 스프레이를 분사하고 빗어준 다음 톱의 패널은 아래로, 네이프 패널은 위로 향하여 매끄럽게 빗어 묶어주어 교차한다.
ⓑ U핀이나 핀셋 등으로 임시 고정하고 묶어진 백 부분을 넓게 펼쳐 고정한다.
ⓒ 네이프의 모발은 루프형으로 돌돌 말아 입체적인 느낌을 살릴 수 있게 핀셋으로 임시 고정한다.

③ 단단하게 고정하기

ⓐ 톱의 남은 끝모발도 광택 스프레이를 분사하여 둥글게 빗은 후 롤 형태로 감아 세워 고정한다.
ⓑ 남은 끝모발을 깃털처럼 가벼운 느낌으로 펼쳐서 스프레이 분사하고 핀으로 고정한다.

④ 톱 부분과 전두부 디자인 하기

ⓐ 톱 부분의 모발은 끝을 매끄럽게 펼쳐 빗질하여 고정시킨다.

ⓑ 프린지 애교머리는 이마로 C커브를 만들면서 빗어내린 후 사이드에 고정시킨다.

⑤ 완성된 디자인

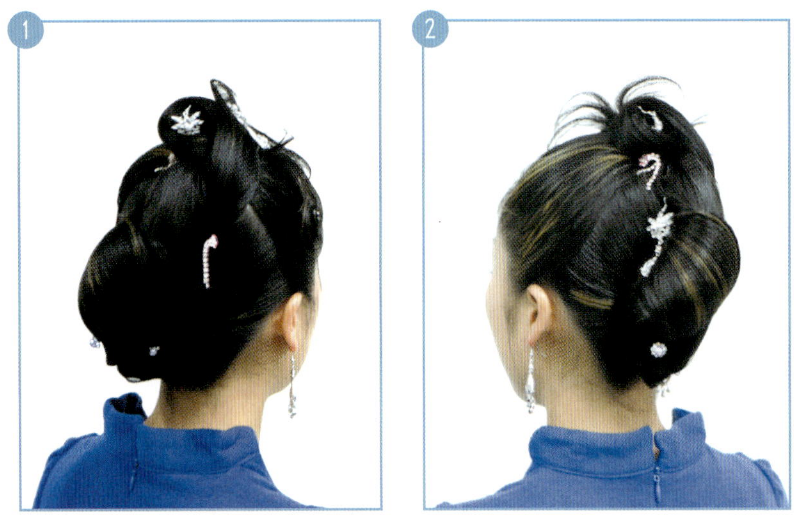

모델의 전, 후두부의 빈 공간이나 포인트 부분에 큐빅 액세서리 종류로 심플하면서 화려함이 돋보이는 업스타일을 완성한다.

1-2. 로맨틱 업스타일 II

1-2. 로맨틱 업스타일 II

1-2. 로맨틱 업스타일 II(매듭 기법)

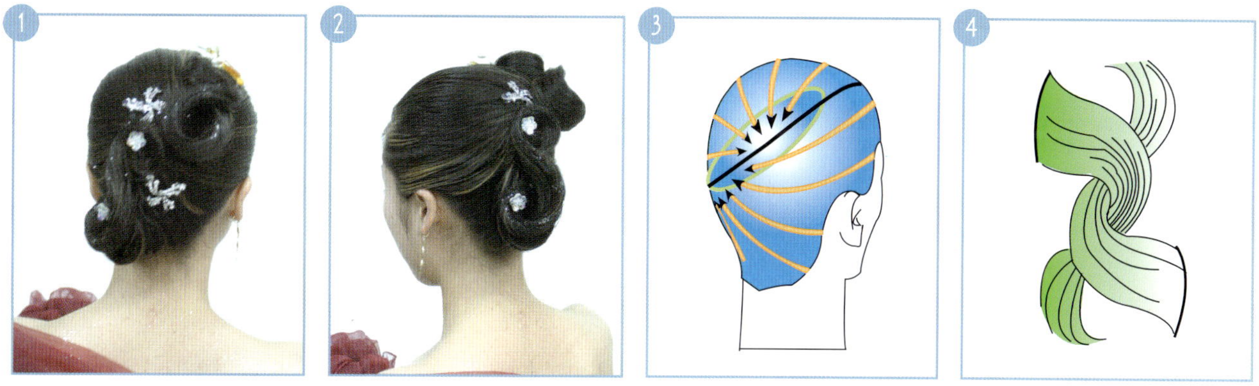

롱 헤어에 좌대각 2등분 섹션을 이용한 매듭 기법으로 정장, 한복, 웨딩에 잘 어울리는 심플하고 우아한 업스타일을 한다.

① 시술전 모델

롱 헤어 직모에 셋팅을 감아 포니테일(묶음) 하지 않고 큰 매듭으로 디자인하여 심플한 업스타일을 연출한다.

② 좌대각 섹션 매듭 만들기

ⓐ 우측 헤어 라인 코너에서 좌측 네이프까지 2등분으로 대각 섹션한다.

ⓑ 좌대각 섹션의 모발을 왼쪽 상단과 우측 하단의 모발을 매듭으로 묶어 임시 고정한다.

③ 루프와 모발끝 디자인 하기

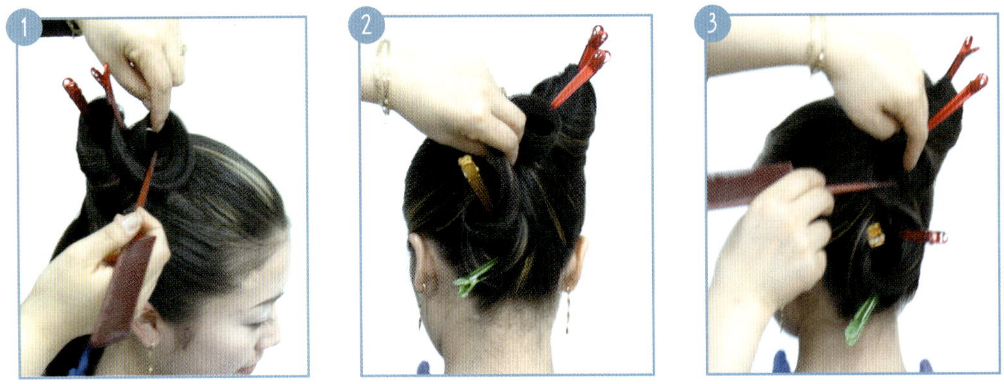

ⓐ 톱 쪽의 모발 패널을 롤 말기 디자인으로 세워서 고정하고, 모발 끝은 사선으로 루프를 만들어 고정한다.

ⓑ 네이프 하단의 모발도 루프를 2번 감고 남은 끝 모발은 백의 중앙 빈 공간을 루프 모양으로 꾸며 매끄럽게 빗어 디자인 한다.

④ 전체 고정 및 완성

ⓐ 백의 전체 구도는 우측에서 좌측으로 롤과 루프로 임시 고정한다.

ⓑ 스프레이를 분사하여 매끄럽게 빗어주고 여러 종류의 핀꽂기로 균형과 구도가 흐트러지지 않게 단단하게 고정한다.

1-3. 로맨틱 업스타일 III

1-3. 로맨틱 업스타일 Ⅲ

1-3. 로맨틱 업스타일 Ⅲ(중간 매듭 기법)

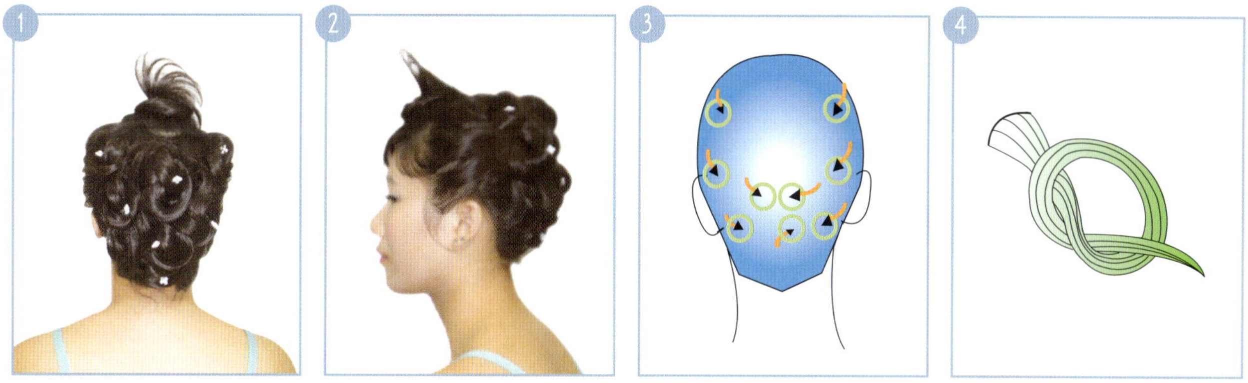

가족 행사나 한복, 정장 스타일에 고급스러운 디자인으로서 여러 섹션을 이용한 매듭 만들기 기법으로 청순함과 우아함이 가미된 스타일로 연출하였다.

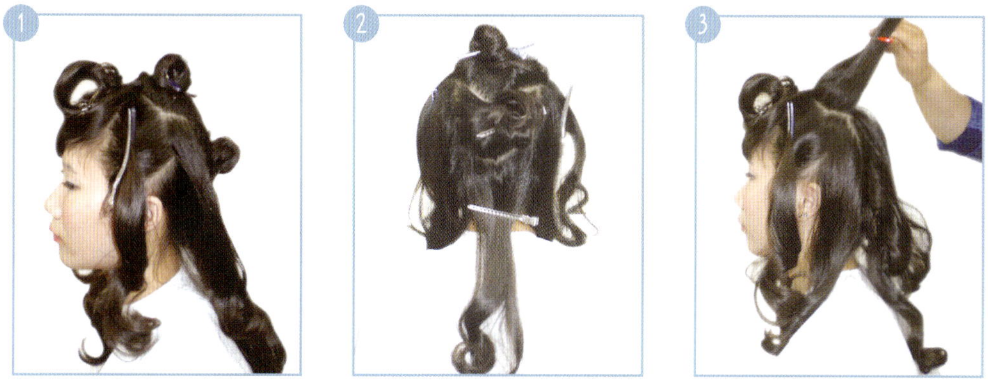

ⓐ 전두부는 삼각형, 사이드와 톱은 다이아몬드형, 백은 3등분 V섹션과 양 크라운으로 세부 섹션을 나눈다.

ⓑ 톱의 다이아몬드 섹션에 백콤을 넣어 매끄럽게 빗는다.

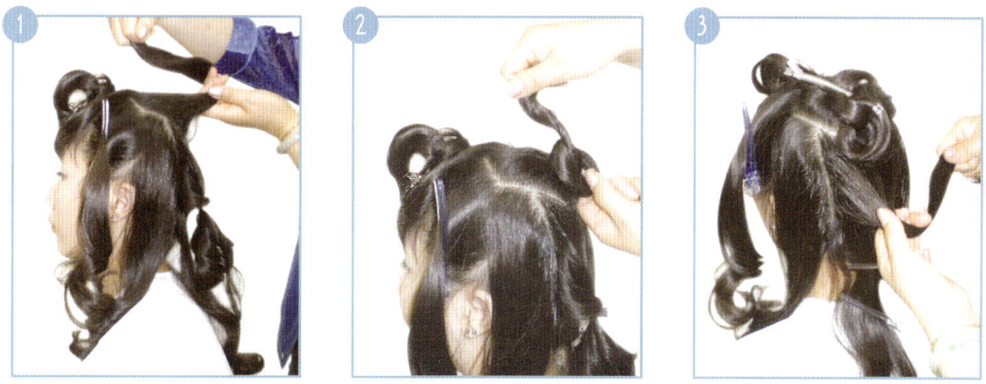

톱, 백 패널을 반시계 방향으로 돌려 매듭을 만들어 놓는다.

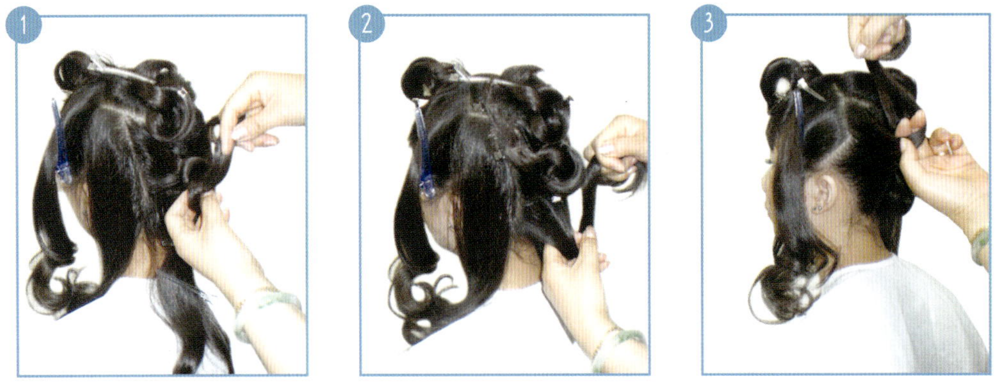

네이프의 패널도 역시 낮은 각도와 반시계 방향으로 돌려 작은 매듭 만들기로 연결한다.

좌측 크라운도 위로 업쉐이핑 하여 C,C컬 반시계방향으로 매듭 만들기 한다.

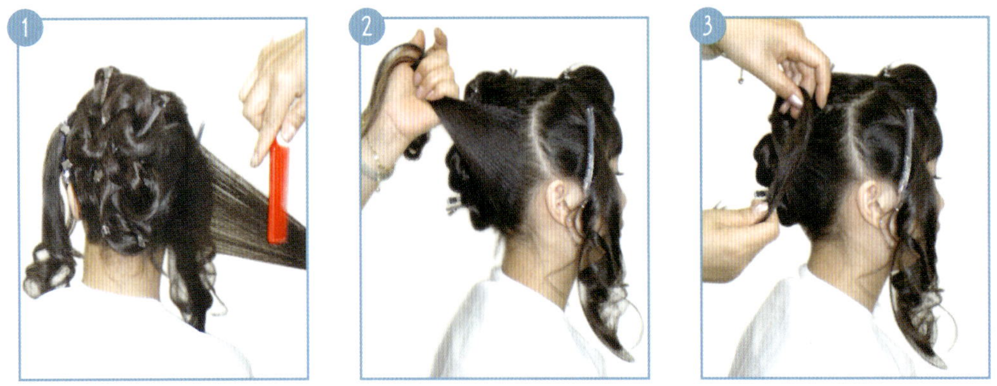

우측 크라운도 패널을 좌측과 같은 방법으로 매듭 만들기 한다.

ⓐ 핀으로 임시 고정하고, 모발 끝부분을 정교하게 고정한다.

ⓑ 사이드 모발 패널 역시 업쉐이핑 하여 반시계 방향으로 돌려 위쪽으로 핀고정 한다.

반대쪽 사이드의 모발 패널 역시 같은 방법으로 시술, 고정하고 스프레이 분사한다.

전두부 모발에 백콤을 넣어 매끄럽게 빗어주고, 애교머리를 정돈한다.

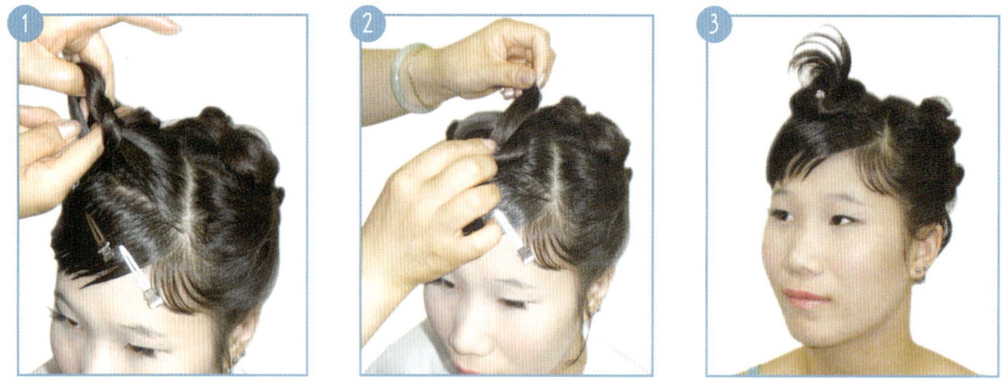

반시계 방향으로 돌려 고정하고, 모발 끝을 위로 빼서 깃털처럼 가벼운 C라인을 연출한다.

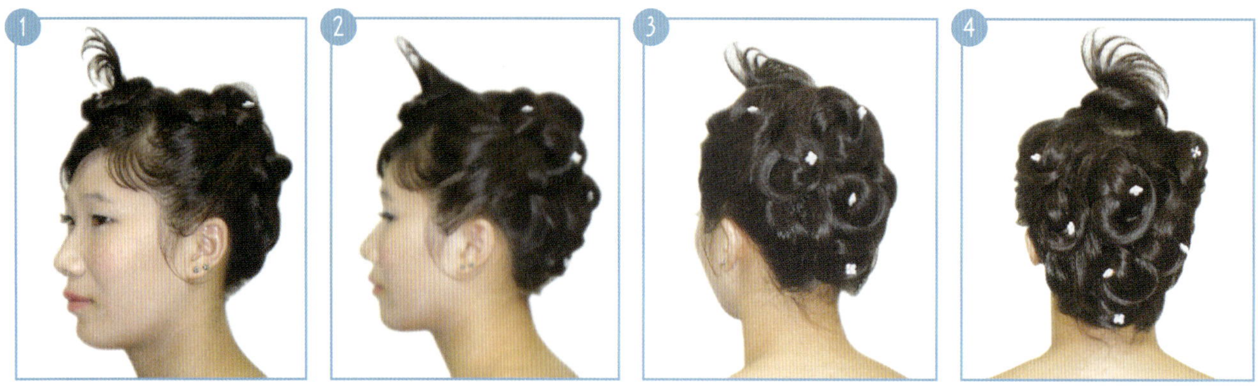

ⓐ 스프레이나, 광택 스프레이를 분사하여, 고정력과 광택을 준다.

ⓑ 매듭 중앙에 큐빅, 비즈, 장식물 등으로 심플하고 화려한 매듭 업스타일을 연출한다.

1-4. 네추럴 브레이드 스타일 I

1-4. 네추럴 브레이드 스타일 I

1-4. 네추럴 브레이드 스타일 I (3패널 기법)

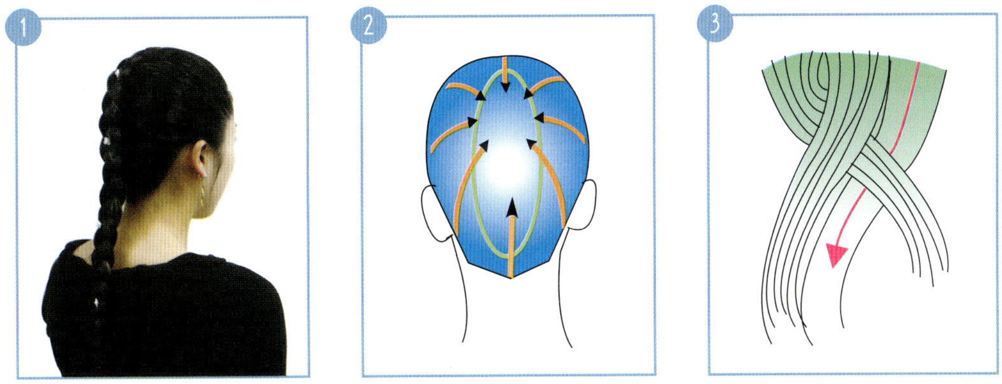

3가닥 아래로 땋기는 전체 모발이 두상에 달라 붙거나 땋기된 부분을 두상 위로 돌출시키고 애교머리나 구렛나루 머리는 얼굴형에 따라 조절할 수 있다.

① 섹션과 패널 나누기

ⓐ 전두부에서 라운드 섹션한다.
ⓑ 3패널로 나눠 잡는다.

② 3패널 땋기

ⓐ 오른쪽 패널이 가운데 패널 아래로 들어가 가운데 위치가 된다.
ⓑ 왼쪽 패널이 가운데 패널 아래로 들어가 가운데 중앙에 위치한다.

③ 백 –대각파팅 하기

ⓐ 왼쪽과 오른쪽 패널이 교대로 가운데 패널 아래로 들어가 중앙에 위치한다.
ⓑ 양쪽 사이드에서 대각 파팅으로 매끄럽게 빗어 아래로 들어간 패널에 합한다.

④ 네이프 땋기와 완성

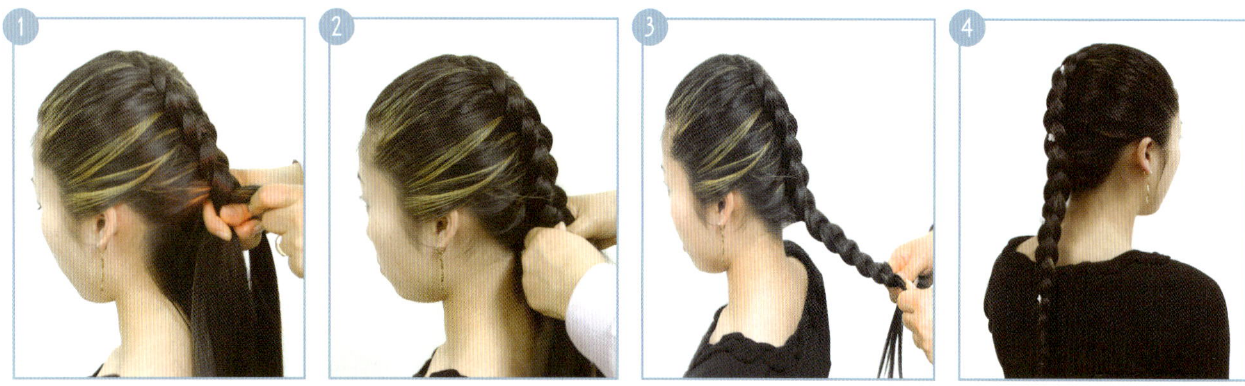

ⓐ 파팅을 모아주고 꼬리빗으로 매끄럽게 빗어 준다.
ⓑ 백에서 네이프 쪽으로 시술할 때 고개를 앞으로 숙여 손가락을 두상의 곡면에 밀착시키고 텐션을 유지한다.
ⓒ 두상 아래 머리 끝부분에 이를 때까지 땋는다.
ⓓ 완성된 모습은 두상의 곡면 위에 땋은 줄기가 위로 두드러지는 모습을 볼 수 있다.
ⓔ 장소와 의상에 따라서 심플한 액세서리로 포인트를 강조한다.

1-5. 네추럴 브레이드 스타일 II

1-5. 네추럴 브레이드 스타일 II

1-5. 네추럴 브레이드 스타일 Ⅱ(5패널 기법)

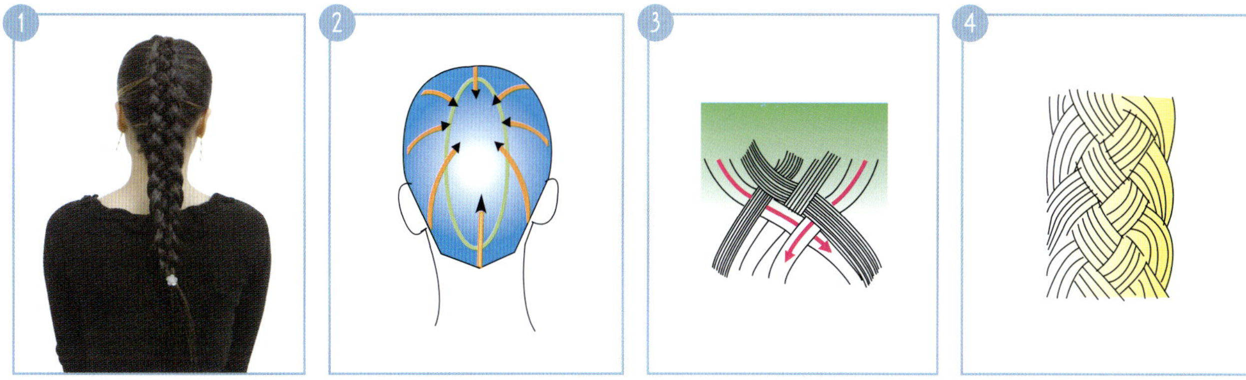

ⓐ 우아한 다섯 패널 아래로 땋기는 매끈한 질감과 엮인 패턴의 혼합을 보여준다.
ⓑ 때와 장소, 의상에 따라 액세서리 등을 심플하게 장식할 수 있다.

① 섹션과 5패널 나누기

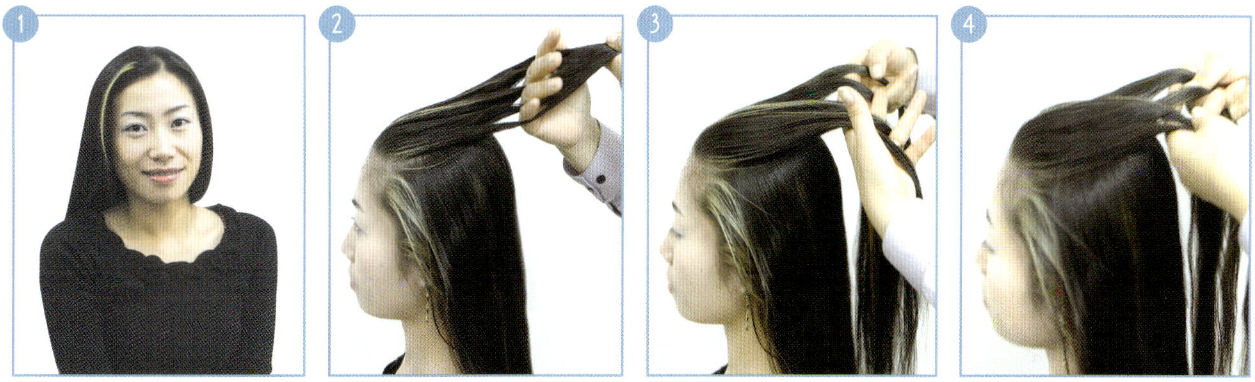

ⓐ 두상의 곡면 형태를 따라 라운드 섹션한다.
ⓑ 네 손각으로 다섯 패널로 나누어 안쪽 3패널을 먼저 땋기를 한다.
ⓒ 오른쪽과 왼쪽 가닥이 각각 아래로 한 번, 위로 한 번 교차하며 가운데 가닥이 된다.

② 다섯 패널 땋기

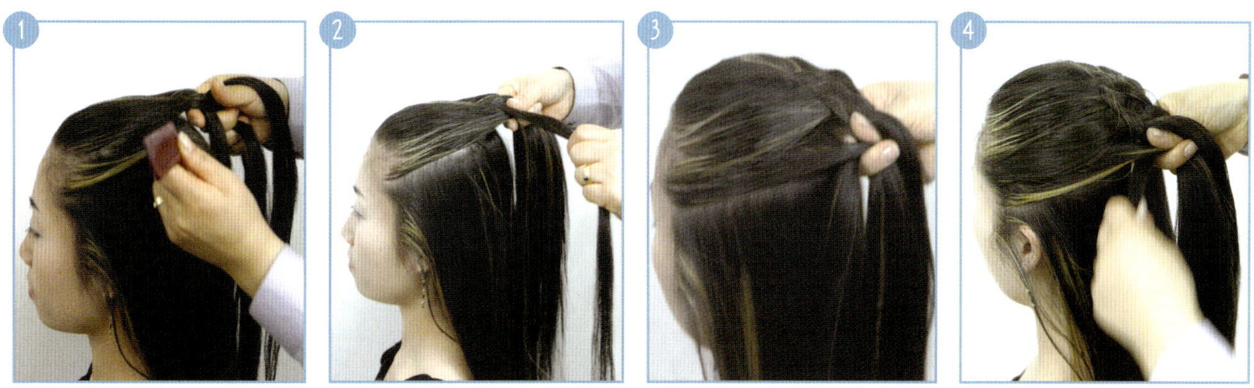

양 사이드에서 대각 파팅으로 섹션한 가닥들을 올라온 가닥 아래로, 내려온 가닥 위로 교차시키며 땋아 내려간다.

③ 다섯 패널 백부분 탠션을 유지하며 땋기

ⓐ 양쪽에서 동일한 과정을 반복한다.

ⓑ 두상의 곡면에 따라 시술하는 동안 균일한 텐션을 유지하며, 계속 파팅을 매끄럽게 떠서 엮는 방법을 반복한다.

④ 네이프에 붙여 끝부분 땋기

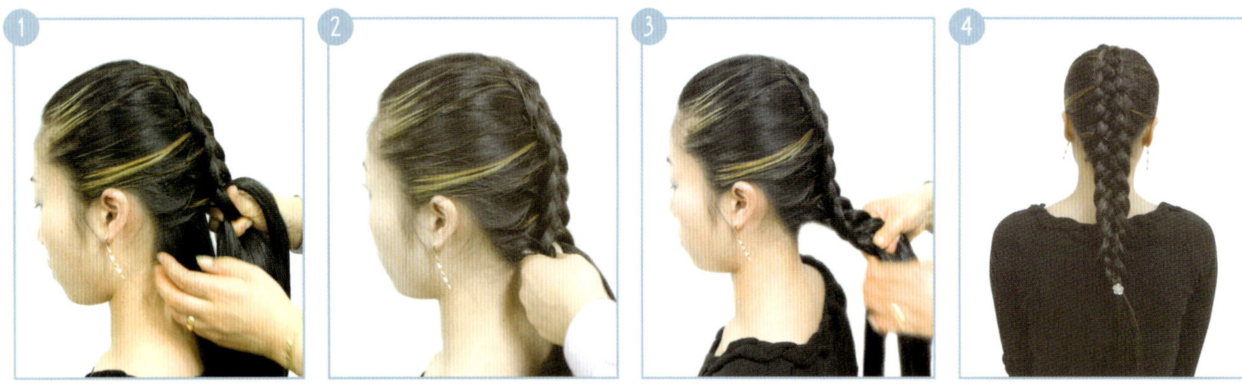

ⓐ 파팅을 떠서 매끄럽게 빗어 텐션을 유지하며, 두상에 밀착시켜 땋기를 계속한다.

ⓑ 네이프 쪽으로 시술할 때는 고개를 앞으로 숙여 밀착시키며 두상에서 머리가 들리는 것을 방지한다.

ⓒ 머리 가닥의 끝 부분에 이를 때까지 반복해서 땋기를 계속하고, 끝 부분은 밴드나 액세서리로 장식한다.

ⓓ 완성된 모습은 두상 위로 돌출된 넓은 패턴으로 길게 늘어 뜨리거나 모발 끝 부분을 속으로 밀어 넣어줄 수 있다.

1-6. 모던 다운 스타일 I

1-6. 모던 다운 스타일 I

1-6. 모던 다운 스타일 I (9패널 기법)

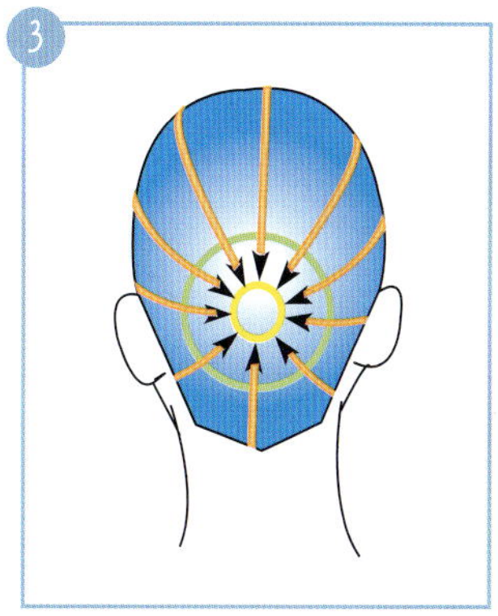

두피에서 분리된 아홉 패널 땋기로서 앞 모습은 매끄러운 올백으로 이마를 드러낼수 있고, 애교머리를 내려서 C라인이나 S웨이브 물결 모양으로 연출할 수도 있다. 한복, 정장 등에 단아한 모습으로 연출한다.

① 네이프에 포니테일(묶어주기)하고 3등분 하기

ⓐ 전두부와 사이드에서 네이프 쪽으로 빗어주어 네이프 부분에 모아 포니테일(묶어주기)하고 한 가닥의 머리를 잡아 밴드를 감싸준다.
ⓑ 묶은 머리를 3등분하고 핀셋으로 분리해 놓는다.

② 가운데 패널과 왼쪽 땋기

ⓐ 3등분 중 가운데 패널을 또 3등분으로 나눠 위로 땋기를 한번만 한다.
ⓑ 왼쪽 패널도 3등분해서 왼쪽 바깥 가닥을 그 옆가닥 아래로 위로 아래로 위로 교차하면서 머리가닥이 모아지지 않게 핀셋으로 고정시켜 놓는다.

③ 오른쪽 패널에서 연결하기

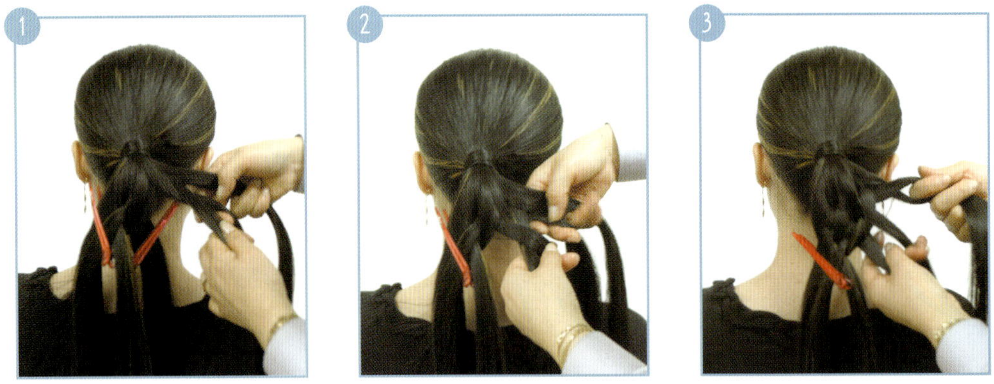

ⓐ 오른쪽 패널도 3등분으로 나누면 가운데 3, 왼쪽 3, 오른쪽 3등분하면 9등분 패널이 된다.
ⓑ 오른쪽 바깥 가닥을 그 옆 가닥 아래로 위로 가운데 가닥 위로 올라가 가운데 가닥으로 위치한다.
ⓒ 양쪽 바깥 가닥들이 아래위, 아래위 방향으로 들어가는 순간 가운데 가닥이 된다.

④ 위빙 기법으로 땋기

ⓐ 양쪽 바깥 가닥들이 엄지와 검지를 이용 위빙으로 들어가 가운데 가닥이 되고, 양쪽 각각 4가닥씩은 핀셋으로 고정 시켜놓고 다른 한쪽을 시술한다.
ⓑ 동일한 방법을 계속하면서 패널이 합쳐지지 않도록 주의한다.
ⓒ 끝 부분까지 땋고 고무밴드로 묶어주며, 땋은 베이스 부분을 위로 들어올려 포니테일 윗부분에 밀착시켜 헤어핀으로 고정한다.

⑤ 아홉 패널 시뇽 땋기 완성

ⓐ 땋는 베이스 윗부분이 두상에 밀착되어 넓게 펴서 헤어핀으로 위쪽과 양쪽 옆 머리를 고정시킨다.

ⓑ 끝 묶은 부분은 안으로 말아넣고 헤어핀으로 필요한 부분을 고정한다.

ⓒ 완성된 모습은 오밀조밀한 격자무늬 패턴의 질감을 나타내며, 아기자기한 액세서리 장식으로 단아한 시뇽 스타일을 연출한다.

1-7. 변형 쪽머리

1-7. 변형 쪽머리

1-7. 변형 쪽머리(3패널과 오버랩)

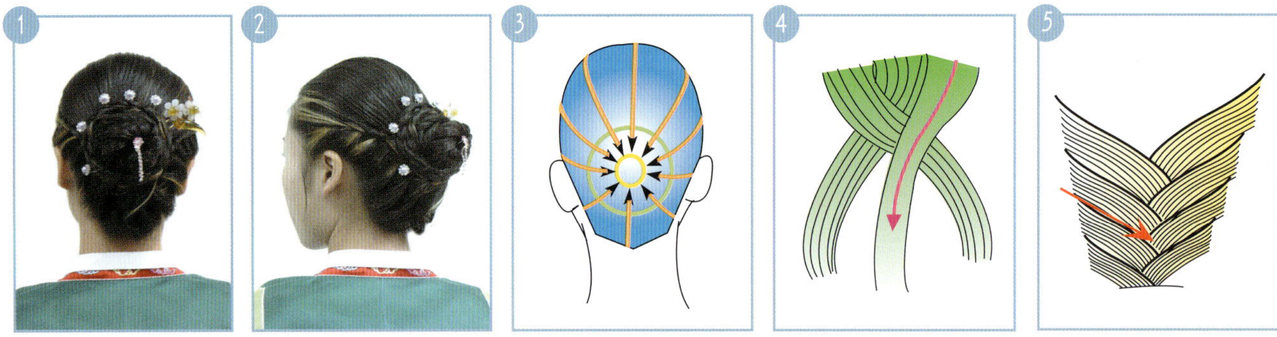

단아한 쪽머리 모양은 양쪽 사이드에서 3 패널 땋기하고 하단 잡아 땋기와 네이프 중앙 오버랩 기법 쪽머리 형태로 액세서리 장식과 한복, 정장 등에 잘 어울리는 스타일이다.

① 섹션 뜨기와 네이프 포니테일(묶기) 하기

ⓐ 전두부에서 백 아래로 V라인 섹션을 하고, 백 아래 부분에 포니테일(묶음)한다.

ⓑ 왼쪽 옆사이드 헤어 라인에서 얇은 전대각 파팅을 떠서 3패널로 나눈다.

② 사이드 아랫단 잡아 땋기

섹션 라인 선 위로 3 패널 땋기를 하고 아래서 사선파팅 해서 왼쪽 패널에 모아서 땋아주고, 오른쪽 패널은 모으지 않고 그냥 내려 땋기 한다.

ⓐ 동일한 방법으로 네이프까지 두상에 밀착시키며 시술하고, 남은 머리는 끝까지 땋아 묶어 준다.

ⓑ 오른쪽 사이드도 동일한 기법으로 위에서는 그냥 내려 땋기 하고, 아래는 대각 파팅으로 땋기를 반복한다.

③ 네이프 포니테일 오버랩 교차 땋기

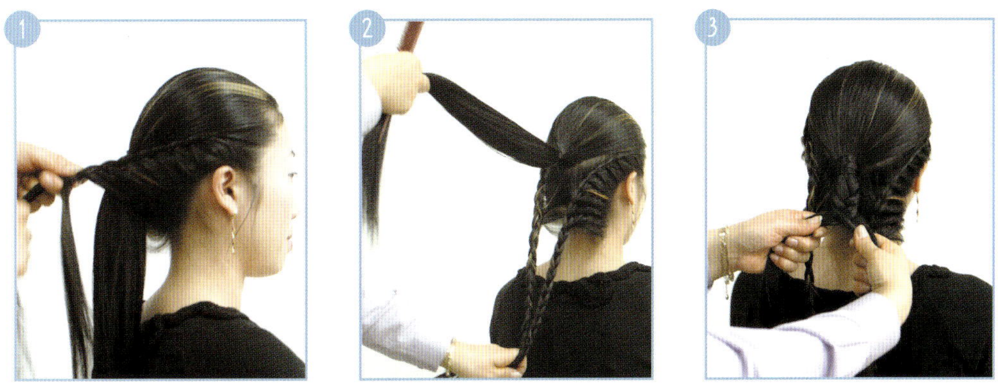

ⓐ 땋은 부분을 위로 올려 섹션(브로킹) 라인이 보이지 않게 시술한다.

ⓑ 네이프 포니테일(묶음) 머리를 광택 스프레이로 분사하여 빗어주고, 두가닥 오버랩 교차 기법으로 아래 수직 방향으로 진행한다.

④ 네이프 땋은 머리 토대 만들기

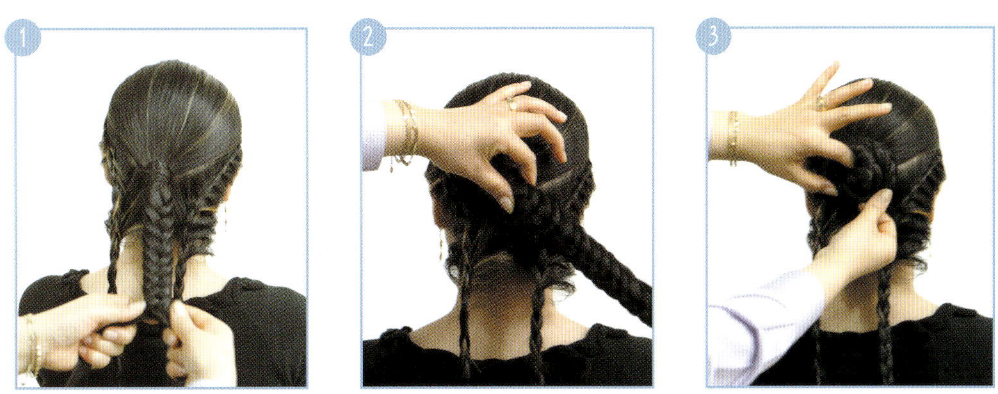

ⓐ 동일한 방법으로 오버랩으로 교차시키며, 모발 끝까지 땋아서 고무밴드로 고정한다.

ⓑ 오버랩한 부분을 토대를 만들기 위해 왼손의 엄지와 검지 손가락으로 왼쪽 엄지손지문으로 밀며 틀어주어 반시계(왼쪽)방향으로 돌려 감는다.

⑤ 땋은 쪽머리 완성

ⓐ 토대를 모발 끝까지 돌려 헤어핀으로 고정하고, 양쪽 땋은 머리를 좌우로 교차 시킨다.

ⓑ 네이프 땋은머리는 엮인 쪽으로 곱게 위치하고, 모발 끝까지 돌려서 헤어핀과 U핀으로 단단하게 고정한다.

⑥ 액세서리 장식하기

헤어 스프레이를 분사해서 매끄럽고 단단하게 고정하고, 액세서리 등으로 장식한다.

1-8. 모던 다운 스타일 Ⅱ

1-8. 모던 다운 스타일 Ⅱ

1-8. 모던 다운 스타일 Ⅱ(편구형 트위스트)

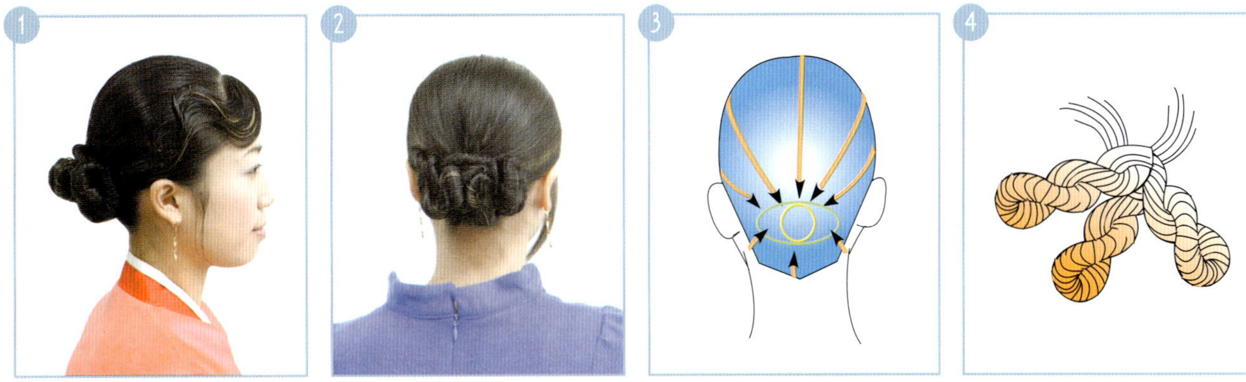

롱헤어 한가닥 트위스트 기법으로 네이프에 디자인하여 한복, 정장에 어울리는 단아한 편구형 스타일이 연출되었다.

ⓐ 모발을 포니테일(묶음) 위치로 빗어 주고, 네이프에 포니테일 한다.
ⓑ 3패널 분배를 하고, 각각 광택 스프레이를 분사해 놓는다.

ⓐ 3패널 중 왼쪽 패널을 왼쪽 반시계 방향으로 텐션을 유지하며 트위스트 한다.
ⓑ 그 다음 포니테일 둘레를 감싸며, 오른쪽 시계 방향으로 돌려 핀으로 고정한다.
ⓒ 가운데 포니테일을 왼쪽 반시계 방향으로 텐션을 유지하며 왼손으로 트위스트 하고, 오른손으로 패널을 고정시켜 잡아주며 탄탄하게 꼬아 트위스트 하여 편구형 위치로 돌려 헤어핀으로 고정한다.

1

2

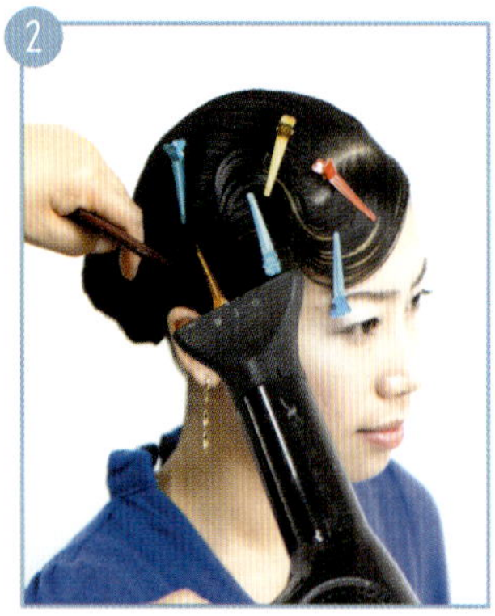

3

4

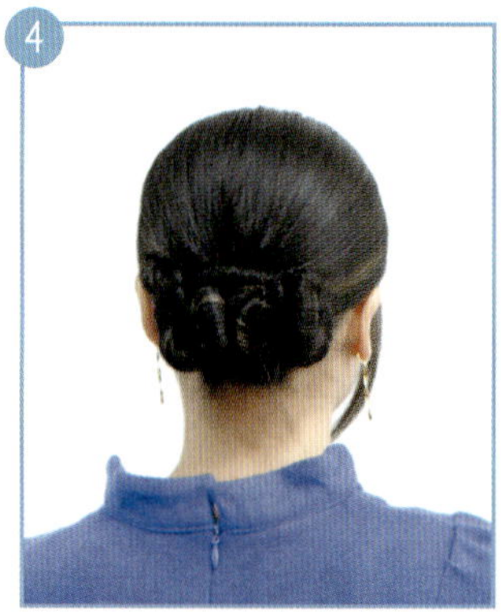

ⓐ 오른쪽 패널은 시계 방향으로 텐션을 유지하며 트위스트 해서 검지손가락으로 두 번 트위스트하여 탄탄하게 편구형 모양으로 감싸 고정한다.

ⓑ 타래 모양의 트위스트로 배열된 패턴을 디자인 한다.

ⓒ 프린지 애교머리는 C라인이나 또는 S라인의 물결 웨이브로 디자인 하여 헤어젤, 스프레이 등으로 매끄럽게 하고, U핀 또는 오니핀으로 고정한다.

1-9. 큐티 캐쥬얼 스타일 I

1-9. 큐티 캐쥬얼 스타일 I

1-9. 큐티 캐쥬얼 스타일 I (트위스트 톱대칭)

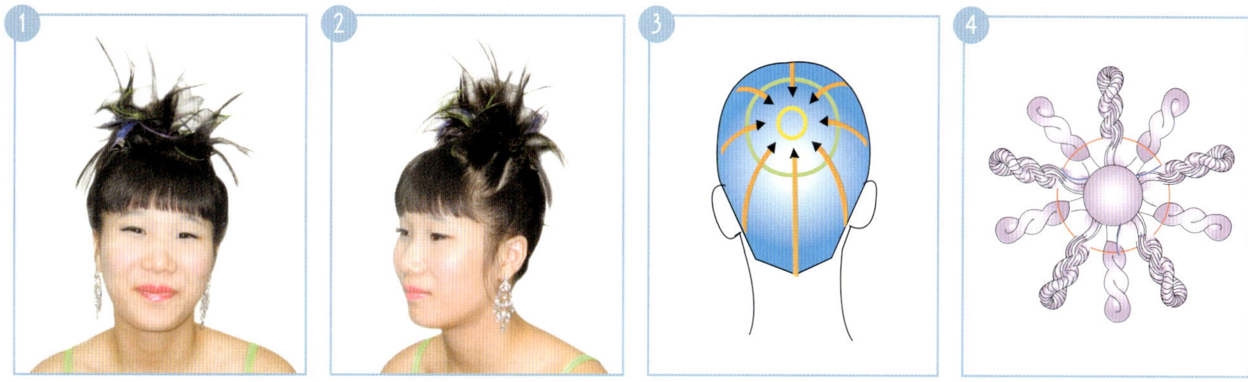

톱에 볼륨감있는 트위스트 테크닉으로 자유분방한 캐쥬얼 스타일로 연출하였으며 폭발적인 젊음을 발생하는 듯한 신세대 주니어 스타일이다.

톱에서 사선으로 피봇 방사형 파팅하며, 트위스트 한다.

ⓐ 양쪽 사이드도 방사형 파팅으로 나누어 트위스트 해서 톱에 고정한다.
ⓑ 모발끝 7~10cm 정도는 위로 펼쳐준다.

ⓐ 사이드, 크라운, 네이프 부분도 피봇 방사형 파팅으로 트위스트 하여 톱에 위치시키며 스타일링 한다.

ⓑ 모발 끝부분은 길고 짧게, 깃털처럼 가볍게 넘겨 놓는다.

톱의 남겨놓은 모발을 백코밍하여 얇게 펼쳐주고, 가닥가닥 가늘게 위로 곧게 세워 놓는다.

완성된 스타일은 심플하고, 캐쥬얼한 주니어 스타일로 연출되었다.

1-10. 큐티 캐쥬얼 스타일 Ⅱ

1-10. 큐티 캐쥬얼 스타일 Ⅱ

1-10. 큐티 캐쥬얼 스타일 Ⅱ(트위스트 비대칭)

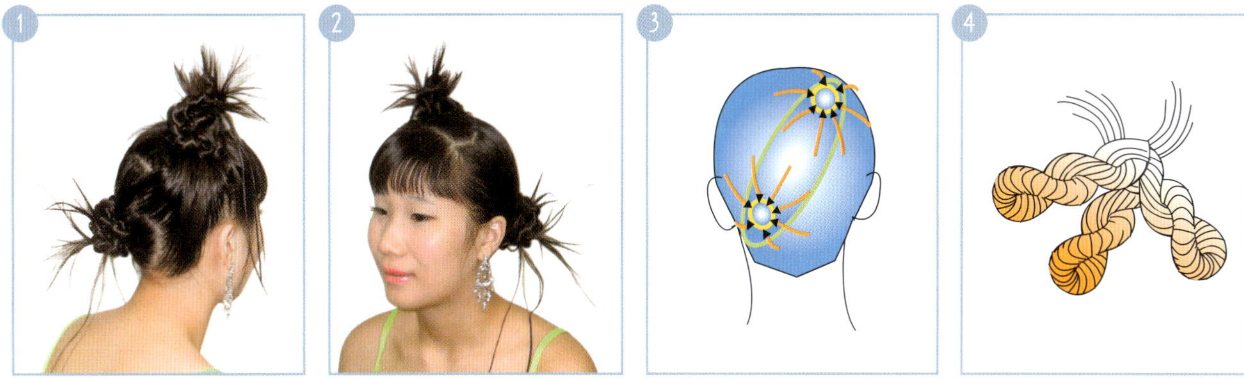

ⓐ 주니어들을 위한 컨셉으로 지그재그 섹션과 언발란스한 묶음 위에 트위스트 하였다.
ⓑ 칵테일 파티나 주니어들 모임 장소에 제안할 수 있다.

ⓐ 앞 애교머리는 모델 상태 그대로 유지된다.
ⓑ 전두부에서 네이프 사이드 까지 지그재그 섹션으로 2등분 한다.
ⓒ 우측 모발을 백콤한다.

ⓐ 우측 톱쪽으로 모발의 모근쪽에 백콤을 넣은채 볼륨감 있는 포니테일 한다.
ⓑ 좌측 모발은 네이프에 다운 쉐이핑하며, 백콤하여 포니테일 한다.

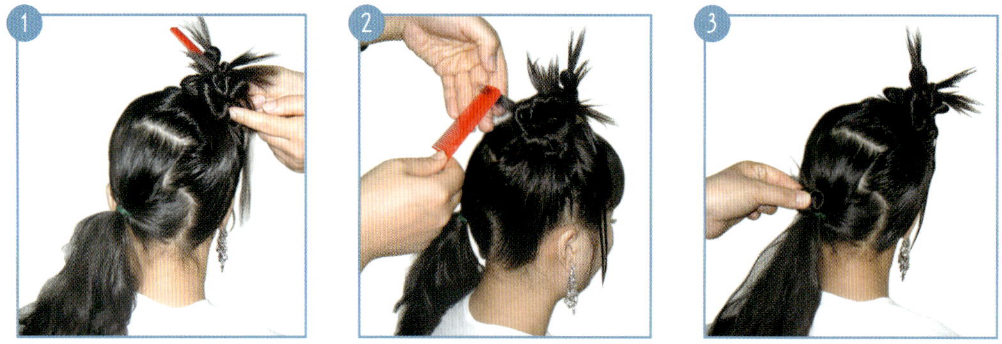

ⓐ 우측 상단 포니테일된 모발을 트위스트 해서 고정한다.
ⓑ 모발 끝은 위로 뻗치도록 디자인 한다.

좌측 하단에 포니테일된 모발로 트위스트하여 볼륨 형태를 이루며 핀으로 고정한다.

ⓐ 톱 상단은 크고, 네이프 하단은 더 작은 사이즈로 포니테일 부분에 트위스트 기법으로 볼륨감을 주며, 핀으로 고정한다.
ⓑ 모발 끝부분은 얇게 펼쳐 고정한다.

지그재그 섹션과 상,하,좌,우의 트위스트와 스트레이트를 뻗치는 스타일이 비대칭을 이루며, 심플하고 캐쥬얼한 트위스트 업스타일을 완성한다.

1-11. 엘레강스 업스타일

1-11. 엘레강스 업스타일

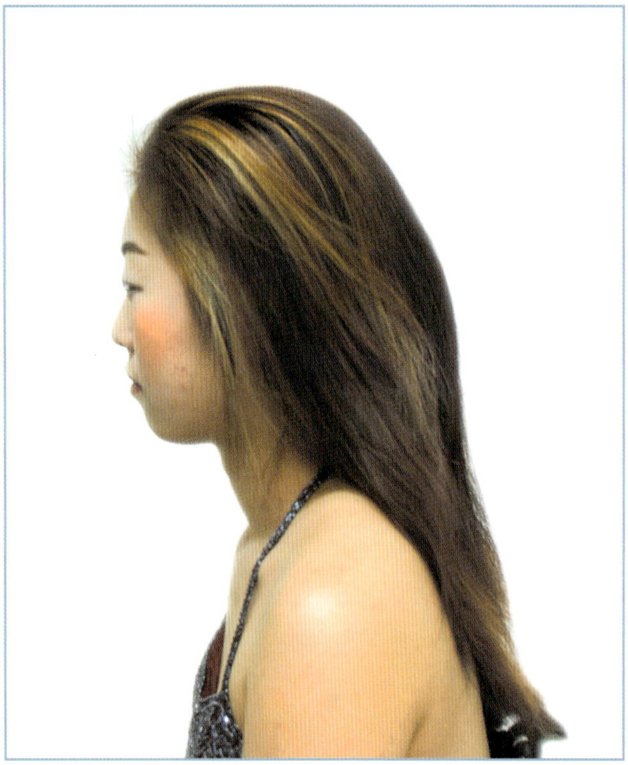

1-11. 엘레강스 업스타일(오버랩과 S웨이브)

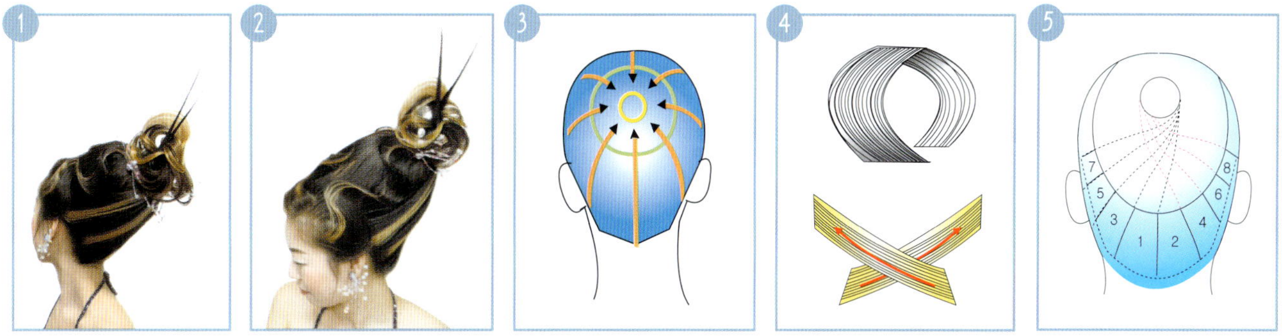

ⓐ 사이드와 프린지는 물결 S웨이브로 연출하고 톱 부분에 스트레이트한 피스를 고정해서 심플한 느낌을 살린다.

ⓑ 톱 부분에 높은 볼륨으로 디자인 하기 위해 단단하게 백콤하고 큰 삼각형싱을 넣어 높고 곱게 빗어 묶어주어 오버랩과 루프 기법으로 디자인 한다.

ⓒ 물결 웨이브 기법의 혼합된 테크닉으로 살롱에서는 응용해서 사용할 수 있고 컨테스트에서는 창작하여 우아하게 연출할 수 있다.

① 섹션과 백콤

톱과 크라운은 원형 섹션하고, 전두부쪽 모근부터 중간 길이까지 135° 각도로 백콤한다.

② 톱에 헤어싱 고정

준비한 헤어 보조싱을 톱 중앙에 고정하고 싱을 감싸 매끄럽게 올려 빗어 묶어둔다.

③ 백 오버랩 교차 고정

ⓐ 헤어 라인쪽 주변 머리를 네이프 센터에서 양쪽 중앙으로 나눠 피봇 파팅으로 좌측 파팅은 우측 묶은 포니테일로 고정한다.

ⓑ 우측 파팅은 좌측 묶은(포니테일) 오버랩 기법으로 디자인 하며, 표면을 광택 스프레이 분사하면서 매끄럽게 고정한다.

④ 전두부 오버랩

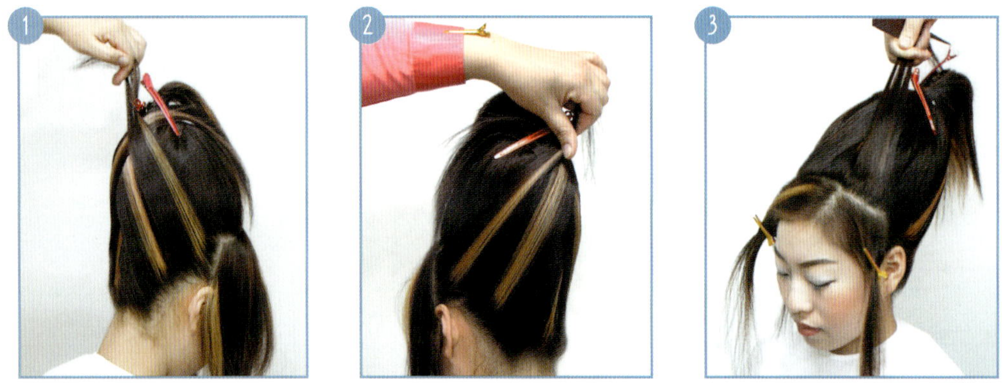

ⓐ 같은 방법으로 좌, 우측을 교차하여 귀 위까지 X자 선이 선명하고 매끄럽게 고정한다.

ⓑ 전두부 쪽에서 애교 머리와 사이드 헤어라인 모발을 남겨 롤을 감아 놓고 좌, 우 겹치는 순서로 톱의 묶음 위치에 고정한다.

⑤ 톱에 루프 디자인

ⓐ 톱의 끝 모발에 광택 스프레이를 분사하고, 4~5개 패널로 나눈다.

ⓑ C,S라인과 루프 모양으로 디자인 하고, 1~2개 정도는 크고 작은 스트레이트로 고정시킨다.

⑥ 사이드 S웨이브 디자인

ⓐ 사이드에 세팅롤을 감아 놓은 모발을 풀어 빗어 준다.

ⓑ 광택 스프레이를 분사하고 넓게 펼쳐 주면서 횡거 웨이브의 느낌으로 자연스러운 물결 웨이브를 모발 끝부분까지 자연스럽게 연출한다.

⑦ 전두부 디자인 하기

프린지 모발은 모델의 이미지와 형에 따라서 볼륨을 주거나, 꽃처럼 땋아서 장식이나 C,S웨이브로 톱까지 연출할 수 있다.

⑧ 전체 완성과 액세서리 장식

전체 완성된 부분 스프레이 분사하고, U핀 등으로 단단하게 고정한 다음 액세서리로 화려하게 장식한다.

1-12. 모던 클래식 롤 스타일

1-12. 모던 클래식 롤 스타일

1-12. 모던 클래식 롤 스타일

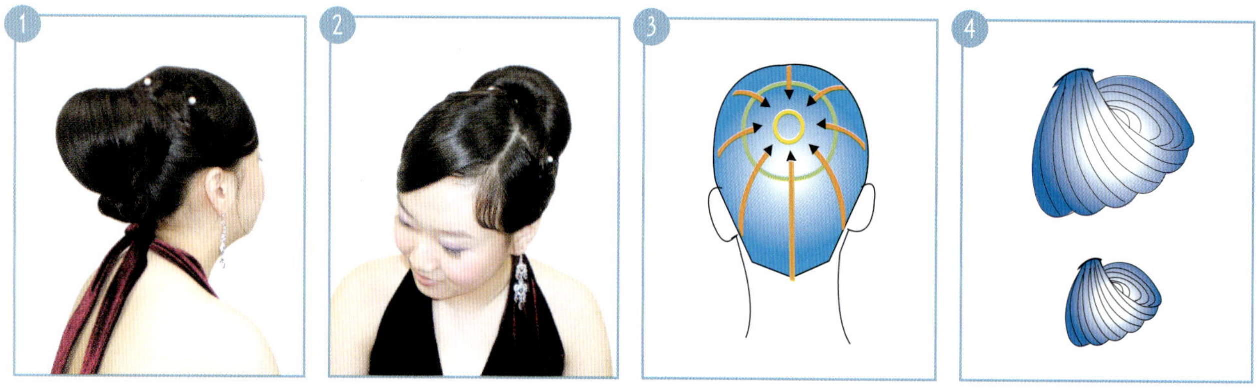

ⓐ 클래식하고 우아한 작품으로 클론 속에 보조싱을 넣어 매끄러운 면으로 정돈, 고정하였다.

ⓑ 웨딩, 파티, 한복 스타일 등에 성숙함을 돋보일 수 있는 스타일이다.

전두부 큰 삼각, 작은 삼각 2등분 섹션한다.

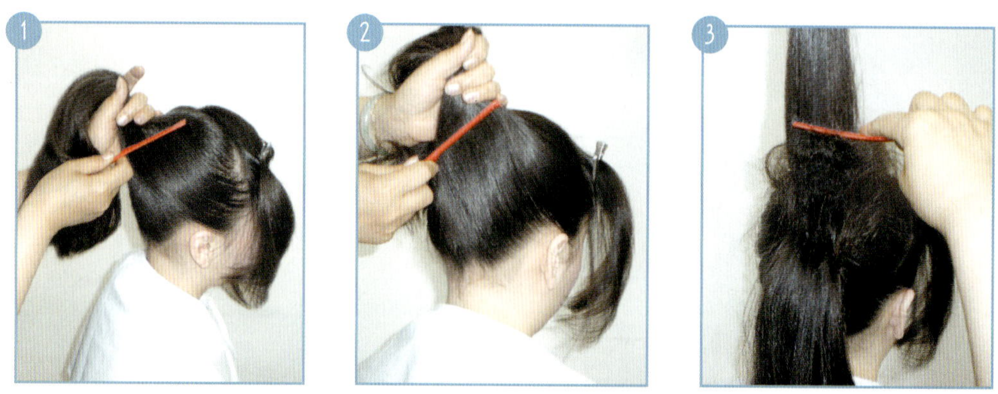

ⓐ 톱, 사이드, 백 전체 모발은 백 위치에 포니테일한다.

ⓑ 포니테일된 모발을 3~4번 나누어 백콤하여 볼륨감을 형성한다.

ⓐ 포니테일에 백콤된 모발을 광택 스프레이 분사하고, 매끄럽게 빗는다.
ⓑ 포니테일된 부분 안쪽에 U핀으로 볼륨 고정한다.

ⓐ 모발 숱이 적거나 가늘면 작은싱(필러)을 고정한다.
ⓑ 포니테일된 곱게 빗은 모발을 싱 위로 감싸주어 사과 반쪽 모양처럼 볼륨감있는 둥근 모양으로 곱게 빗어 고정한다.

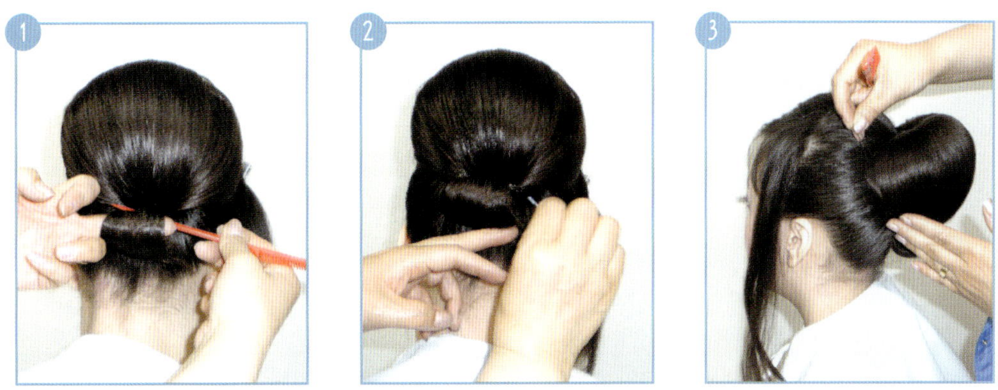

ⓐ 핀으로 고정하고 남은 모발은 작은 아웃롤을 만들어 고정한다.
ⓑ 백의 큰 볼륨은 틈세가 갈라지지 않도록 핀과 스프레이를 사용, 매끄럽게 고정한다.

ⓐ 전두부 섹션 많은 쪽은 C라인으로 곱게 빗어 눈썹산에 위치하도록 핀셋으로 임시 고정한다.

ⓑ 나머지 모발은 매끄럽고 평평하게 빗어 C,S라인으로 톱을 향해 고정한다.

ⓐ 반대쪽 사이드 모발은 작은 C라인과 큰 C라인 형태로 고정하고, 끝모발은 루프 모양으로 고정한다.

ⓑ 임시 핀셋을 제거하면서 실핀, U핀 등이 보이지 않도록 단단하게 고정한다.

완성된 작품에 큐빅 또는 비즈, 진주 등으로 장식하고 매끄럽고 심플한 복고풍 업스타일을 연출한다.

1-13. 시뇽, 아트 헤어스타일

1-13. 시뇽, 아트 헤어스타일

1-13. 시뇽, 아트 헤어스타일

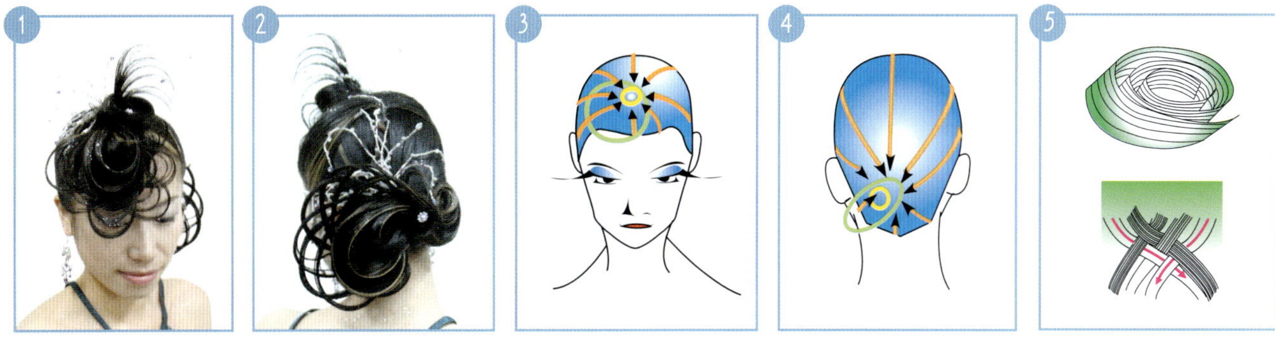

ⓐ 바스켓과 레이스 땋기로 루프 기법을 전, 후두부의 비대칭 시뇽 스타일도 디자인하였다.

ⓑ 파티 모임이나 웨딩 포토, 컨테스트 등에서 세련미와 고급스러운 우아한 스타일을 한층 더 살린다.

① 섹션 나누기

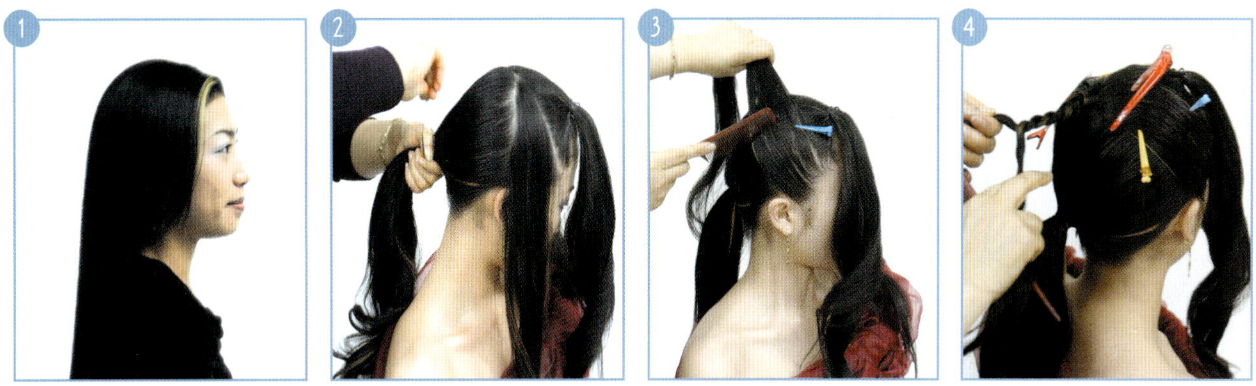

ⓐ 이어 투 이어 섹션과 전두부 삼각 섹션으로 포니테일(묶어주기)하고, 네이프 왼쪽에 포니테일한다.

ⓑ 양쪽 사이드의 남은 모발을 매끄럽게 빗어, 섹션(브로킹)된 부분을 감싸주고 남은 끝머리를 두 가닥 트위스트로 꼬아 네이프 포니테일에 감아서 고정한다.

② 패널 루프 만들기

ⓐ 오른쪽 전두부 포니테일된 부분을 4개의 패널로 나눠 안쪽 가운데 중앙 부분 패널을 광택 스프레이 분사한다.

ⓑ 레이스 땋기로 장식한 하나의 패널을 사이드 쪽으로 남겨 놓는다.

ⓒ 첫번째 원형 루프는 가장 작고 높게 엄지손가락 반시계 왼쪽으로 돌려서 아래 부분을 모근쪽에 고정한다.

③ 전두부 루프 디자인

ⓐ 첫번째 작은 루프는 핀셋으로 임시 고정한다.

ⓑ 두번째 패널에 광택 스프레이 분사하고, 매끄럽게 C라인으로 돌려 빗는다.

ⓒ 중간정도 크기 3번째 패널도 같은 방법으로 두피 부분이 보이지 않도록, 검지와 중지 손가락을 사선으로 세워서 루프를 왼쪽 반시계 방향으로 돌려 핀셋으로 임시 고정한다.

ⓓ 나머지 모발들도 크고 작은 루프로 연결하여 톱에 고정한다.

④ 톱 분수와 레이스 땋기

ⓐ 남은 끝모발을 톱에 고정한 다음 세워서 광택 스프레이 분사하여 분수 모양으로 넓고 얇게 펼쳐서 헤어핀과 스프레이 분사로 고정한다.

ⓑ 사이드에 남겨놓은 작은 패널은 레이스 땋기로 루프를 감싸 장식한다.

⑤ 왼쪽 후두부 네개패널 나누기

ⓐ 왼쪽 네이프 포니테일 모발도 4등분으로 왼쪽은 바구니 땋기를 위해 남기고, 패널로 루프 형태를 만든다.

ⓑ 우측 패널은 가장 작은 루프를 형성하고 끝모발은 내려 놓는다.

⑥ 네이프 루프 방향과 비대칭 디자인 하기

ⓐ 두번째, 세번째 루프를 형성할 때 검지와 중지 손가락을 사선으로 위치하고 두피쪽은 좁고 겉테두리 라인쪽은 넓게 조절하여 임시 고정한다.

ⓑ 남은 모발은 더 작은 형태의 크고 작은 루프를 만들어 비대칭으로 고정한다.

⑦ 바스켓 바구니 땋기

왼쪽 남겨둔 모발은 9~11개의 라인을 만들어 3가닥을 잡아 땋기를 하고, 수평으로 잡고 위, 아래 위빙 기법으로 땋아서 바구니 형태의 짜임새 패턴으로 땋는다. 가장자리 부분은 잡아 당겨 넓은 C라인 형태로 네이프의 루프에 감싸 화려하고 안정감 있는 시뇽 스타일을 완성한다.

⑧ 완성된 스타일

1-14. 플라워 트랜드 업스타일

1-14. 플라워 트랜드 업스타일

1-14. 플라워 트랜드 업스타일(레이스 땋기)

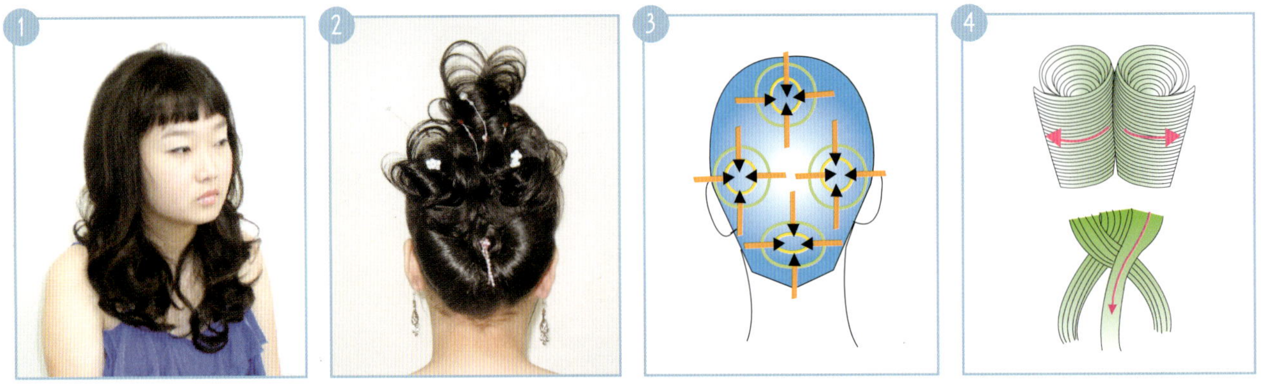

ⓐ 롱헤어에 신선함과 우아함을 표현하여 톱과 백에 레이스 땋기로 꽃 모양을 연출하였으며 네이프에 리본 모양으로 완성하였다.

ⓑ 주니어들이 우아함을 표현하거나 업스타일 디자인에 부분적으로 연출할 수 있다.

ⓐ 전두부는 양쪽 귀 뒤에서 톱으로 포니테일한다.

ⓑ 백은 센터파트 하여 후두골에서 V섹션하여 4등분 포니테일한다.

ⓒ 트위스트 할 모발은 소량씩 남겨 놓는다.

ⓐ 네이프 모발 2등분은 각각 안쪽으로 백콤을 넣어 매끄럽게 빗어준다.

ⓑ 네이프 좌,우 포니테일된 2개의 모발을 리본 모양으로 매끄럽게 롤 말기하여 고정한다.

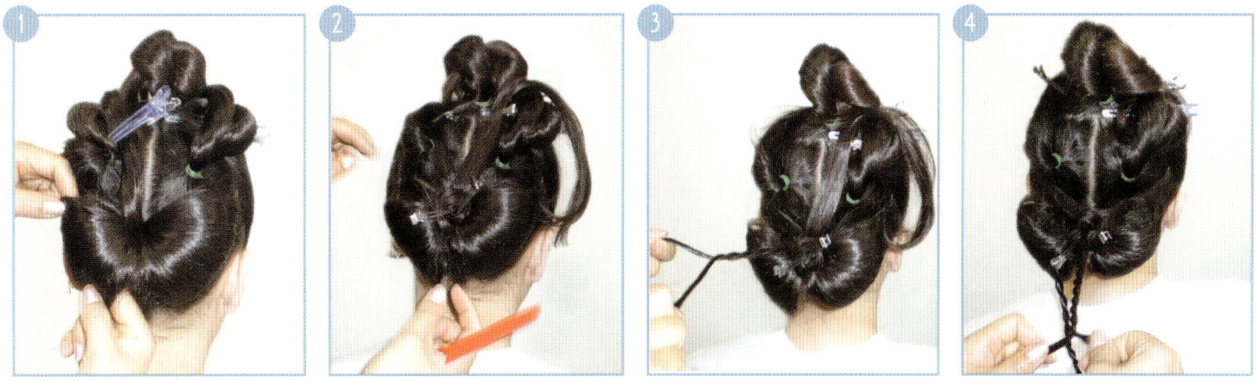

ⓐ 롤을 넓게 펴주어 V형태로 단단하게 고정한다.
ⓑ 소량 남겨놓은 모발을 2가닥 트위스트한다.

ⓐ 백, 크라운 포니테일에 각각 X자로 교차시켜 고정한다.
ⓑ 좌측 크라운에 포니테일된 모발을 3가닥 땋기하며, 바깥쪽 라인에서 레이스처럼 얇게 잡아 당긴다.

ⓐ 끝부분까지 3가닥 땋기 하면서 바깥 라인에서 얇고 매끄럽게 레이스처럼 빼내어 끝은 백콤으로 임시 고정한다.
ⓑ 우측 백 크라운도 같은 방법으로 레이스 땋기를 한다.

ⓐ 좌,우 백 크라운을 비슷한 크기로 레이스 땋기 한다.
ⓑ 레이스 땋기된 모발을 포니테일된 부분을 중심으로 모발끝이 바깥으로 가도록 돌리며 꽃모양을 만든다.

ⓐ 레이스 겉테두리 부분을 얇고, 매끄럽게 펼치며 스프레이 분사하여 작은 핀셋으로 고정한다.
ⓑ 톱의 포니테일된 모발도 3가닥 레이스 땋기를 한다.

ⓐ 넓고 얇게 펼쳐주며, 매끄러운 꽃모양으로 세워서 핀고정 한다.
ⓑ 스프레이 분사하며, 균형을 잡아 핀으로 단단하게 고정한다.

ⓐ 프린지 애교머리는 모델의 개성에 따라 연출한다.
ⓑ 톱의 가장 큰 꽃모양과 백크라운에 2개의 중간크기 꽃모양이 균형을 이루어야 한다.

ⓐ 네이프의 리본이 상단의 꽃모양을 받쳐주는 안정감 있는 느낌과 균형감을 이룬다.
ⓑ 전체적으로 화려하고, 조화로운 업스타일이 완성된다.

1-15. 엘레강스한 웨딩 스타일 I

1-15. 엘레강스한 웨딩 스타일 I

1-15. 엘레강스한 웨딩 스타일 I (응용 레이스)

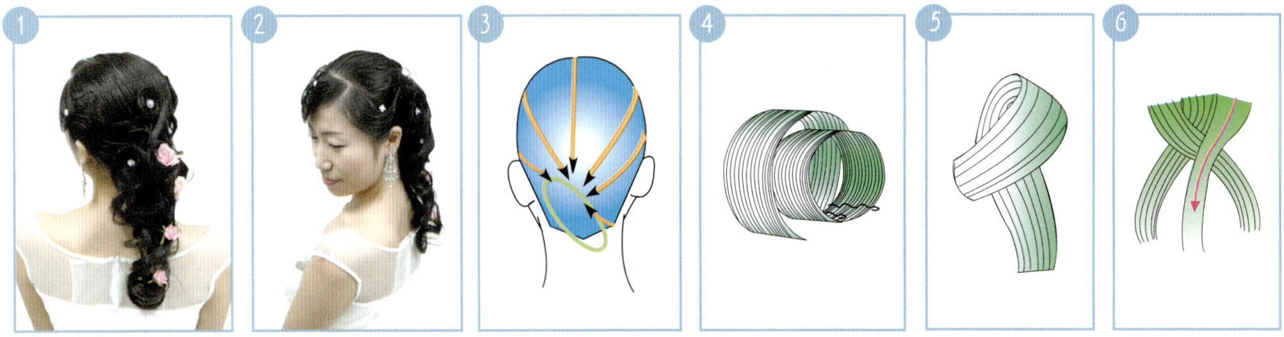

엘레강스한 분위기의 신부 웨딩 스타일은 사이드에 물결 웨이브, 백의 땋은 머리와 조화를 이룬 컬과 긴 웨이브를 자연스럽게 연출하여 키가 크고 목이 긴 신부에게 적합한 업스타일이다.

① 섹션 뜨기와 포니테일

ⓐ 이어 투 이어 섹션하고 전두부 섹션 라인에서 3가닥을 떠놓는다.

ⓑ 백~네이프 모발을 모아 빗어 포니테일(묶음)하고 오른쪽으로 한바퀴 반 정도 돌려서 고정시킨다.

② 네이프 포니테일에 C,S컬의 디자인 따라하기

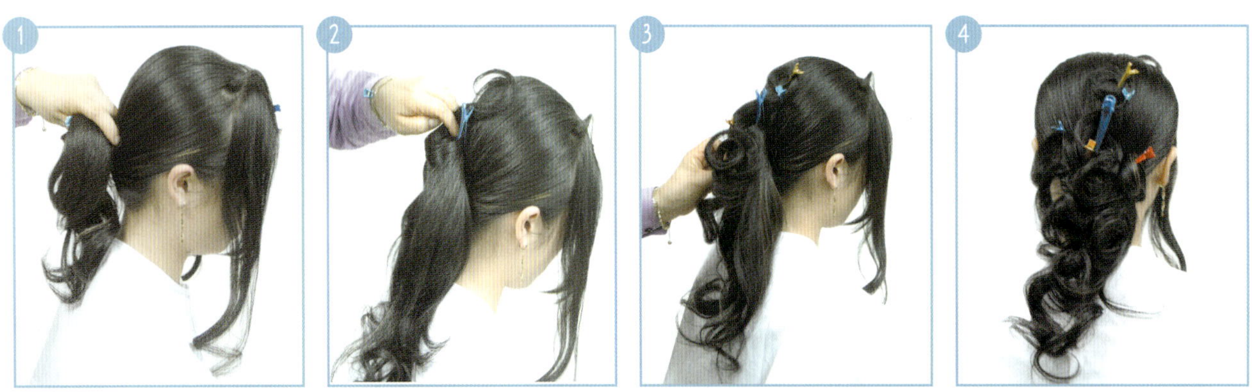

ⓐ 헤어핀, U핀 등으로 고정하고, 얇은 양의 섹션을 떠서 포니테일 부분과 백 부분으로 연결컬 웨이브로 장식한다.

ⓑ 아래쪽 모발도 C,S컬 등으로 자연스럽게 연결한다.

③ 톱, 크라운 레이스 땋기

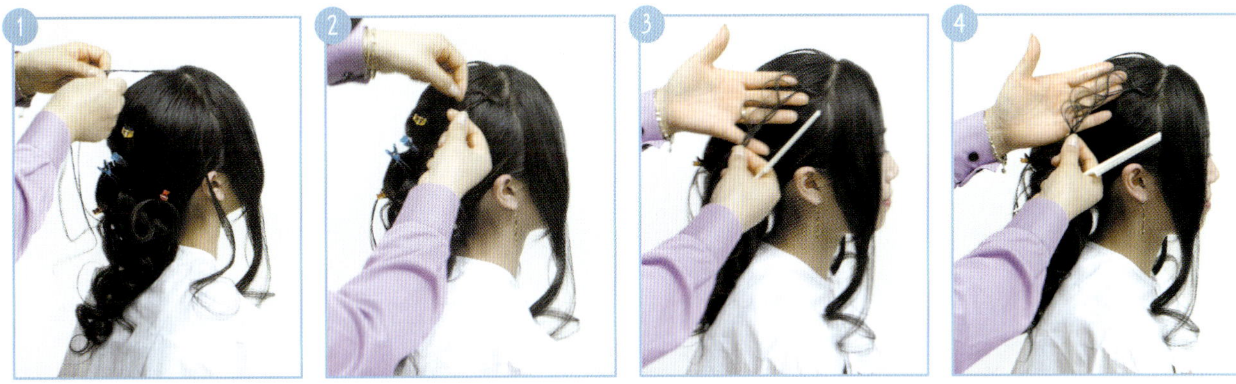

전두부 3가닥 남겨 놓은 가닥 중 가운데 가닥은 3~4가닥 땋기하고, 양쪽은 3가닥 레이스 땋기 하여 장식한다.

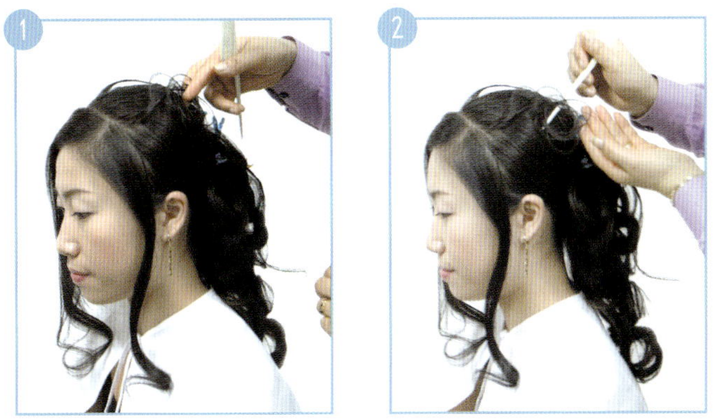

반대쪽도 동일한 방법으로 시술한다.

④ 사이드 S흐름의 물결 웨이브 만들기

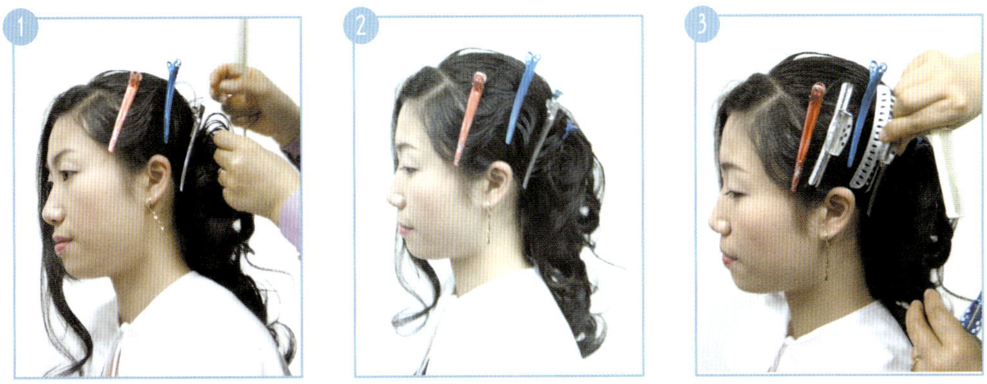

ⓐ 사이드 모발은 물결 웨이브를 자연스럽게 만들어 핀셋으로 임시 고정하고, 릿지 부분을 클립으로 꽂아 놓는다.

ⓑ 스프레이 분사하고 나머지 스타일링 할 때까지 방치한다.

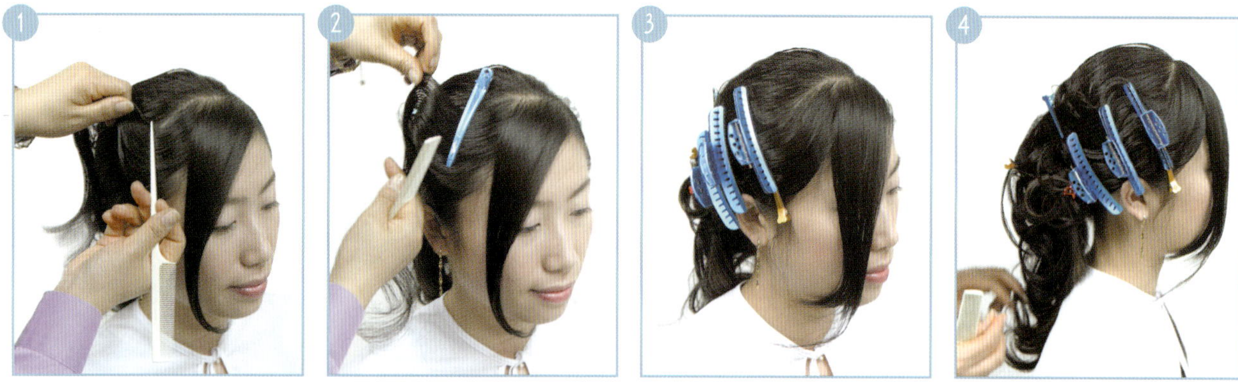

전두부~사이드도 물결 웨이브를 만들어 클립으로 고정하고, 스프레이 분사한다.

⑤ 전두부에 S물결 웨이브 만들고 장식하기

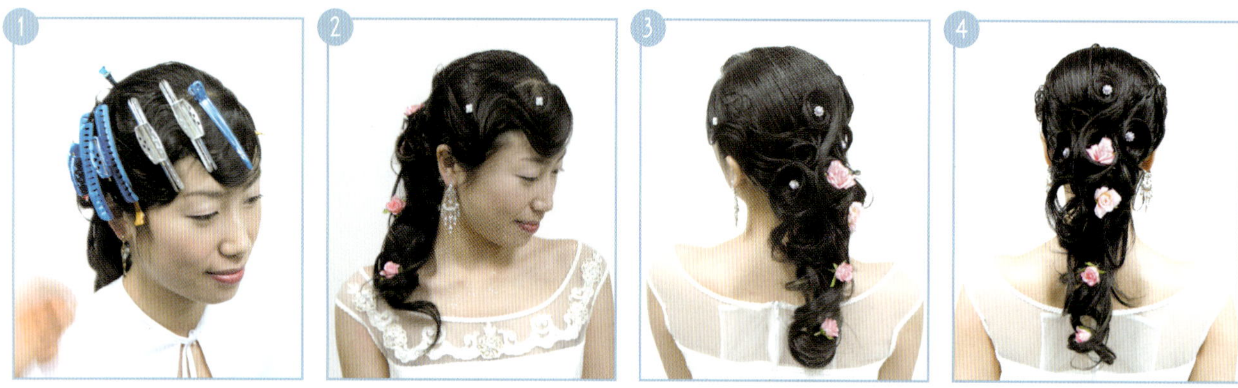

ⓐ 웨이브의 길이와 릿지의 선명함을 강조하고, 아래로 길게 늘어 뜨린다.

ⓑ 전두부와 사이드 후두부의 긴 웨이브 형상과 땋은머리에 크고 작은 장식물을 꽂아 준다.

2-1. 소라형 롤 말기 업스타일 Ⅰ

2-1. 소라형 롤 말기 업스타일 I

2) 미디엄 헤어 업스타일

롤뱅의 구성과 함께 전체적인 실루엣이 부드러운 곡선으로 강조됨으로써 성숙한 여성스러움과 우아함을 지닌 페미닌 이미지이다.

업스타일 디자인에서 가장 일반적인 살롱 스타일로, 지나친 형태의 표현을 절제하고 단순함에서 세련된 우아함을 느낄 수 있으며, 누구나 쉽게 소화할 수 있는 스타일로 성숙한 여성의 이미지에 맞는 엘레강스 이미지를 나타낸다.

2-1. 소라형 롤 말기 업스타일 Ⅰ

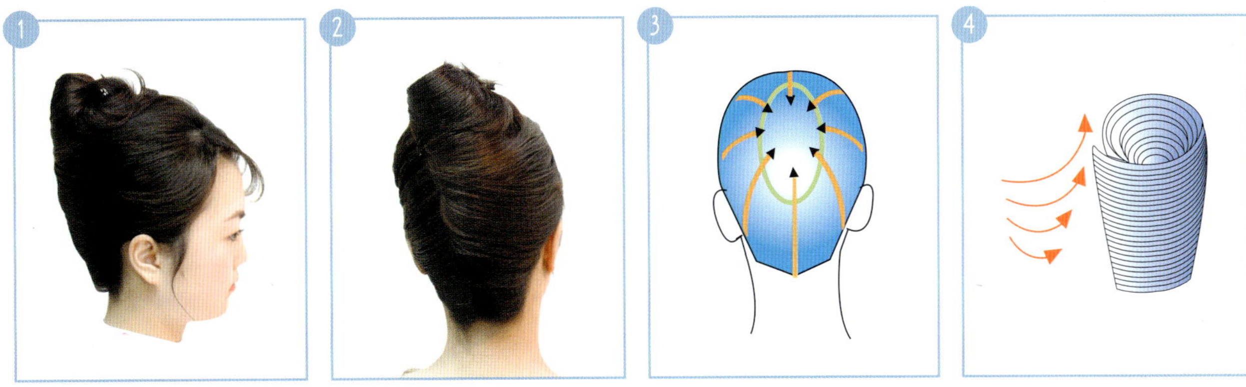

어깨선 정도의 중간 길이 모발을 백 부분에 올려 빗어 사선 핀 꽂기로 고정하고, 면이 매끄럽도록 소라 형태를 만들어가는 업스타일이다. 키가 작거나 두상이 짧은 모델에게 효과적이며 한복, 웨딩, 정장 등에 잘 어울린다.

① 백콤과 교차 핀 꽂기

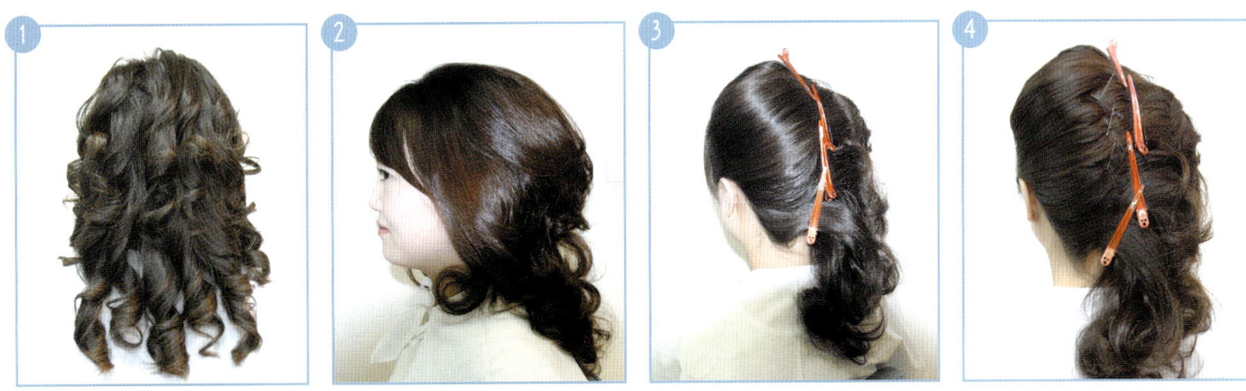

ⓐ 사이드, 크라운, 백 부분에 백콤을 넣어 준다.
ⓑ 왼쪽 사이드에서 크라운, 네이프까지 톱을 향해 C라인으로 매끄럽게 빗는다.
ⓒ 네이프~톱 중앙에 핀셋으로 임시 고정하고, 실핀 X자로 단단히 교차 고정 후 핀셋을 빼낸다.

② 소라모양 만들기

ⓐ 우측 모발을 사이드와 네이프에서 톱까지 C라인으로 매끄럽게 빗어올려 스프레이 분사하고 톱으로 올라갈수록 점점 커지는 소라 모양으로 톱의 사이에 고정시킨다.
ⓑ 핀이 표면으로 드러나지 않게 고정한다.

③ 톱 고정 웨이브 만들기

ⓐ 소라 모양의 톱 부분에 모발 끝부분을 C,S라인이나 루프 기법으로 공간을 연출한다.
ⓑ 사이드의 프린지에 남겨둔 모발은 모델 얼굴형과 이미지에 따라 연출한다.

④ 완성된 소라 업스타일

포인트에 심플한 액세서리 장식으로 조화를 이룬다.

2-2. 소라형 더블 롤 말기 업스타일 II

2-2. 소라형 더블 롤 말기 업스타일 Ⅱ

2-2. 소라형 더블 롤 말기 업스타일 II

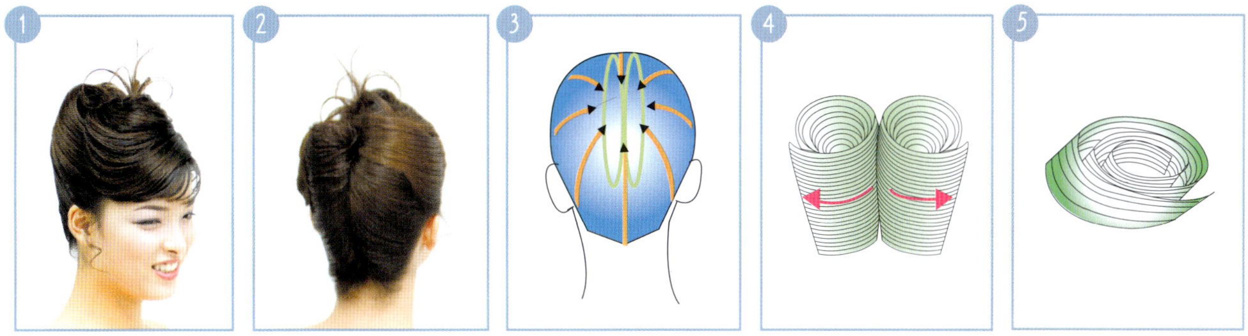

심플하면서도 우아한 롤 말기 기법을 이용한 업스타일로 톱의 분수 모양이 표정과 생동감을 살려 웨딩, 야외 포토, 정장 스타일에 디자인한다.

① 섹션 나누기

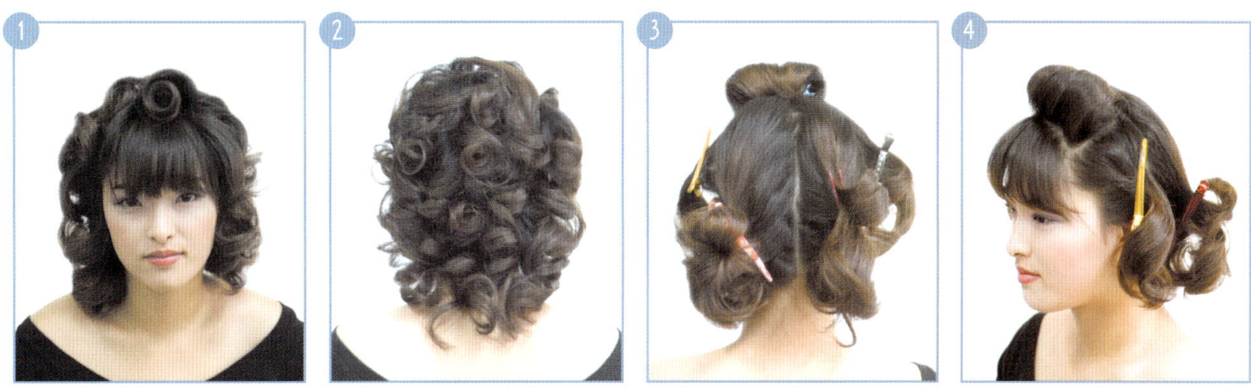

롤 셋팅 후 이어 투 이어 프린지 애교머리 남기고, 전두부 U라인과 톱, 백, 센터, 네이프로 섹션한다.

② 백콤 하기

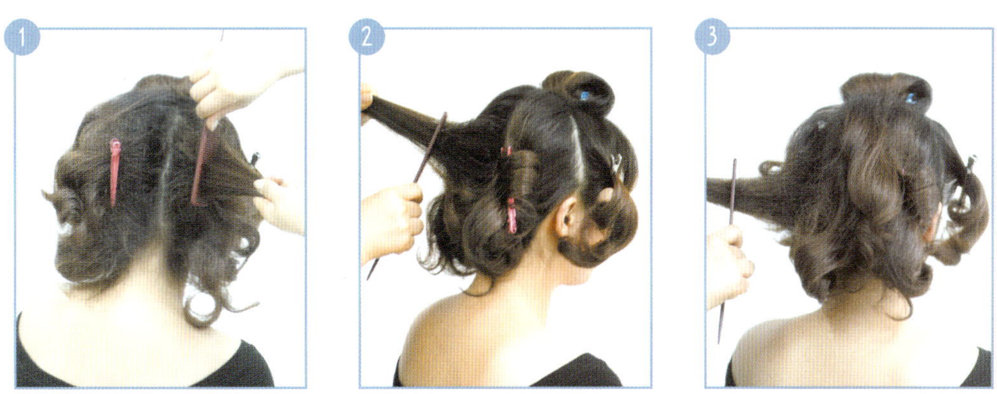

백에서 큰 수직 파팅 2~3단을 백 안쪽 볼륨을 위하여 좌, 우 모근쪽에 백콤한다.

③ 두개의 소라머리 디자인

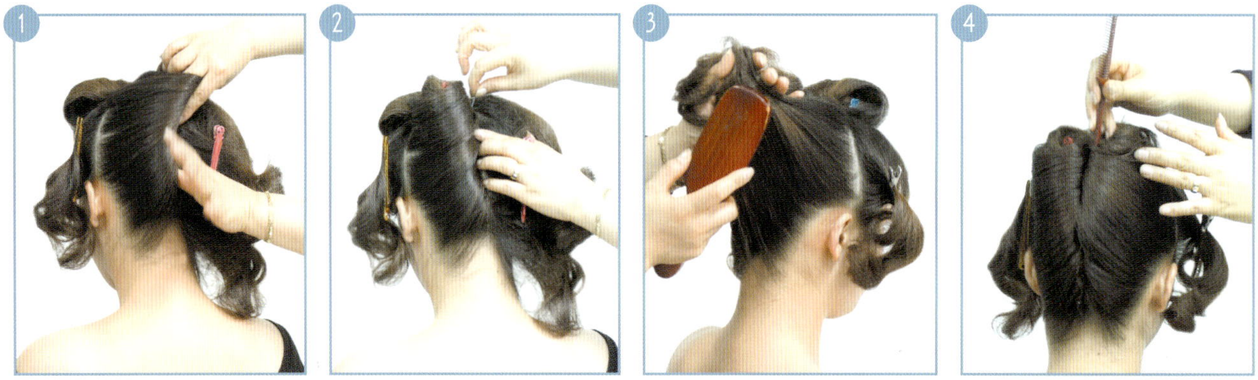

ⓐ 백콤 넣은 좌측 모발을 매끄럽게 빗어올려 톱 쪽으로 업세이핑 하고 검지와 중지로 네이프에서 톱을 향해 소라 모양으로 롤을 형성하고, 중앙에 핀으로 사선 고정한다.

ⓑ 오른쪽 크라운 톱도 동일한 방법으로 시술한다.

④ 사이드 스타일링 하기

ⓐ 우측 사이드의 모발은 모델 얼굴형을 고려하여 중간 중간 모근쪽에 볼륨양에 따라서 백콤을 넣어 준다.

ⓑ 톱을 향해 매끄럽게 빗어올려 백크라운 부분과 연결시켜 톱에 고정한다.

⑤ 사이드와 톱 스타일링

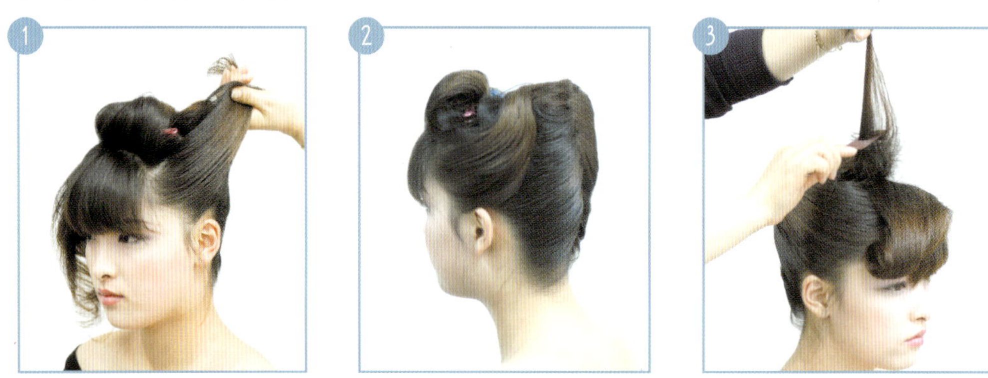

ⓐ 왼쪽 사이드도 동일한 순서로 겹치는 선들이 분리되지 않도록 매끄럽게 연결 고정한다.

ⓑ 전두부의 U라인 섹션 부분은 볼륨을 위해 백콤을 넣는다.

⑥ 전두부와 애교머리 정돈 디자인 하기

ⓐ 전두부 백콤 넣은 부분은 매끄럽게 빗어 톱을 향해 C라인으로 연결 고정한다.
ⓑ 아이롱 등으로 구렛나루, 애교머리를 C,S라인으로 정돈한다.

⑦ 전두부와 톱완성

스프레이나 광택 스프레이를 분사하면서 고정하고 전체 매끄럽고 우아한 업스타일을 연출한다.

2-3. 뉴에이지 업스타일 I

2-3. 뉴에이지 업스타일 Ⅰ

2-3. 뉴에이지 업스타일 I (트위스트와 롤 말기)

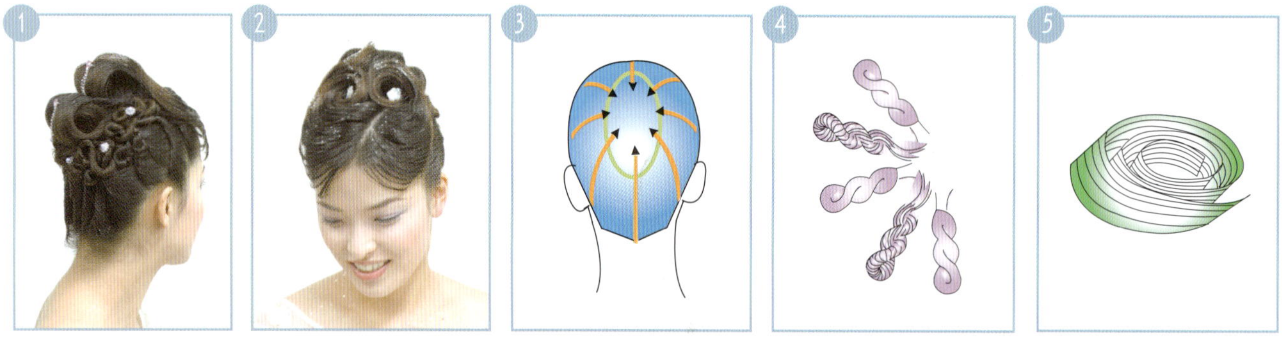

롤 말기와 트위스트 꼬기의 혼합 디자인으로 웨딩, 한복, 정장에 맞추어 디자인할 수 있는 신세대 스타일이다.

① 세트롤 말기와 섹션 나누기

왼쪽 사이드 파트와 크라운 원형, 이어 투 이어, 원형선에서 백~네이프까지 섹션한다.

② 네이프 센터에서부터 트위스트 하기

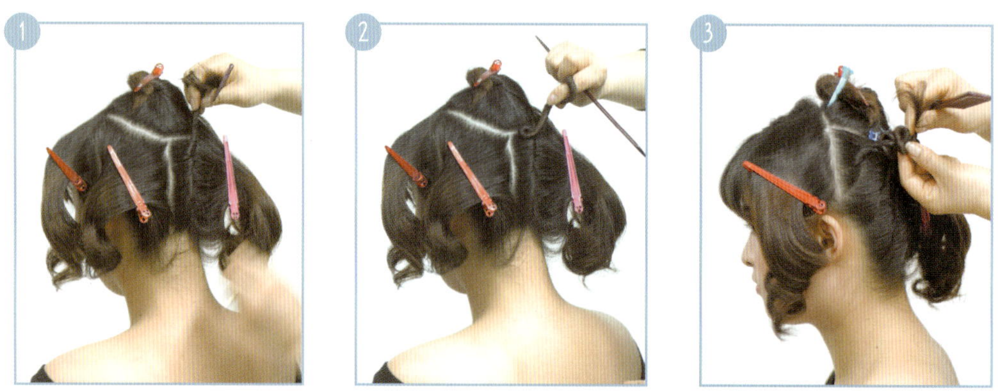

ⓐ 네이프 백 중앙에서 수직 파팅하여 섹션 C브로킹 방향으로 트위스트 해서 크라운에 임시 고정한다.

ⓑ 사이드 쪽으로 갈수록 대각 파팅하며, 패널에서부터 안쪽 말기로 모발 끝부분까지 트위스트 해서 크라운에 고정시킨다.

③ 방사 파팅으로 트위스트 하기

동일한 방법으로 진행하고, 사이드는 귀위 원형 섹션에서 방사형 피봇파팅으로 모발 끝까지 트위스트 하여 원형 섹션(브로킹) 라인을 트위스트 라인 위로 고정한다.

④ 좌, 우, 네이프, 크라운 트위스트 하기

반대쪽 네이프 사이드도 동일한 동작으로 진행하고, 파팅선(슬라이스) 부분의 두피가 드러나지 않게 한다.

⑤ 톱 섹션 나누기

ⓐ 양쪽 크라운 사이드 트위스트가 완성되면 두피가 보이지 않게, 헤어핀, U핀 등으로 단단히 고정한다.

ⓑ 톱의 원형 섹션 모근 부분에 백콤을 넣어 점점 넓고 커지는 3~4개의 롤 말기 형태로 트위스트 부분과 연결 디자인한다.

⑥ 톱 롤 말기와 전두부 루프 형성하기

ⓐ 스프레이 분사하고, 헤어핀, U핀 등으로 단단하게 고정한다.
ⓑ 전두부의 뒷머리는 뒤쪽 C라인으로 곱게 빗어 톱의 롤 형태와 자연스럽게 연결시킨다.
ⓒ 왼쪽 사이드 작은 머리도 뒤로 향한 C라인 빗질후에 톱의 롤 말기와 연결 고정한다.

⑦ 트위스트와 롤 말기 전체 완성하기

ⓐ 흘러 내리지 않게 핀으로 고정하고, 프린지 애교머리로 자연스럽게 연결한다.
ⓑ 전체적으로 트위스트와 롤말이, 루프의 혼합 기법이 때와 장소, 의상에 따라 다양하게 디자인할 수 있다.

2-4. 뉴에이지 업스타일 Ⅱ

2-4. 뉴에이지 업스타일 II

2-4. 뉴에이지 업스타일 Ⅱ(오버랩과 루프 기법)

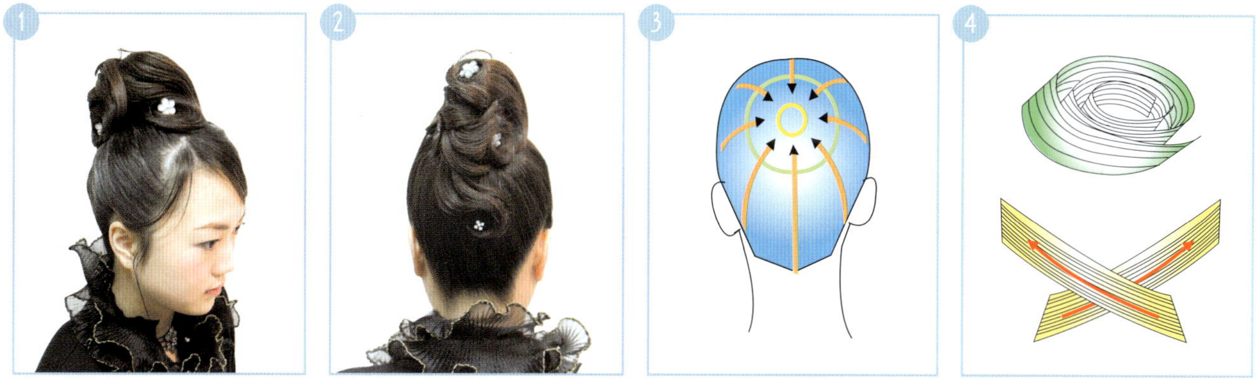

톱에 오버랩과 루프 디자인 기법을 이용한 업스타일로서 웨딩, 한복, 정장 등에 다양하게 연출할 수 있는 스타일이다.

① 톱에 포니테일(묶음)하기

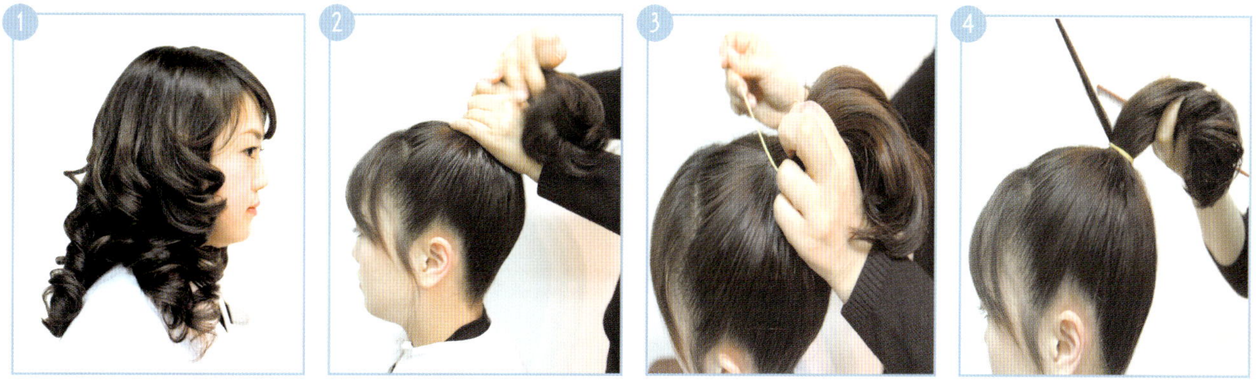

프린지 애교 머리는 남기고 톱으로 매끄럽게 빗어 올려 포니테일 한다.

② 패널 백콤과 루프 만들기

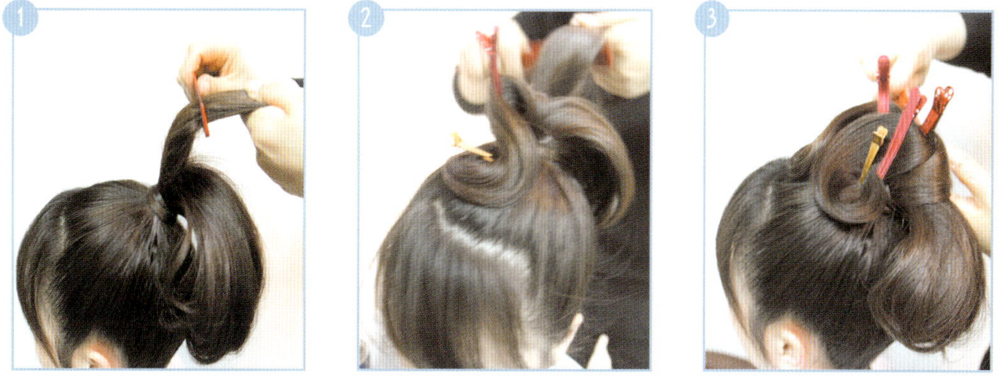

5~6개의 패널을 나누어 각각 백코밍하여 표면을 매끄럽게 빗어 포니테일 위치에서 S라인으로 연결하고, 끝모발은 루프 모양으로 디자인한다.

③ 톱 부분 오버랩과 루프 디자인 하기

ⓐ 각각의 패널을 톱 포니테일 위치에서 좌우 교차하면서 위치에 따라 전두부와 후두부는 플렛 루프와 양크라운의 사선 루프를 자연스럽게 연결한다.

ⓑ S패널을 고정하고 루프 시작 부분에서 광택 스프레이 분사 후 C컬로 빗어준 다음 루프를 매끄럽게 만들어 고정한다.

④ 완성과 액세서리 연출

ⓐ 전체적으로 다이아몬드(마름모형)의 구도로 완성한다.

ⓑ 핀 고정과 스프레이 분사로 매끄럽게 완성하고 의상에 어울리는 액세서리로 조화롭게 장식한다.

2-5. 엘레강스한 웨딩 스타일

2-5. 엘레강스한 웨딩 스타일

2-5. 엘레강스한 웨딩 스타일(트위스트)

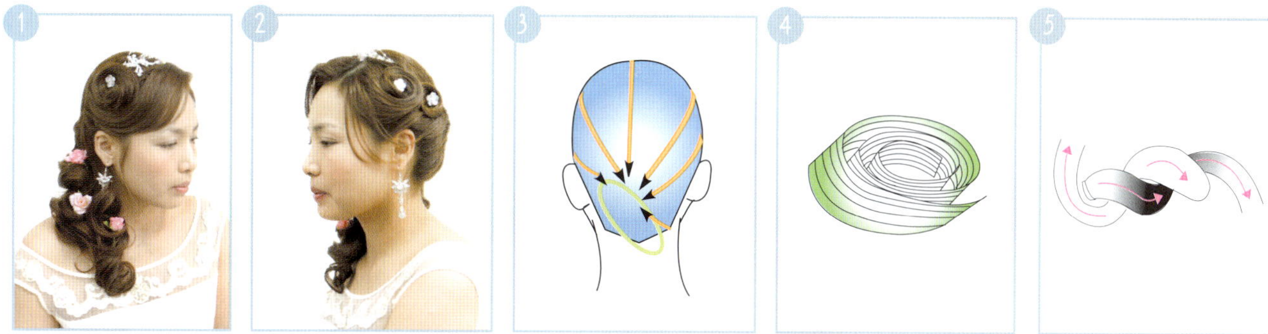

웨딩 업스타일로서 자연스러운 웨이브를 강조하기 위한 트위스트와 루프 기법으로 디자인하며, 미니 꽃 장식이 웨딩 스타일의 분위기를 돋보이게 한다.

① 섹션 뜨기와 백콤하기

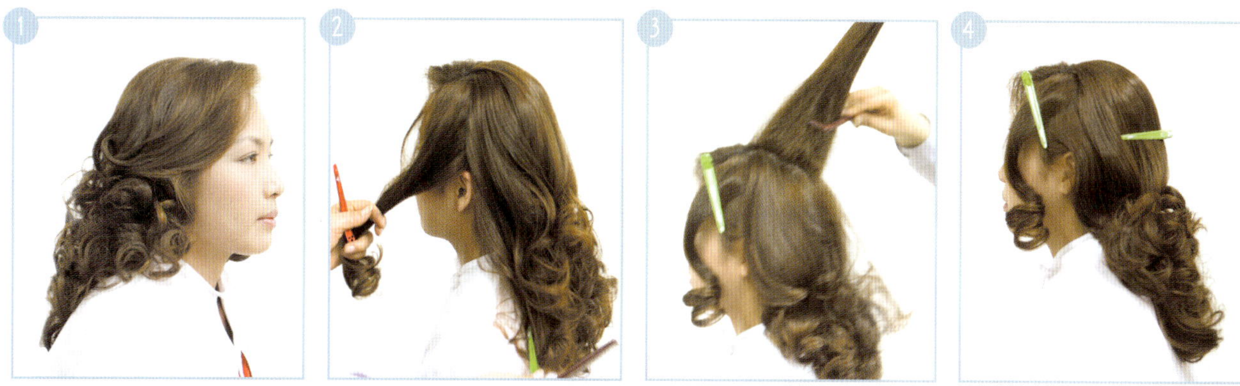

이어 투 이어 섹션하고, 백 부분의 볼륨감을 주기 위해 적당한 백콤을 넣었다.

② 좌측 사이드 트위스트 하기

ⓐ 왼쪽 사이드에서 2가닥 두 번 꼬기 트위스트 기법으로 네이프쪽 대각으로 진행한다.

ⓑ 트위스트 된 부분이 아래로 흘러 내리지 않도록 중간에 핀으로 고정시킨다.

③ 네이프 우대각 사선 트위스트

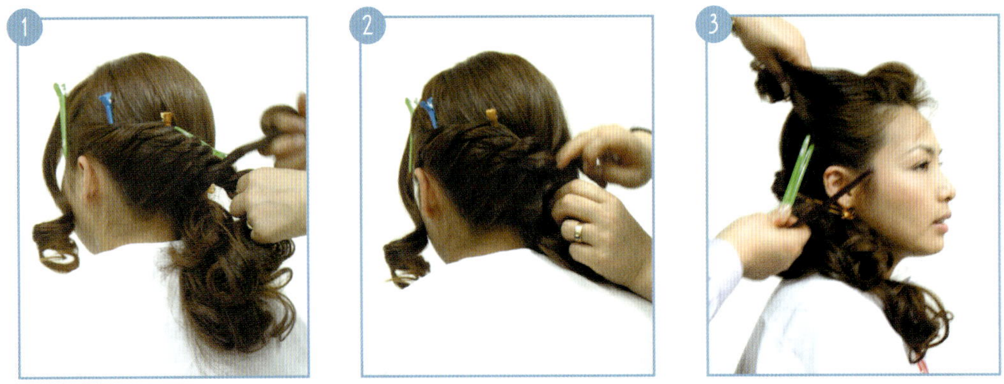

ⓐ 같은 방법으로 오른쪽 네이프까지 진행하고, 핀이나 고무 밴드로 고정시킨다.
ⓑ 웨이브진 모발을 오른쪽 어깨 위로 넘기고, 오른쪽 사이드 모발을 톱으로 한다.

④ 우측 사이드 루프 디자인

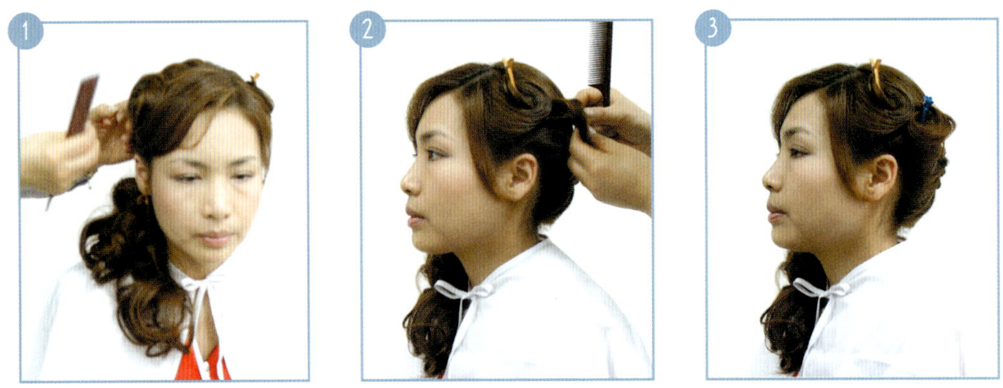

전두부 애교머리도 모델의 얼굴형에 따라 디자인 하고, C라인으로 빗어 끝모발은 루프 형태로 고정시켜 뒷머리 꼬기와 연결한다.

⑤ 꼬기, 컬웨이브 루프의 혼합 디자인에 장식하기

꼬기된 부분과 웨이브컬, 루프 형태에 큐빅이나 꽃 장식 등으로 우아하고 아름다운 웨딩 스타일을 연출한다.

2-6. 매듭을 이용한 스타일

2-6. 매듭을 이용한 스타일

2-6. 매듭을 이용한 스타일

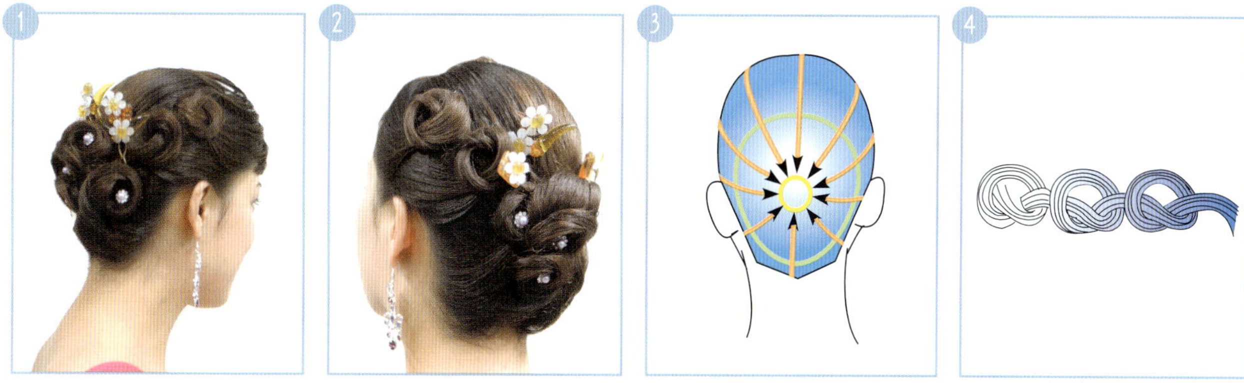

중간 어깨선 길이의 펌 웨이브 모발에 전기 셋트롤로 와인딩하여 풀어 빗은 후 매듭 기법으로 디자인한 업스타일로서 한복, 정장, 파티, 웨딩 등 누구에게나 잘 어울리는 스타일이다.

① 섹션 뜨기와 백콤 넣기

ⓐ 전체 모발을 브러싱 하고 크라운 부분에 원형 섹션(브로킹)한다.
ⓑ 백 부분에 볼륨을 주기 위해 톱으로 세워 백콤을 넣어 매끄럽게 빗어 준다.
ⓒ 사이드에서 섹션을 나누어 오른쪽(시계)방향으로 매듭 디자인한다.

② 우측 사이드부터 매듭 만들기

ⓐ 우측 사이드에서 귀뒤까지 3개 정도의 매듭 디자인을 사선으로 만들어 고정한다.
ⓑ 매듭은 방향에 따라 손가락 주변에 말아서 시계 및 반시계 방향으로 돌려 가운데로 빼내어 고정시킨다.

③ 좌측 사이드와 네이프 매듭 형성

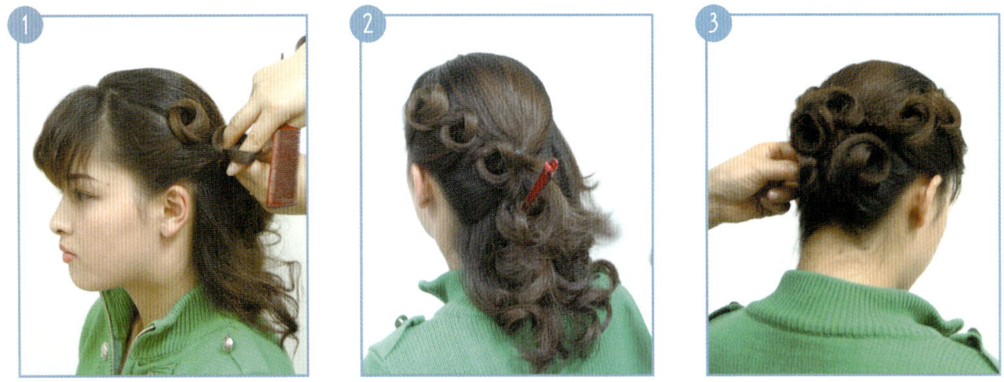

왼쪽 사이드에서 귀뒤 부분은 왼쪽(반시계)방향으로 3개정도 매듭 디자인하고, 핀과 스프레이 분사하여 고정한다.

④ 스프레이 고정과 액세서리 및 완성

ⓐ 네이프와 백의 볼륨과 양쪽 사이드에서 네이프까지 매듭 디자인한다.
ⓑ 전두부 애교머리는 앞 이마에 C라인으로 내려 사이드 방향으로 돌려 빗어 고정한다.
ⓒ 매듭 디자인과 의상과 이미지에 어울리는 액세서리 장식으로 화려하게 연출한다.

2-7. 오리엔탈 업스타일

2-7. 오리엔탈 업스타일

2-7. 오리엔탈 업스타일(롤 말기 기법)

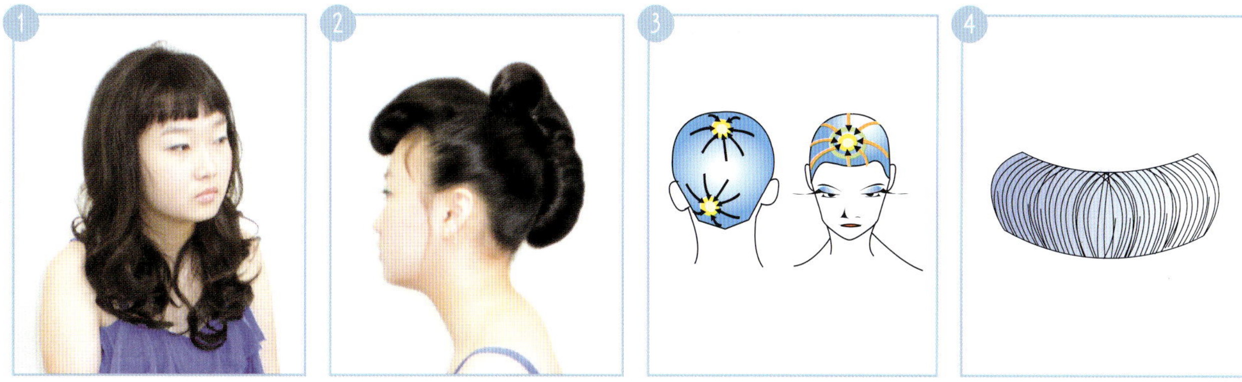

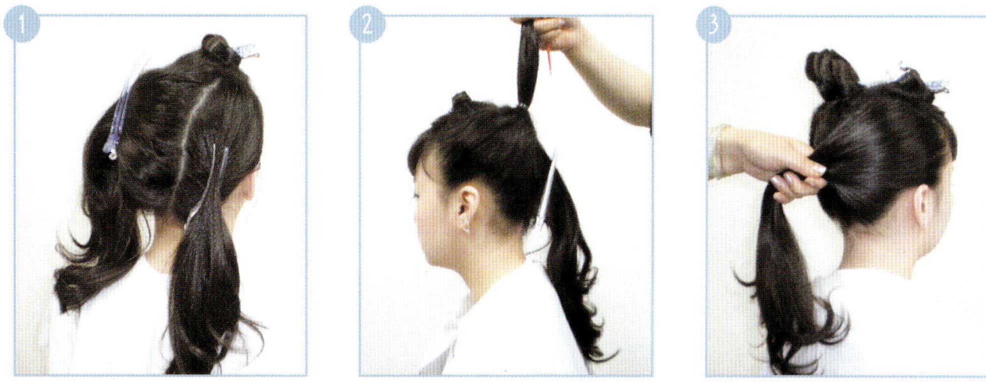

ⓐ 전두부 삼각 섹션과 연결 왼쪽 네이프로 사선 섹션한다.
ⓑ 전두부 좌측 모발은 톱에, 우측 모발은 후두골에 세다발 포니테일 하고, 소량 모발로 밴드를 감싼다.

ⓐ 후두부 패널에 백콤넣기하여 표면을 매끄럽게 빗어 놓는다.
ⓑ 큰 롤 말기 기법으로 C모양을 만든다.

ⓐ 롱헤어에 C라인 커브 형태의 큰 롤 말기 테크닉으로 네이프, 백, 톱에 고정하였다. 면을 매끄럽게 정돈한 S롤 형태로 네이프에서 톱까지 연결하였다.
ⓑ 웨딩, 파티, 한복 스타일 등에 연출할 수 있다.
ⓒ 톱의 패널에도 위로 세워 백콤을 넣어 겉표면을 매끄럽게 빗어 준다.

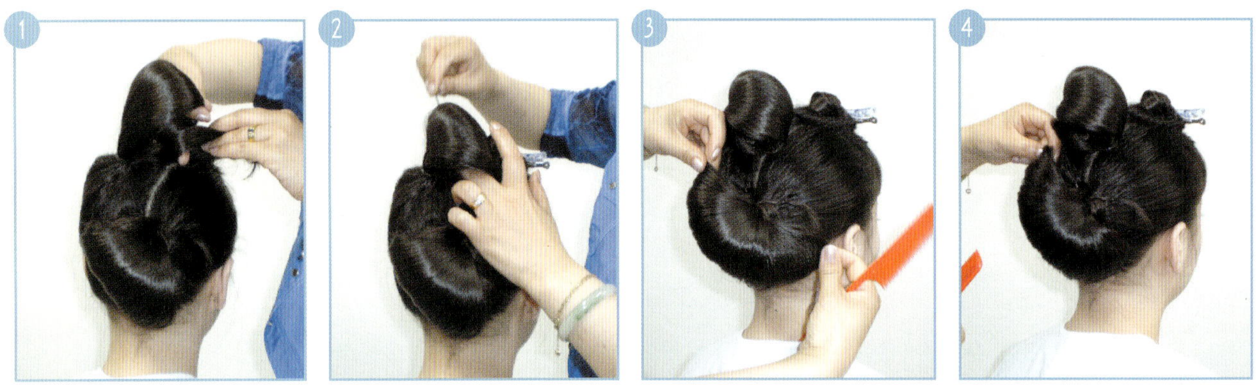

네이프에 C모양으로 고정하고, 네이프와 연결 S형태의 모양을 만든다.

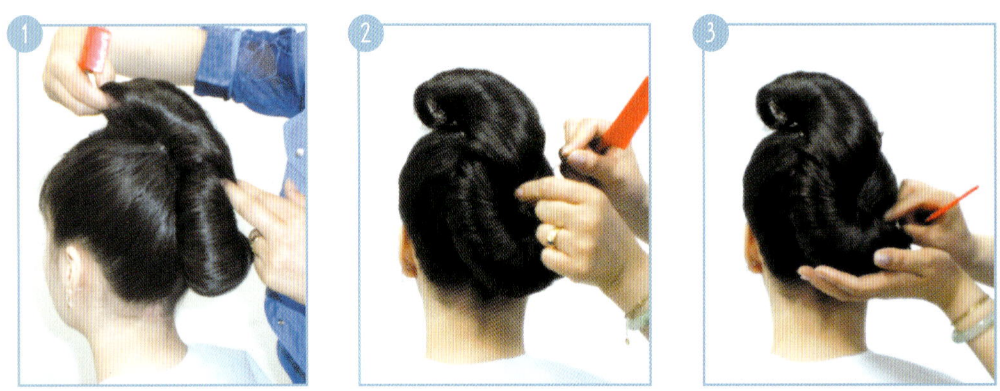

ⓐ 겉표면을 매끄럽게 정돈하고 상,하단이 갈라지지 않도록 매끄럽게 연결한다.
ⓑ 균형감 있는 S형태로 단단하게 핀과 스프레이 등으로 고정한다.

전두부 모발도 위로 세워 백콤을 넣어 사선 포워드 방향의 롤 뱅을 만든다.

겉표면이 매끄럽게 핀 등으로 단단하게 고정하고, 스프레이 분사한다.

완성된 모습은 기초 베이직 롤 말기를 응용한 심플하고, 오리엔탈 분위기로 연출하였다.

2-8. 파티 업스타일

2-8. 파티 업스타일

2-8. 파티 업스타일(오버랩과 루프)

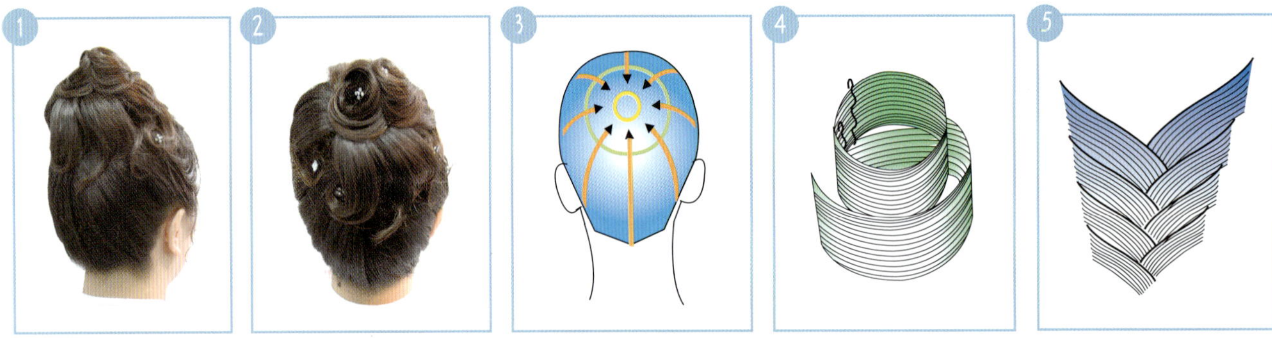

오버랩 기법을 이용하고 톱으로 고정하며, 루프 만들기와 컨셉에 맞는 업스타일을 연출한다.

① 다운 스템과 포니테일

ⓐ 드라이 세팅된 웨이브 모발에 크라운, 톱의 원형 섹션으로 나누고 백콤을 넣는다.
ⓑ 주변 머리에도 안쪽으로 패널 각도를 내려 다운 백콤하고, 돈모 브러시로 빗어 준다.

② 백콤을 이용한 포니테일

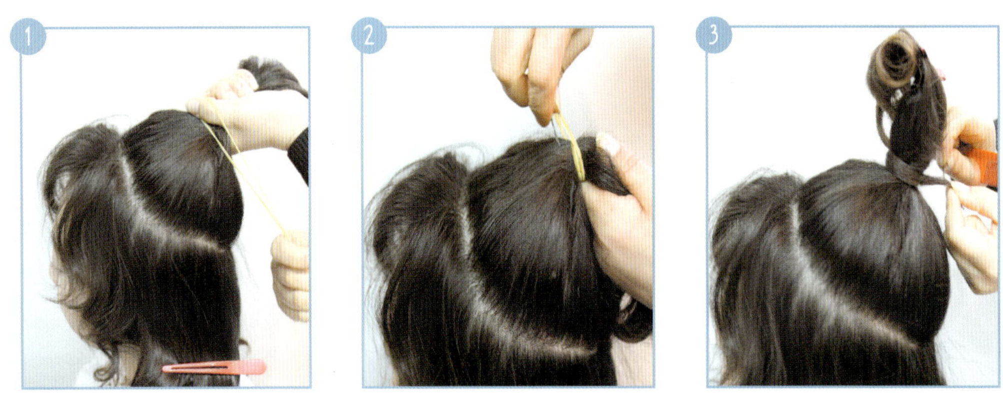

백콤 넣은 원형 섹션을 톱으로 매끄럽게 올려 빗어 포니테일 한 다음 소량의 모발로 밴드를 감싸준다.

③ 오버랩 하기

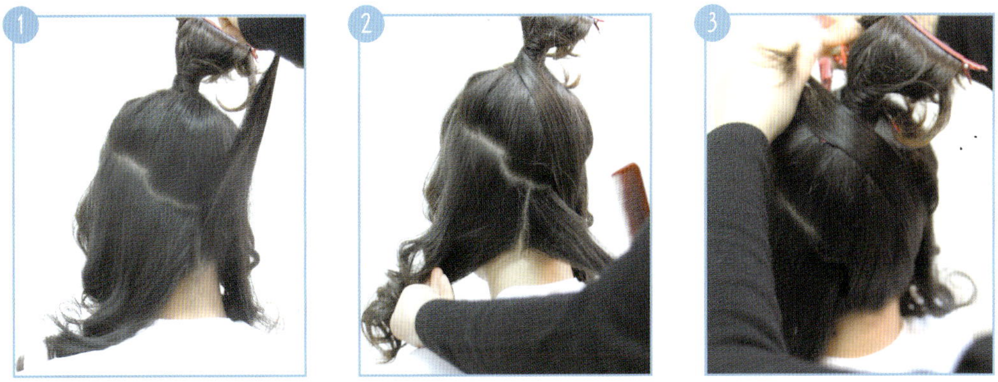

ⓐ 남겨놓은 헤어라인 주변 모발을 수직, 방사형 파팅 및 백콤 넣어 톱의 묶은 포니테일 위치에 좌, 우 교차시켜 고정한다.

ⓑ 끝부분 모발은 톱 부분에 남겨 놓는다.

④ 톱 부분 백콤하기

ⓐ 오버랩된 라인이 선명하게 한다.

ⓑ 구렛나루 선을 자연스럽게 하고, 사이드 방사 파팅으로 매끄럽게 빗어 톱으로 연결한다.

ⓒ 모발이 짧거나 숱이 적으면 백콤넣기 하고, 표면을 매끄럽게 다듬어 S라인과 루프의 연결을 자연스럽게 한다.

⑤ 톱 부분 루프 만들기

각각의 패널을 왼손 바닥에 놓고 광택 스프레이 분사 후 C,S라인으로 빗어 형태를 만들고, 루프 형태를 톱과 크라운 사이에 구도를 맞추어 매끄럽게 연결 고정한다.

⑥ 톱 디자인 완성

톱 부분에 남겨둔 하나의 패널을 매끄럽게 빗어 톱 중앙 S방향으로 회전하며, 루프를 형성하고 톱 부분을 강조한다.

⑦ 프린지 애교머리와 장식하기

전두부의 애교머리는 6 : 4 비율로 왼쪽 사이드 파트로 톱을 향해 올려 빗기 하면서 C라인으로 연결하고 부드러운 이미지를 살린다.

⑧ 완성된 디자인

전체적으로 S라인과 루프의 연결선들이 심플하고 우아하며 균형감 있는 파티 업스타일을 완성한다.

2-9. 캐쥬얼 세미 업스타일

2-9. 캐쥬얼 세미 업스타일(트위스트)

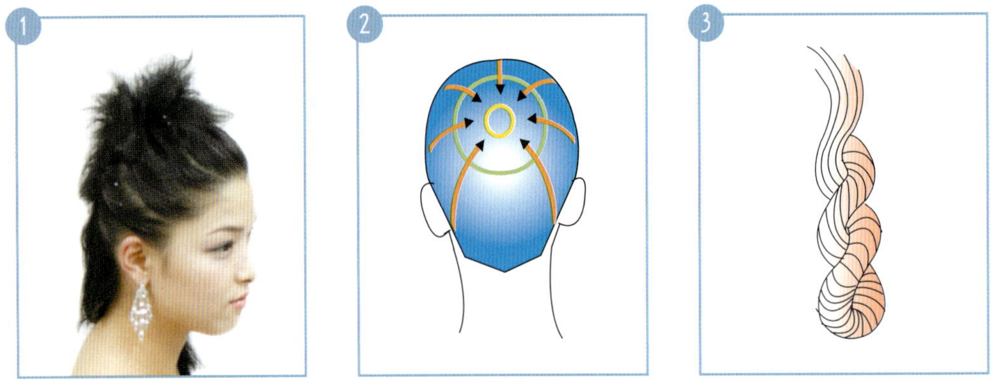

크래스트 위쪽 부분에 트위스트 기법으로 발랄하고 캐쥬얼한 분위기의 스타일을 연출할 수 있다.

① 섹션 나누어 트위스트 하기

ⓐ 톱을 중심으로 수직, 사선 또는 방사형 파팅하고 톱을 향해 분배하고 트위스트한다.
ⓑ T.P를 향해 포워드 혹은 리버스 방향으로 꼬아준다.

② 수직 대각으로 트위스트 하기

ⓐ 각 섹션마다 트위스트 하여 고정한다.
ⓑ T.P지점에서 실핀으로 고정한다.
ⓒ 끝머리는 자연스럽게 백콤하여 스프레이를 분사하고 고정시키며 완성한다.

3-1. 클래식 숏 업스타일

3-1. 클래식 숏 업스타일

3) 숏헤어 업스타일

짧은 머리의 길이를 최대한 이용하여 백에 볼륨을 주고 심플한 면 구성을 디자인한 모던함과 프론트의 짧은 뱅머리가 귀여움을 더해준다. 헤어피스나 각종 액세서리를 사용하여 우아하게 연출할 수 있다.

3-1. 클래식 숏 업스타일(롤 말기)

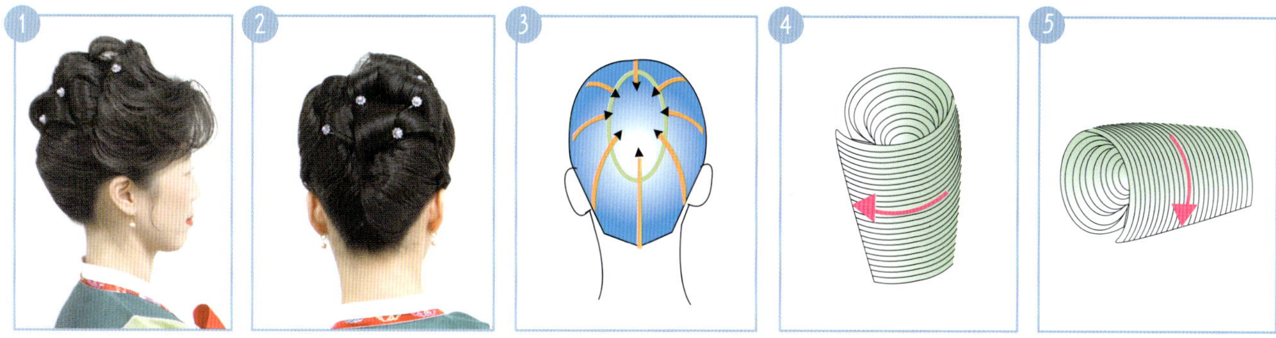

짧은 모발에서 톱을 향한 가로, 세로 롤 말기 기법으로 업스타일을 완성한 작품으로 사이드, 백, 톱에 백콤과 볼륨을 조절하여 정장, 한복, 웨딩에 응용할 수 있다.

① 펌헤어에 셋트롤 와인딩 및 톱 백콤

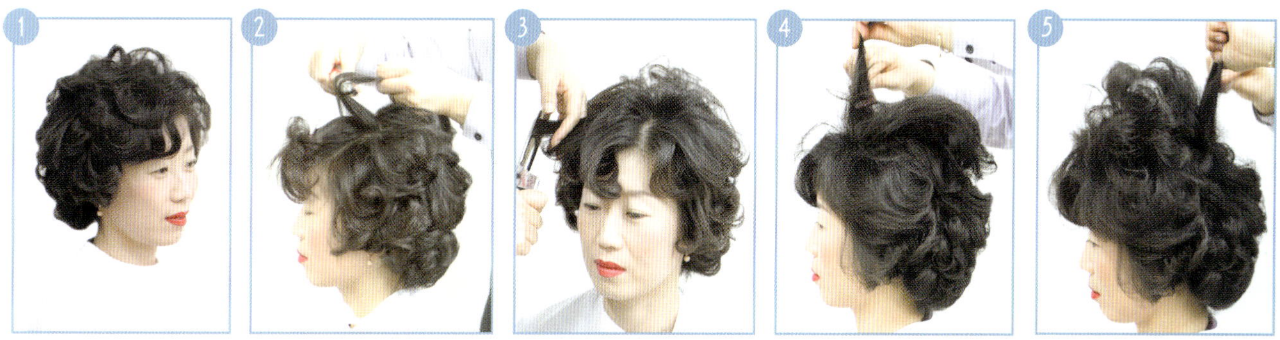

전두부와 톱 부분에 아이롱 또는 드라이 등으로 볼륨을 강조하고, 톱 크라운 전두부의 모근 쪽에 백콤을 넣는다.

② 사이드 다운 백콤하기

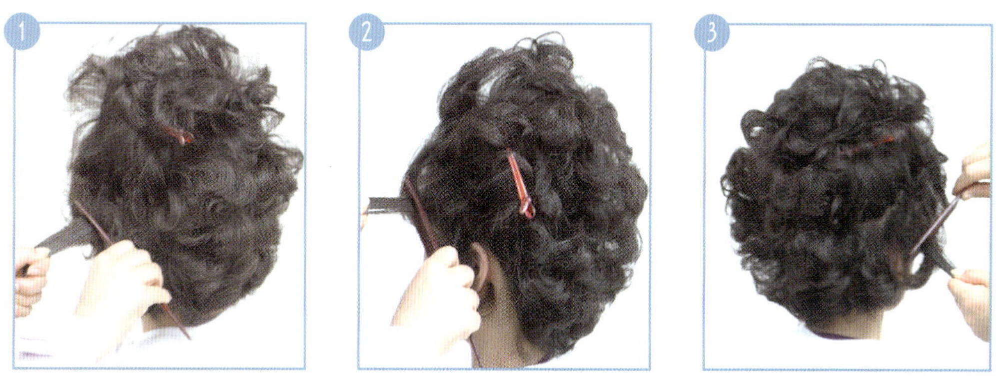

사이드, 귀뒤, 네이프 부분은 다운 스템으로 패널 안쪽 모근에 백콤을 넣어 준다.

③ 백 부분 롤 말기

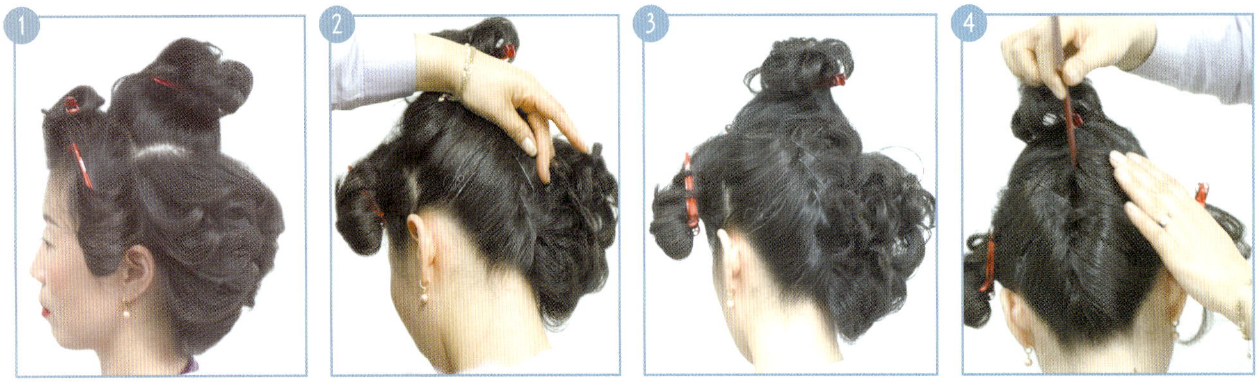

ⓐ 이어 투 이어 라인 크라운톱 반원형의 섹션을 나눈다.
ⓑ 왼쪽 모발은 톱쪽으로 업세이핑 하여 백중앙에 실핀으로 교차 고정한다.

④ 톱 부분 롤 만들기

ⓐ 오른쪽 모발을 빗으로 빗어 핀교차 부분을 감싸며, 매끄럽게 수직 롤 말기로 고정한다.
ⓑ 수직 롤 말기 위에 크고 작은 수평, 사선 롤 말기하여 광택 스프레이 분사 후 볼륨과 입체감을 형성하고 실핀을 꽂아 스프레이 분사한 후 고정한다.

⑤ 사이드와 애교머리 C라인 연결하기

ⓐ 사이드의 모발은 모델의 얼굴형과 이미지에 따른 백콤 양을 조절 볼륨을 주어 백, 톱 부분에 C라인으로 연결하고 U핀, 스프레이 분사 등으로 고정한다.
ⓑ 전두부 사이드의 윗머리는 톱을 향하여 C,S라인으로 빗어올려 연결 고정한다.
ⓒ 프린지 애교머리는 C라인으로 빗어 앞이마를 약간 가려주고, 윗머리와 연결 고정한다.

⑥ 완성 디자인

백은 수직 롤 말기 위에 수평의 크고 작은 롤 말기 형태가 매끄럽게 균형을 이루고 사이드와 전두부는 C,S라인이 톱의 수평롤을 향하여 고정하였고, 한복, 웨딩, 정장 의상 등에 맞는 세련된 액세서리를 장식하여 우아한 업스타일을 연출한다.

3-2. 클래식 숏 다운 스타일 I

3-2. 클래식 숏 다운 스타일 I

3-2. 클래식 숏 다운 스타일 I

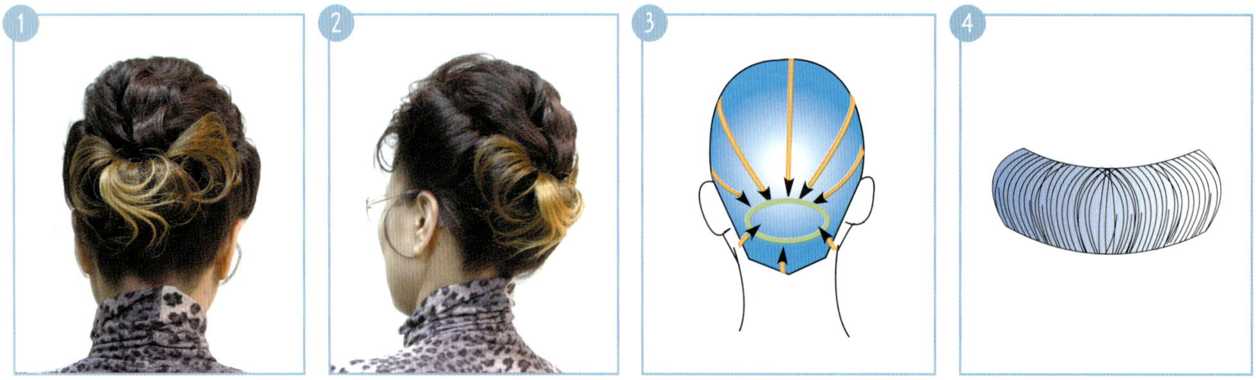

짧은 숏트 머리에 롤 말기와 피스를 연결하여 가족, 모임, 한복, 정장 등에 응용할 수 있는 업스타일을 디자인한다.

① 숏헤어 드라이하기

강한 펌웨이브 모발에 블로우 드라이 하되 가이드는 인덴테이션(겉마름)한다.

② 백콤과 다운 세이핑 핀 꽂기

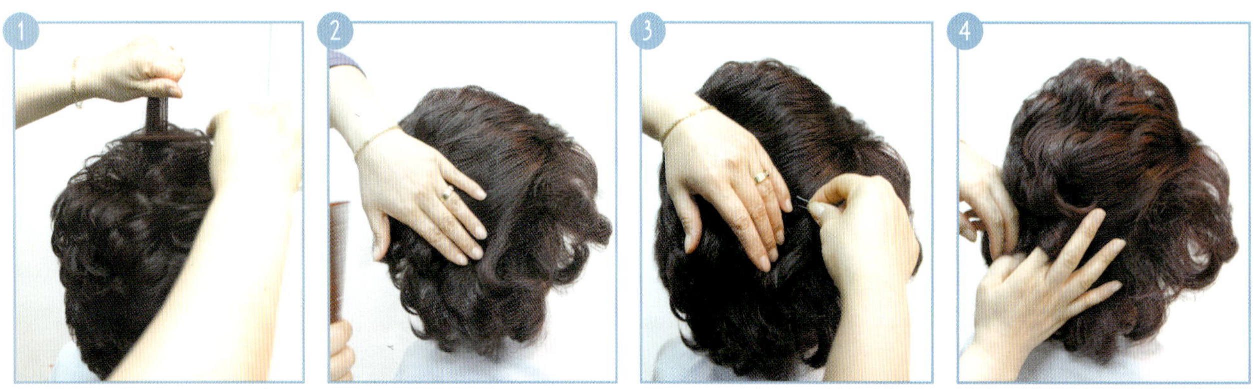

ⓐ 전체적으로 백콤하고 사이드~네이프 까지 가이드 라인은 낮은 각도로 패널 안쪽에서 백콤한다.

ⓑ 사이드~네이프의 가이드 부분 4~5cm 가량 남기고, 네이프를 향한 사선으로 실핀으로 톱~백의 볼륨을 V모양으로 꽂아 고정한다.

ⓒ V모양의 끝부분을 단단하게 고정한다.

③ 스타일링 : 양사이드 롤 말기

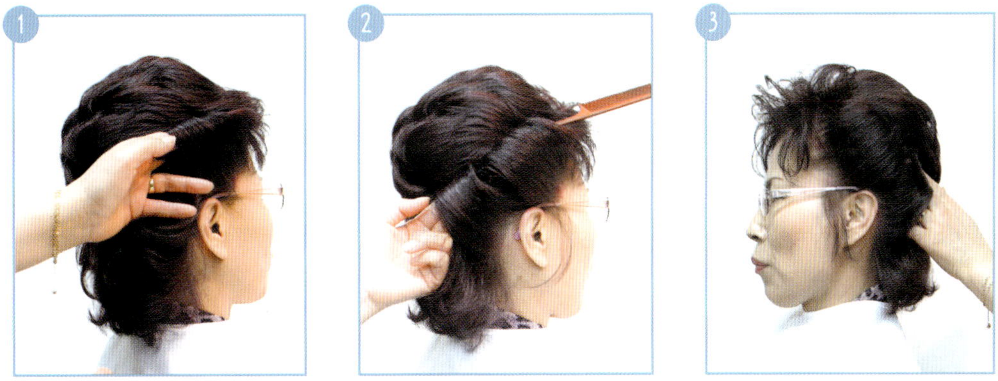

ⓐ 사이드부터 아웃라인에 매끄럽게 돈모 브러시로 백콤을 유지하여 빗어 아웃컬 형태의 대각 롤 말기 한다.

ⓑ 양사이드~귀뒤까지 2~3개 정도씩 대각 롤 말기로 매끄럽게 연결 롤의 끝부분에 실핀을 꽂아 스프레이 분사한다.

④ 네이프 피스부착

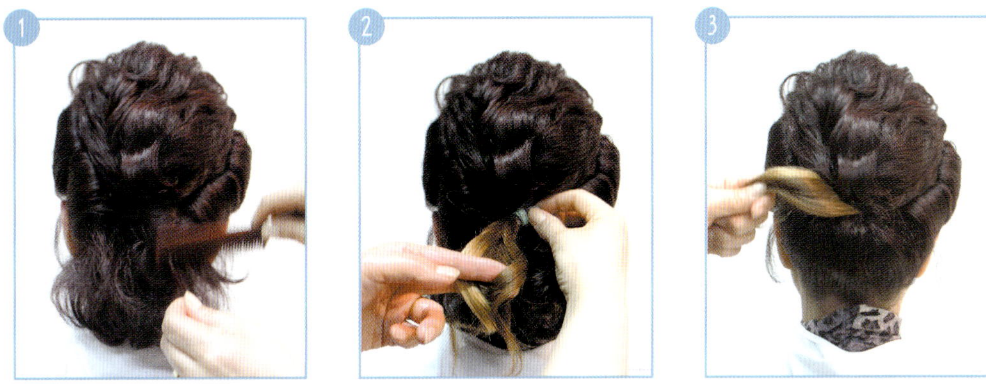

ⓐ 네이프의 짧은 모발은 백콤을 넣어 단단하게 하고 제작된 피스를 꽂아 고정한다.

ⓑ 네이프 백콤 넣은 모발을 위로 빗어 피스 고정한 부분을 감싸서 사이드롤로 V형 연결한다.

⑤ 네이프 피스 연출 디자인 하기

ⓐ 고정된 피스 모발을 3~4패널로 나누어 각각 C컬 방향으로 돌려빗어 얇게 슬라이스하여 엄지와 검지 손가락으로 여러개의 가늘고 얇은 C,S라인을 형성한다.

ⓑ 롤 말기로 조화롭게 연결하고 U핀과 스프레이 등으로 고정한다.

⑥ 구렛나루 프린지 웨이브 내기

1 
2 
3 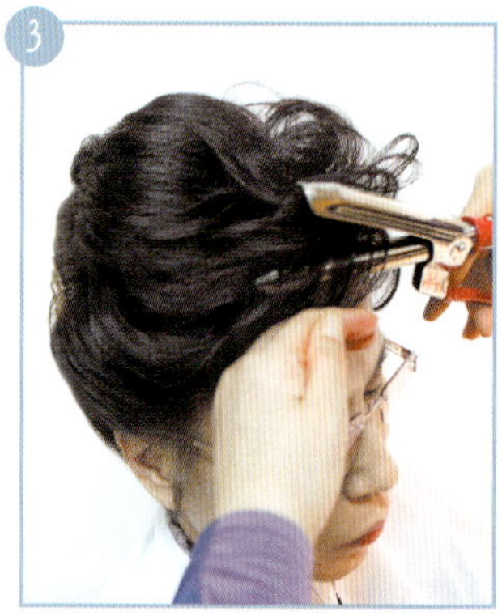

완성된 상태에서 드라이, 아이롱 등으로 구렛나루, 사이드, 프린지 부분을 다듬어 조화롭게 스타일링 한다.

⑦ 완성된 앞, 뒤, 옆 모습

1 
2 
3 

모델의 이미지와 신체적 조건에 따라 톱, 사이드, 백 부분에 볼륨을 주고, 컬러의 포인트 강조와 매끄러운 질감을 형성 전체적으로 우아하고 조화로운 업스타일을 롤 말기와 피스 연결로 연출한다.

3-3. 클래식 숏 다운 스타일 Ⅱ

3-3. 클래식 숏 다운 스타일 II

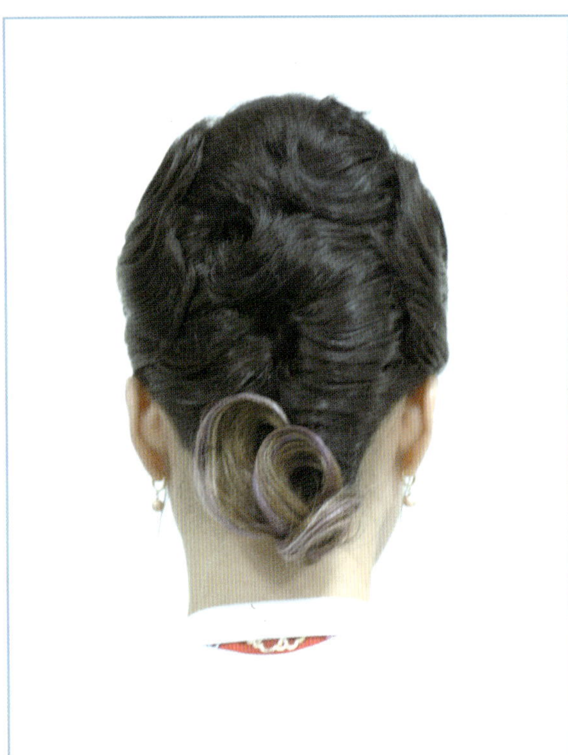

3-3. 클래식 숏 다운 스타일 II(피스 응용)

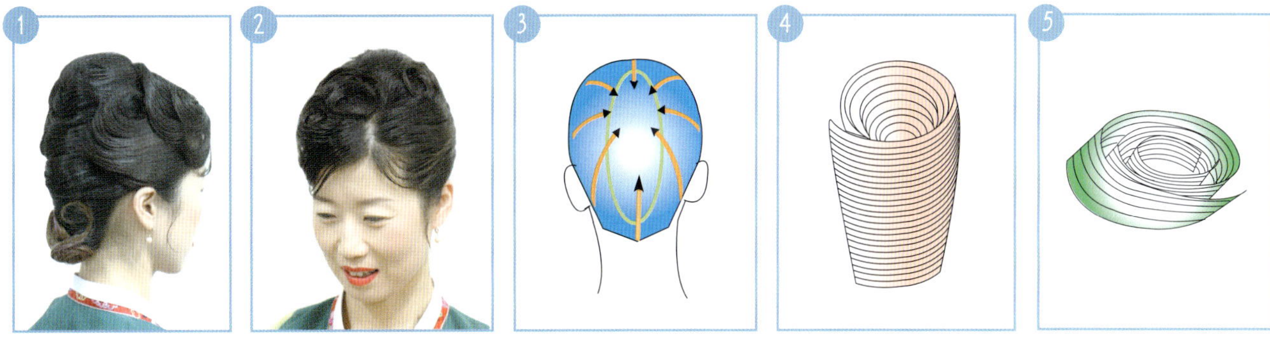

ⓐ 숏트 길이의 펌 모발에 드라이나 또는 세트롤을 말아 네이프에 미니 피스를 붙여 롤과 루프 기법을 이용. 한복, 정장 등에 어울리는 네이프 업스타일이다.
ⓑ 모델의 짧은 머리용 피스를 붙여서 업(수직, 사선, 수평) 고정한다.
ⓒ 한복, 정장에 어울리는 단아한 업스타일을 연출한다.

① 백콤 넣기

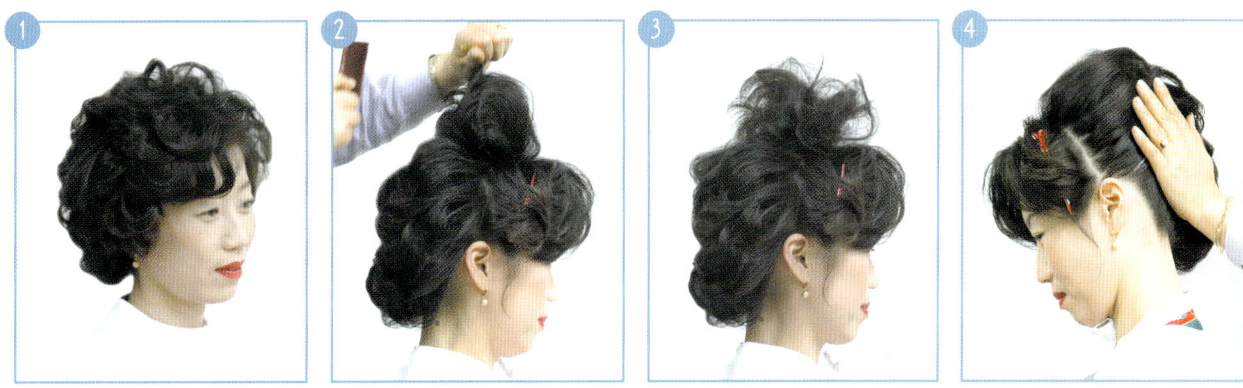

ⓐ 톱, 백, 사이드, 크라운, 네이프 순으로 백콤을 넣는다.
ⓑ 사이드와 백분 섹션 나누고 백의 모발을 네이프 쪽으로 빗어 준다.

② 백에 핀고정 하기

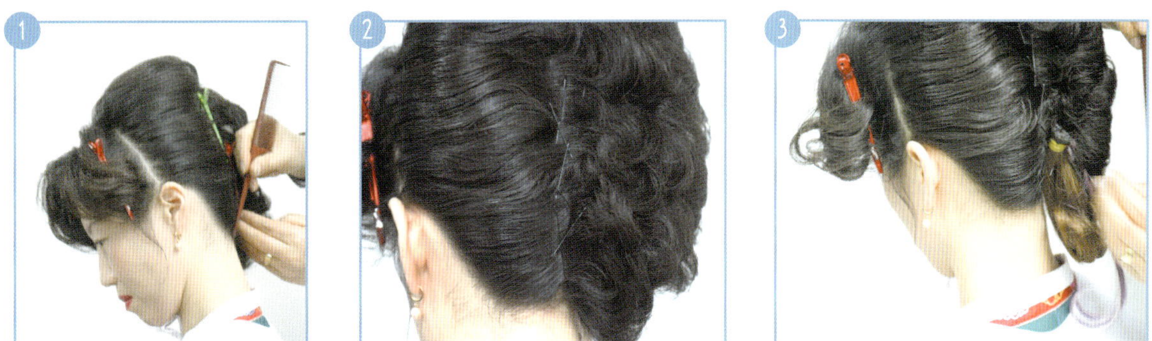

ⓐ 왼쪽의 톱, 크라운, 네이프 중앙에 수직 핀 꽂기로 고정시킨다.
ⓑ 모발이 짧은 네이프는 준비해둔 피스를 연결 부착한다.

③ 소라 모양으로 말기와 피스 연결

ⓐ 오른쪽 모발을 매끄럽게 빗어 백 위치에 수직 롤 말기로 고정한다.
ⓑ 연결된 피스를 3패널로 나누어 입체적인 루프 형태를 만든다.

④ 피스 디자인

ⓐ 3개의 입체적으로 크고 작은 루프 형태를 안정감있게 고정한다.
ⓑ 사이드 모발 패널은 크라운 아래쪽으로 매끄럽게 빗어 연결한다.

⑤ 전두부 디자인

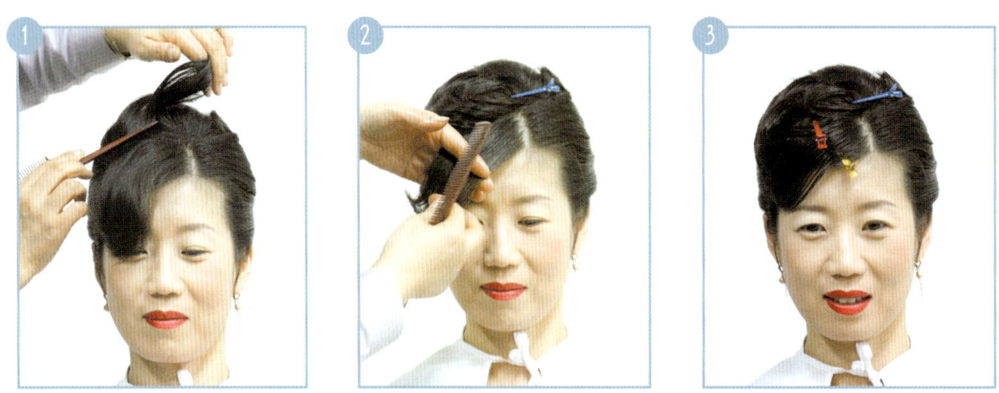

ⓐ 전두부 모발의 윗머리는 C,S라인으로 톱을 향해 고정한다.
ⓑ 앞 애교머리는 사이드와 톱으로 다운, 세이핑 후 업세이핑하여 C,S라인으로 연결 모델 이미지에 맞춰 조화롭게 연결한다.

⑥ 완성된 디자인

1

2
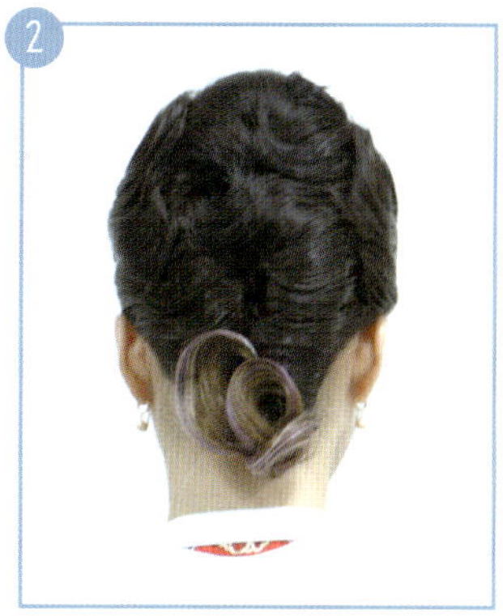
3

4

ⓐ 반대쪽 애교머리와 사이드 머리도 다운 세이핑과 업 세이핑하여 C라인으로 콤아웃 해서 고정한다.

ⓑ 전체 두상의 형태에 따른 균형과 C,S 라인과 소라 형태로 연결, 네이프의 보조 피스 연출이 조화를 이룬다.

3-4. 볼륨 숏 다운 스타일

3-4. 볼륨 숏 다운 스타일

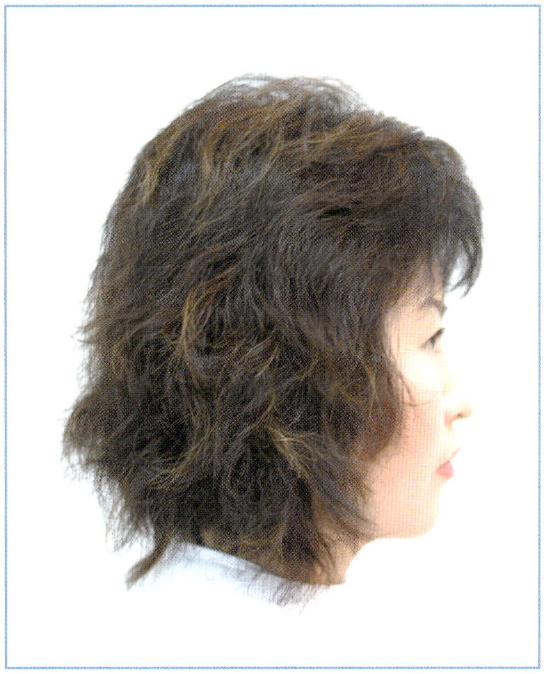

3-4. 볼륨 숏 다운 스타일(윤곽 롤 말기)

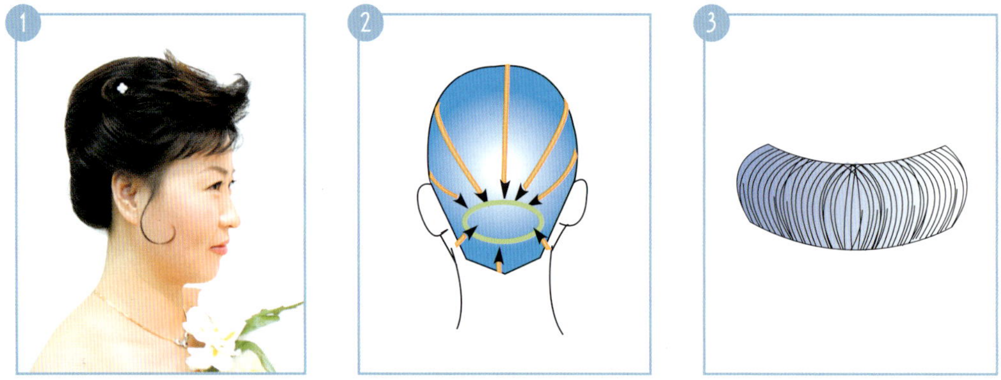

ⓐ 숏 헤어에 드라이 롤 말기로 업스타일 한다.

ⓑ 매끄럽고 심플한 디자인으로 어느 장소에나 어울리는 스타일이다.

① 기초 과정 : 블로우 드라이 하기

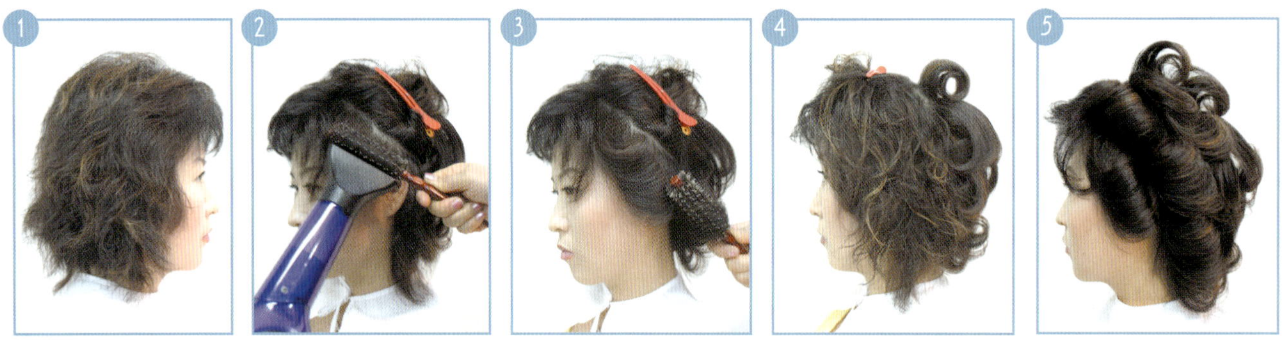

강한 펌 웨이브 모발에 블로우 드라이 하되 가이드는 인덴테이션 겉마름 한다.

② 톱, 전두부, 사이드 등에 백콤 넣기

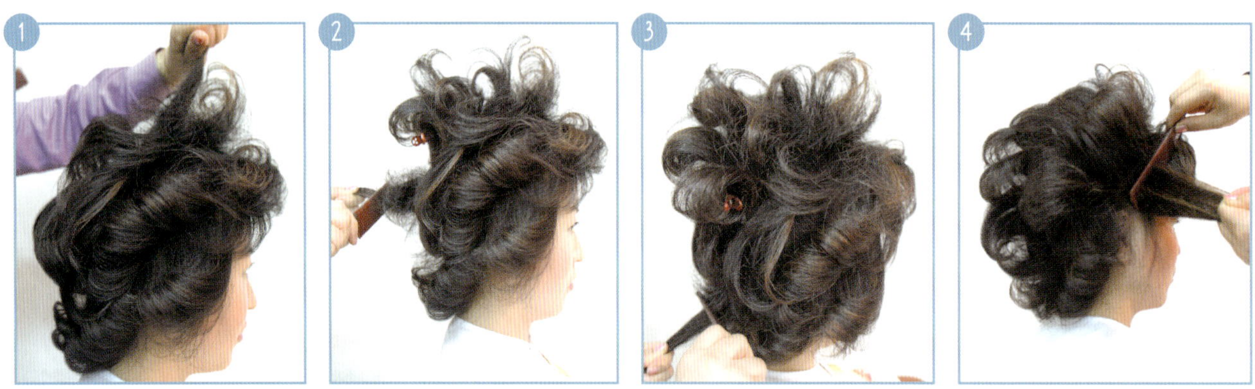

전체적으로 백콤하되 사이드~네이프까지 가이드 라인은 낮은 각도로 패널 안쪽에서 백콤한다.

③ 백 부분 볼륨과 사이드 롤 말기

ⓐ 사이드~네이프의 가이드 부분 4~5cm 가량 남기고, 네이프를 향한 사선으로 실핀 꽂기로 톱~백의 볼륨을 V모양으로 고정한다.
ⓑ V모양의 끝부분을 단단하게 고정한다.

④ 스타일링 : 양사이드 V형태 롤 말기

ⓐ 사이드부터 아웃라인에 매끄럽게 돈모 브러시로 백콤을 유지하여 빗어 아웃컬 형태의 대각 롤 말기 한다.
ⓑ 양사이드~귀뒤까지 2~3개 정도의 대각 롤 말기로 매끄럽게 연결. 롤의 끝부분에 실핀을 꽂아 스프레이 분사한다.

⑤ V형 디자인 완성

네이프 남은 모발 양쪽으로 분리 V형의 롤 말기 업스타일 디자인을 완성한다.

⑥ 전체적인 이미지

ⓐ 실핀, U핀이 밖으로 드러나지 않게 단단하게 꽂는다.

ⓑ 스프레이 분사후 드라이 중간바람으로 고정한다.

ⓒ 전체적으로 모델 이미지와 신체적 조건에 맞추어 사이드, 프린지, 톱, 백의 볼륨을 조절. 액세서리 장식으로 조화롭고 균형감 있는 업스타일을 연출한다.

3-5. 볼륨 숏 업스타일

3-5. 볼륨 솟 업스타일

3-5. 볼륨 숏 업스타일(피스 응용)

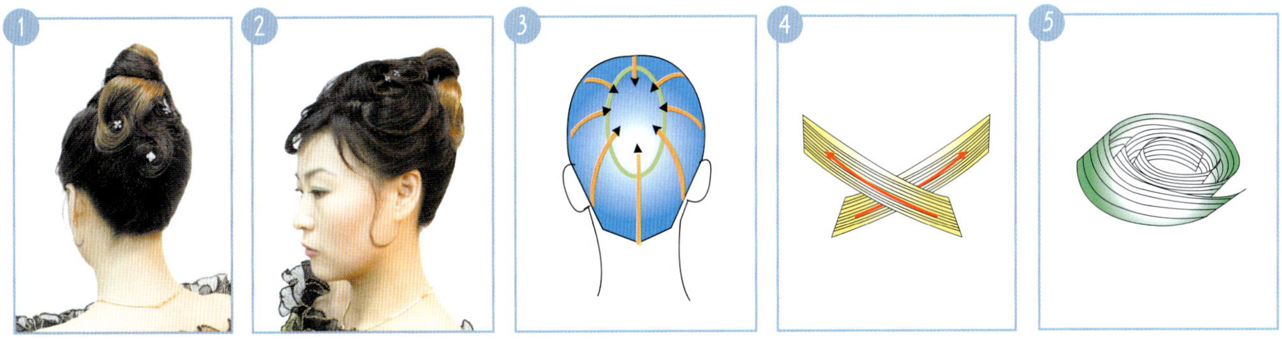

숏 헤어에 높은 볼륨을 내기 위해 톱을 향한 업오버랩과 루프 기법으로 혼합 디자인한 업스타일로서 한복, 정장, 웨딩 등에 잘 어울린다.

① 드라이 및 백콤과 섹션 나누기

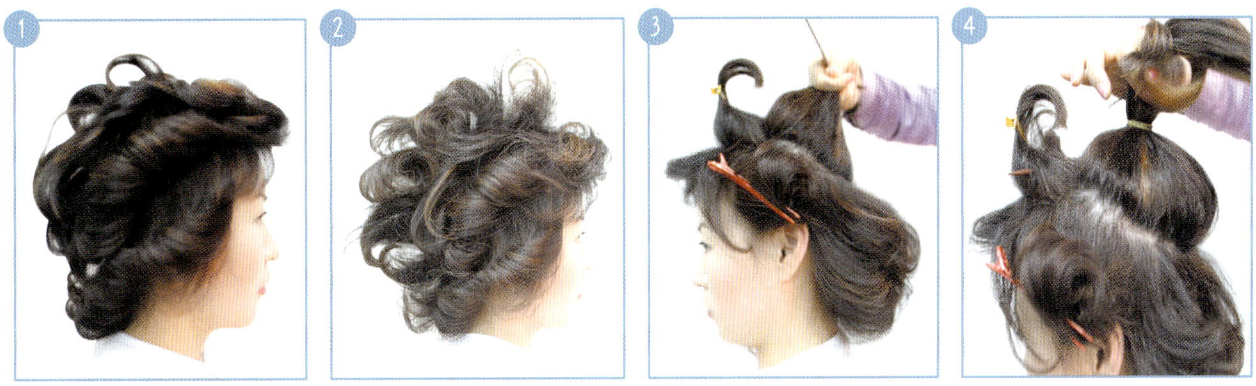

ⓐ 톱, 백의 볼륨을 가이드라인으로 인덴테이션 걸마름 드라이 하거나, 세트롤을 와인딩 한다.

ⓑ 톱 크라운 원형 섹션과 이어 라인을 브로킹 한다.

② 네이프 겹치기

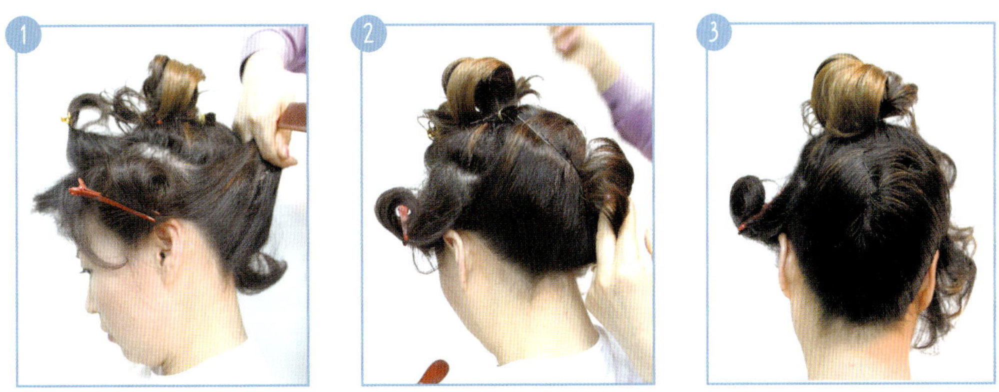

ⓐ 톱의 짧은 머리에 볼륨을 만들기 위해 톱 중앙에 피스를 부착한다.

ⓑ 백과 네이프는 센터 중앙으로 나누어 백콤을 넣어 볼륨감있게 형성 겹쳐서 고정한다.

ⓒ 스프레이 분사로 윤기와 안정감을 준다.

③ 톱에 피스 연결

ⓐ 톱의 피스 연결한 모발에 5~6개의 패널로 나누어 각각 백콤을 넣는다.
ⓑ 표면을 매끄럽게 빗어 C,S흐름과 루프를 만들어 백, 크라운, 전두부와 연결한다.

④ 사이드 볼륨 조절과 연결

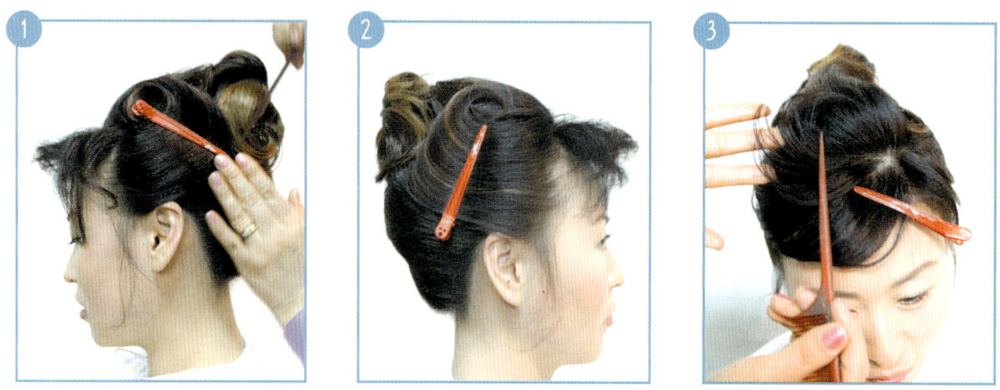

남아있는 양사이드에 모델 이미지와 신체적 얼굴형에 맞춰 사이드에 볼륨 또는 플렛하게 C라인으로 업세이핑 한다.

⑤ 완성된 디자인

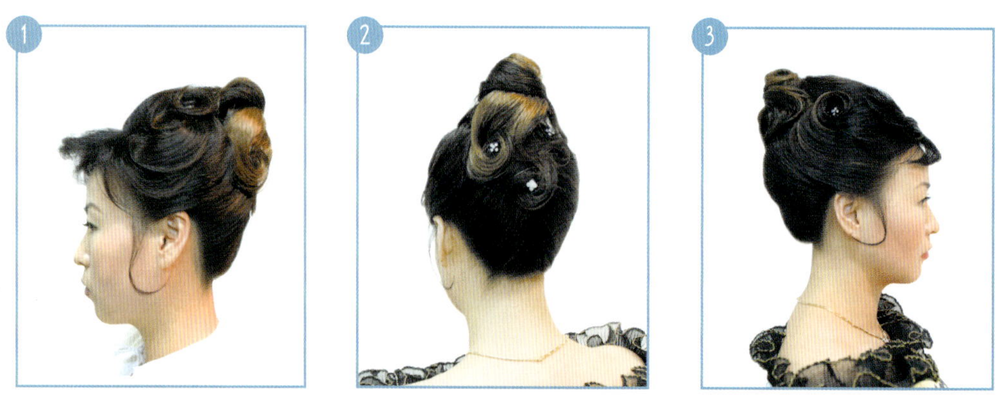

톱의 플렛한 루프 기법으로 디자인하고 전체 다이아몬드 형으로 우아한 업스타일을 연출한다.

3-6. 롱헤어 스타일을 위한 세트롤 와인딩

1

2
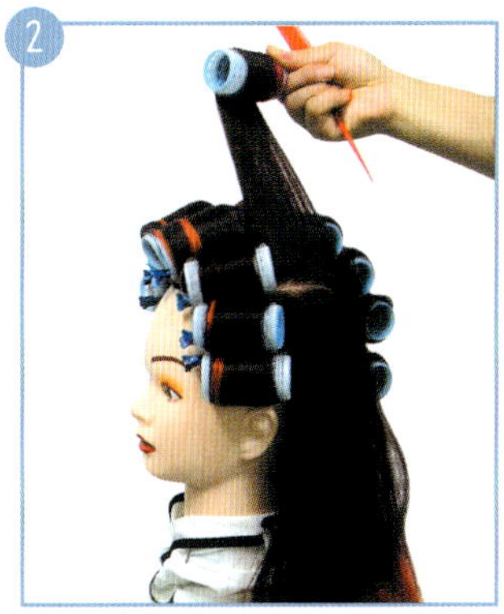
3

ⓐ 롱헤어에 업스타일을 위한 세트롤(전기세팅 또는 찍찍이 롤) 와인딩을 시술할 때 톱 크라운은 120도 시술 각도로 와인딩 한다.
ⓑ 백,사이드는 90도, 네이프는 다운스탬으로 겉마름으로 와인딩 한다.

1

2

3

전기 세팅으로 와인딩한 모발은 20분 정도 찍찍이(찐드기) 롤은 스탠드 드라이에 20분 정도 건조한 다음 롤을 오픈하여 컨셉에 맞는 업스타일을 시술한다.

3-7. 시뇽 하이 업스타일

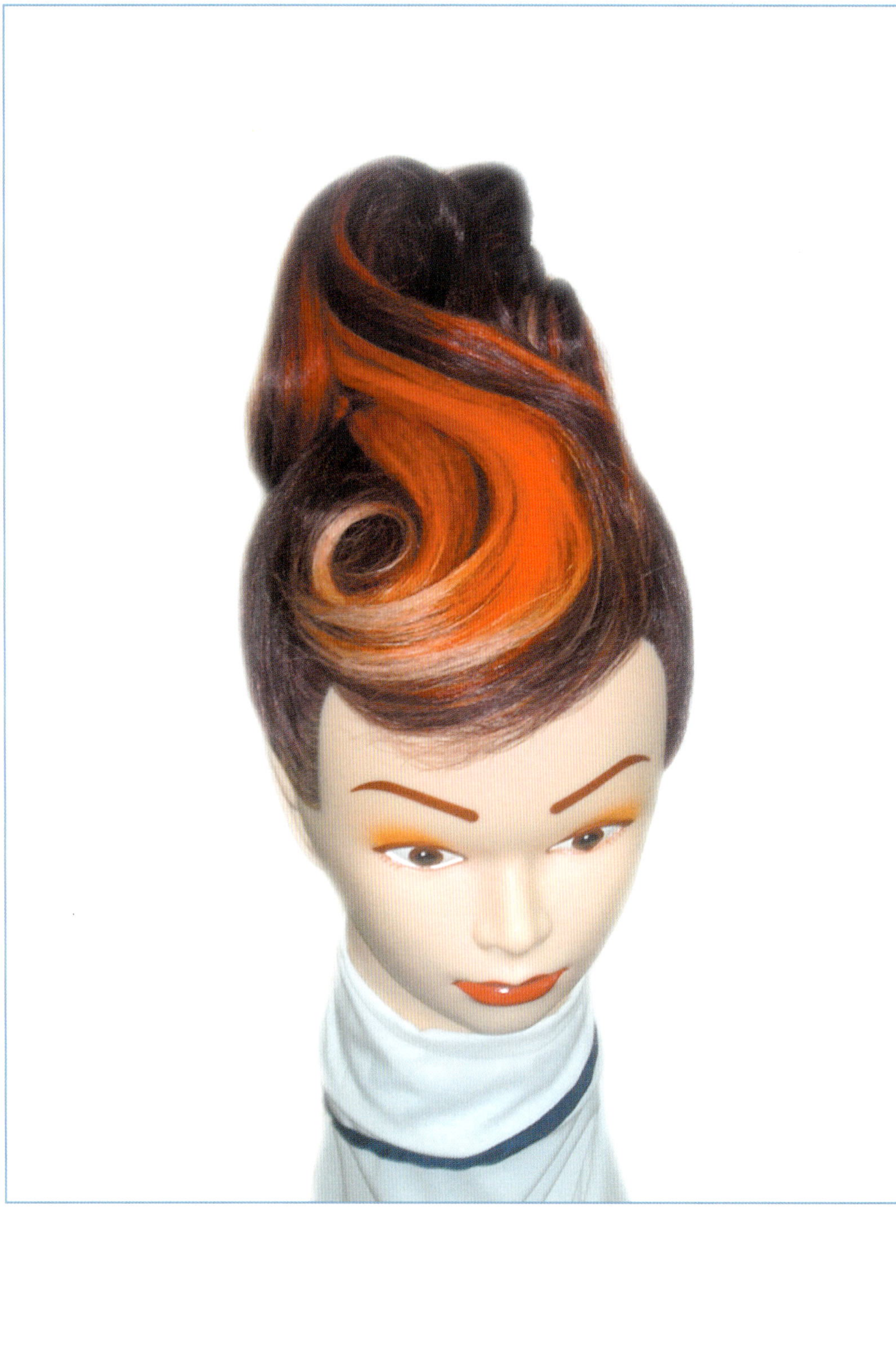

3-7. 시뇽 하이 업스타일

3-7. 시뇽 하이 업스타일

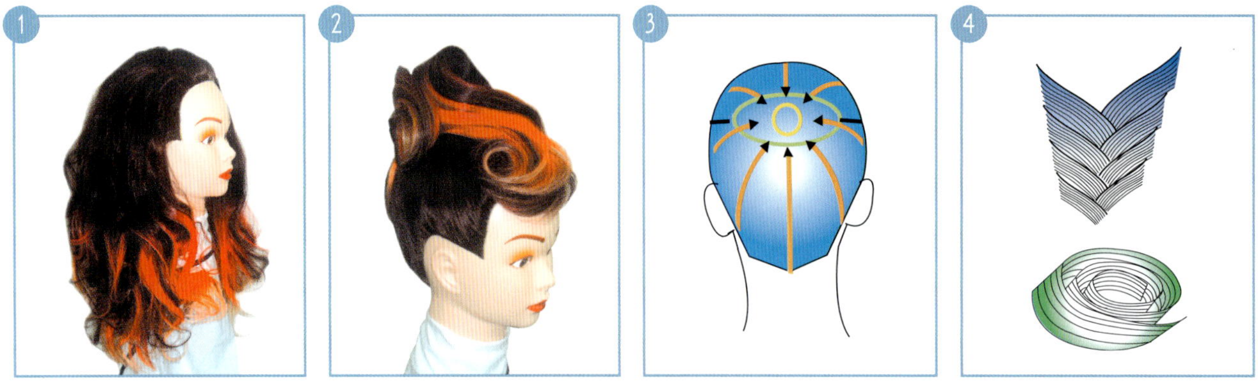

다이아몬드 형태로 면의 매끄러운 입체감과 실루엣을 살려 디자인하였다. 5~6패널을 얇고 가늘게 V형태로 겹쳐 둥근 루프 기법을 사용함으로 차분한 분위기와 화려함이 교차된 조화미를 살린 스타일이다.

전체 모발을 위로 빗어 올려 톱에 포니테일하고, 밴드를 감추기 위해 소량의 모발로 감싸준다.

스트랜드 5패널로 나누어 첫번째 패널에 가볍게 백콤을 넣어 전두부의 프린지 이마에 입체적인 라인을 잡아 연출한다.

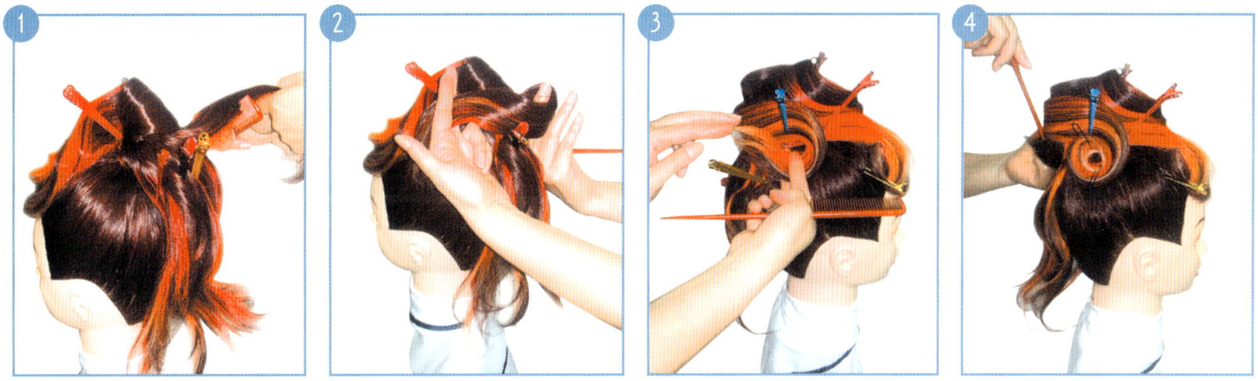

ⓐ 우측의 두번째 패널은 가볍게 백콤 넣어준 후 패널을 얇고 넓게 펴서 매끈하게 다듬는다.

ⓑ 포니테일 뿌리 부분을 중지손가락으로 받쳐주고 줄기 패널을 좌측 사선으로 올려 모발 끝부분을 루프 기법으로 돌돌 말아 입체적으로 표현한다.

ⓒ 좌측 패널도 같은 기법으로 면을 얇고 매끄럽게 정돈해서 우측 빈공간에 연출한다.

ⓐ 나머지 3개 패널을 동일한 기법으로 하되 패널을 V라인으로 배열한다.

ⓑ 핀셋 또는 핀컬핀으로 임시 고정하면서 시술한다.

ⓒ 넓게 펴진 패널의 위쪽 겉 테두리를 날씬한 선과 가늘고 매끄러운 면으로 다듬어 균형미를 맞춰 입체감있게 시술한다.

핀셋 등을 제거하고 U핀 등으로 고정하며, 스프레이 분사하여 단단하게 고정한다.

1

2

3

4

ⓐ 전체적인 웨이브의 조화와 삼각 구도가 되도록 균형을 맞춘다.

ⓑ 면의 입체감과 삼각 구도와 실루엣으로 연출한다.

3-8. 레이스와 실루엣의 업스타일

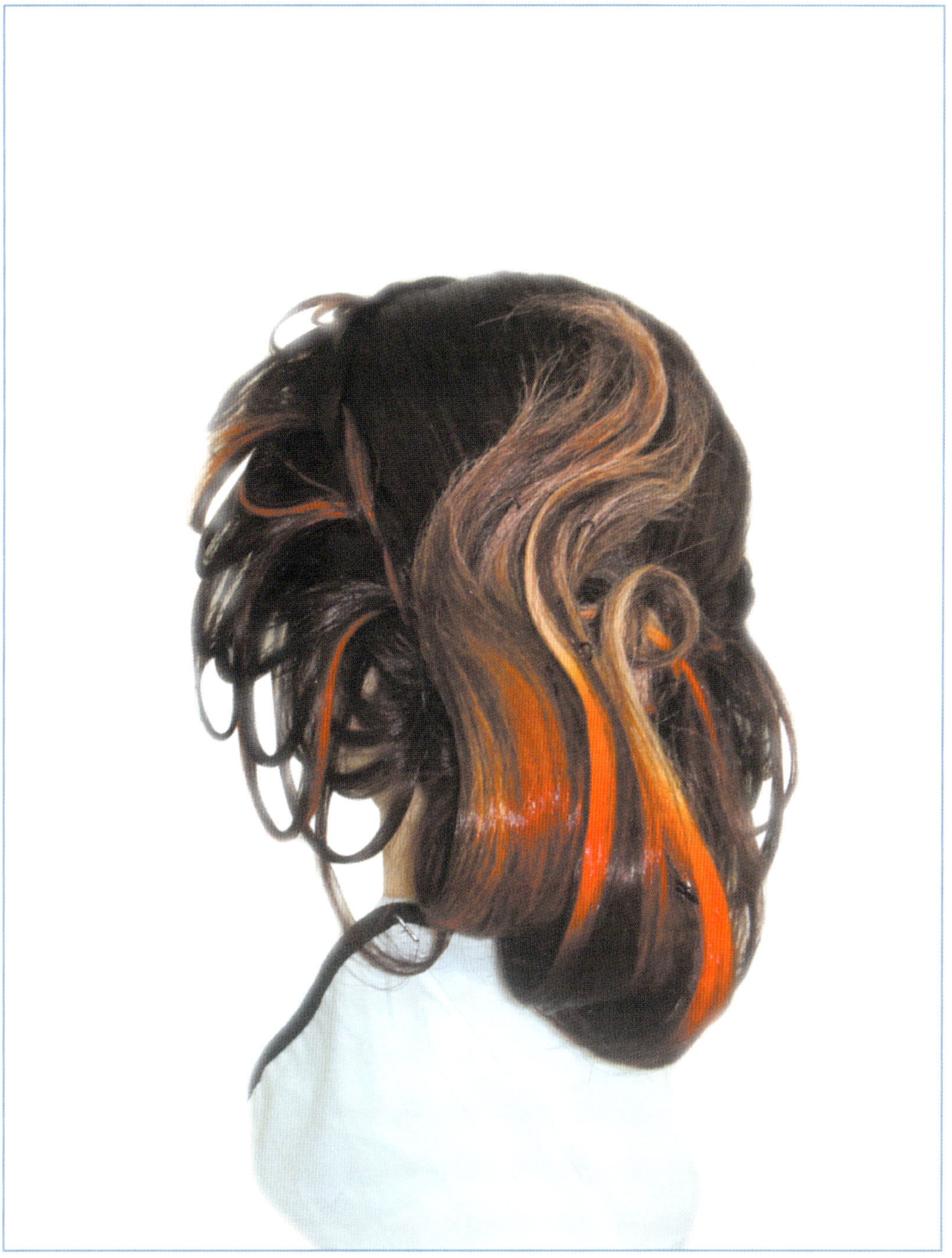

3-8. 레이스와 실루엣의 업스타일

3-8. 레이스와 실루엣의 조화

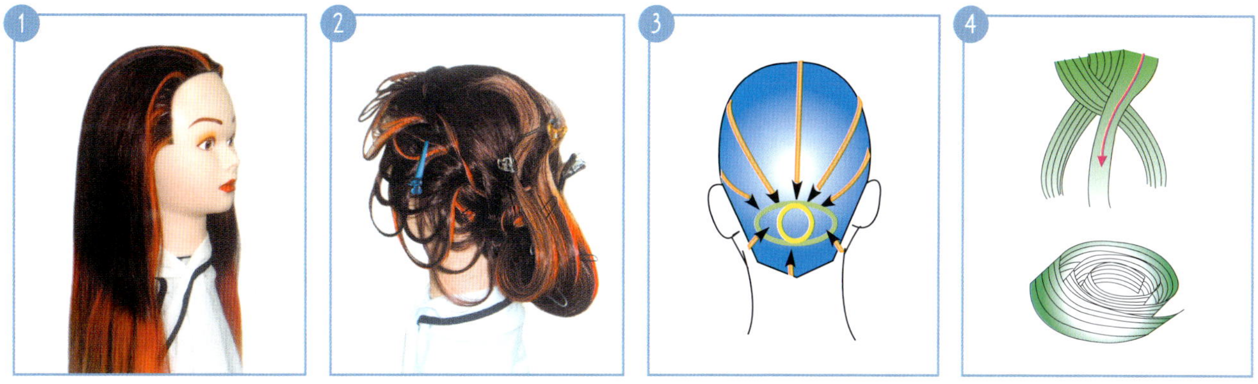

아주 특별한 날 웨딩 포토 또는 가족 행사나 한복 등에 귀족스럽게 표현할 수 있는 고급스러운 스타일이다. 레이스 땋기 테크닉은 의상 또는 헤어쇼, 대회머리 등에도 부분적으로 응용 · 창작할 수 있다.

섹션

ⓐ 오른쪽 사이드 파트하고 사이드에서 네이프까지 2~3cm의 사선 파팅한다.

ⓑ 톱, 백의 전체 모발은 네이프에 포니테일 한다.

2회 땋은 후 페이스(face)쪽 테두리 라인을 큰 C라인으로 3~4줄씩 빼내어 레이스 모양을 만든다.

ⓐ 슬라이스 잡아 땋기할 때 느슨하게 땋는다.
ⓑ 네이프쪽으로 갈수록 점점 크게 진행한다.
ⓒ 남은 모발은 3패널로 땋아 네이프 포니테일에 감싸준다.

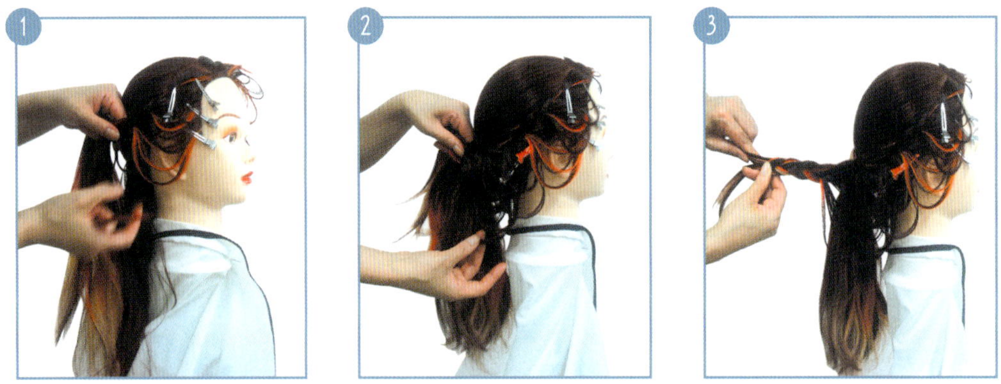

ⓐ 우측 사이드 파트 오른쪽에서 3패널 땋기를 진행 하면서 오른쪽 슬라이스 잡아 땋기한다.
ⓑ 2회 정도 땋은 패턴의 오른쪽 가이드라인에서 순간 순간 C라인으로 3~4개씩 잡아 빼주면서 입체감 있는 레이스 모양을 정교하게 만든다.
ⓒ 네이프로 갈수록 C라인의 레이스 형태가 점점 크게 진행한다.
ⓓ 양쪽을 같은 방법으로 진행하고, 나머지 끝 모발은 3패널 땋기 포니테일에 감싸 고정한다.

네이프의 남은 모발은 양쪽 레이스 모양으로 땋은 테크닉과 조화롭게 C,J컬과 라인의 대,중,소 크기로 모양을 잡아 고정한다.

1
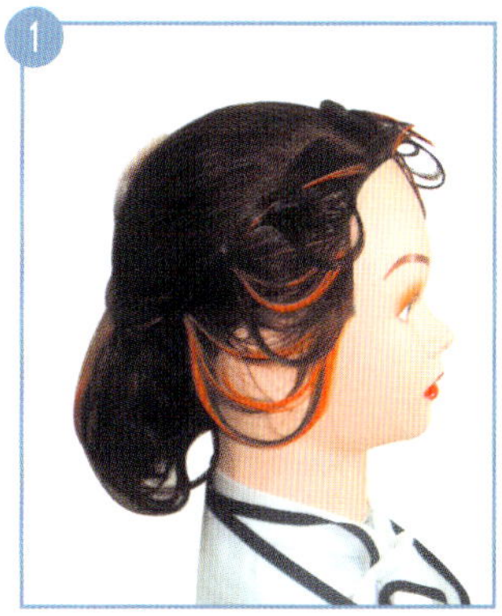
2

3

ⓐ 레이스 형태의 땋은 머리와 실루엣의 조화는 레이스 모양이 네이프로 갈수록 점점 크게 진행하여 안정감이 있다.

ⓑ 네이프의 C,S라인과 조화를 이루어 화려하고 세련된 균형미로 웨딩 포토, 파티, 한복 스타일로 연출할 수 있다.

3-9. 롤과 트위스트를 이용한 창작 업스타일

3-9. 롤과 트위스트를 이용한 창작 업스타일

3-9. 롤과 트위스트를 이용한 창작 업스타일

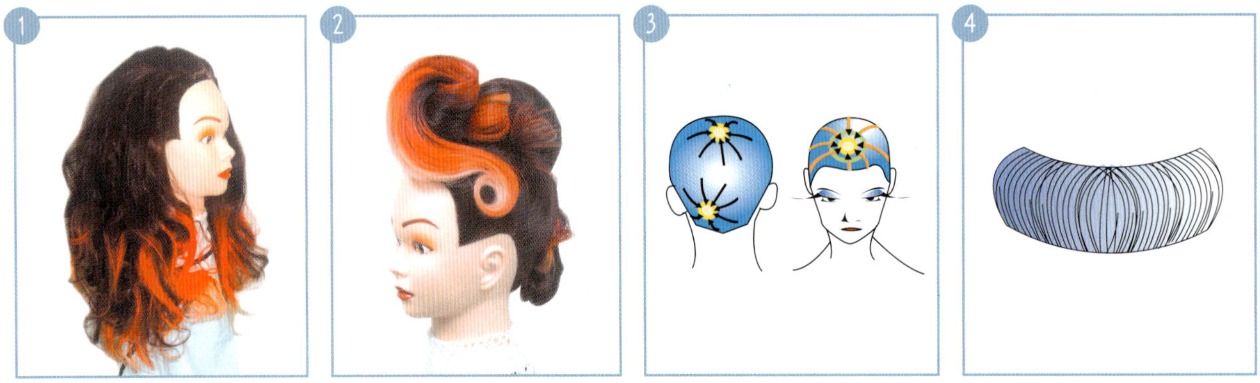

ⓐ 롤 말기와 트위스트의 혼합 기법으로 입체감을 주는 고난도 테크닉으로 톱의 우측에서 좌측 네이프 쪽으로 대각선 디자인하였다.

ⓑ 신세대나 중년층의 사교적인 모임이나 웨딩스타일, 한복 등에 어울리는 화려한 업스타일이다.

섹션

ⓐ 이어 투 이어, 센터백, 네이프 콘케이브로 브로킹한다.

ⓑ 전두부, 톱, 네이프의 3등분으로 포니테일 한다.

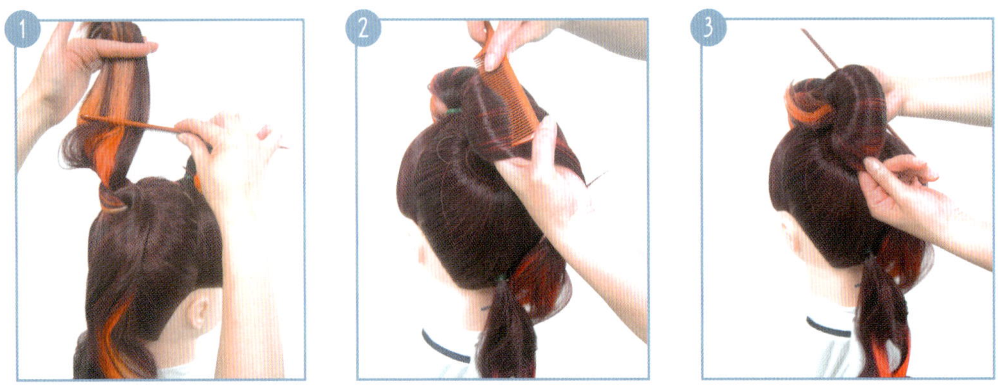

ⓐ 톱의 포니테일된 모발 중 1/5 정도의 모발양을 남긴 나머지 모발 패널을 위로 똑바로 세워 백콤한다.

ⓑ 패널의 겉면을 볼륨을 주면서 매끄럽게 빗어 사선 롤 말기 하고, 위 아래로 펴서 고정한다.

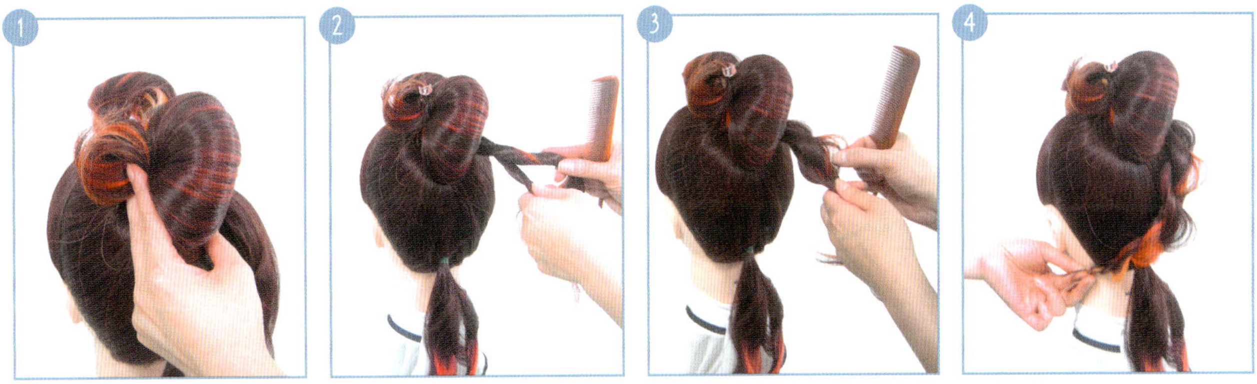

ⓐ 롤의 끝모발은 왼쪽 상단으로 미니 롤을 만들고 모발 끝은 깃털처럼 얇게 펴서 고정한다.

ⓑ 남겨둔 1/5 모발은 느슨하게 2가닥 트위스트 하면서 위쪽 면에서 엄지와 검지 손지문을 사용 C라인으로 얇게 빼서 레이스 형태를 만들어 네이프 포니테일에 고정한다.

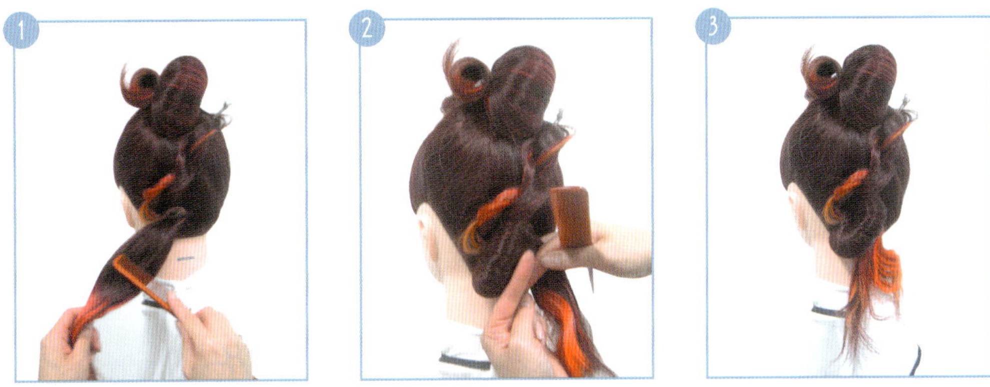

네이프의 포니테일된 모발은 약간의 백콤을 넣어 왼쪽으로 볼륨을 주고, 작은 롤을 만들어 고정한다.

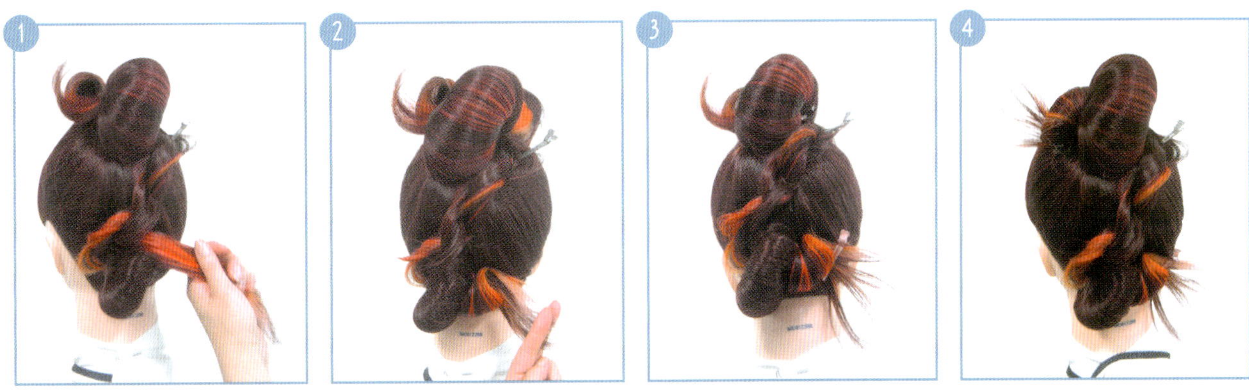

ⓐ 남은 모발은 위쪽 방향의 미니 롤을 만들어 고정, 실핀으로 단단하게 한다.

ⓑ 모발 끝부분은 매끄럽게 광택제를 뿌려 빗어준 다음, 부채 모양으로 넓게 펼쳐 고정한다.

ⓐ 전두부의 포니테일된 모발을 2개의 패널로 나누어 매끄럽게 볼륨을 내어 빗어준다.

ⓑ 곡선 롤 말기 해서 단단하게 고정한다.

ⓒ 남은 모발은 다른 방향의 미니 롤 말기 해서 톱에 고정한다.

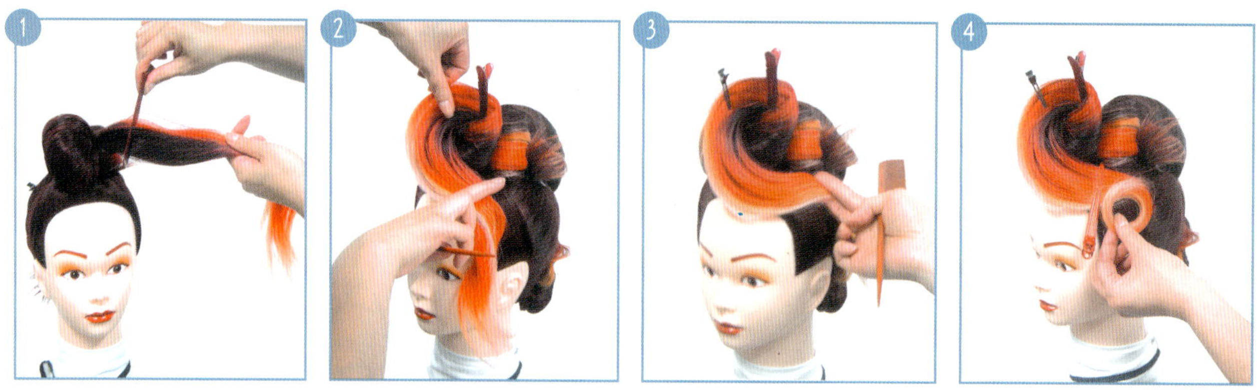

ⓐ 톱의 남은 모발을 백콤하고 매끄럽게 정돈 후 얇고 넓게 펴진 패널을 만든다.

ⓑ 정돈된 패널을 반시계 방향으로 감아 왼쪽 사이드 코너쪽에 납작한 루프 모양으로 고정한다.

ⓐ 전두부의 시술된 헤어 디자인의 밝은 컬러가 포인트 라인선에서 돋보이도록 연출한다.

ⓑ 임시 고정된 핀셋을 제거하고 U핀, 실핀 등으로 단단하게 고정하고 스프레이 등으로 윤기와 고정력을 높인다.

ⓐ 전두부의 접시 모양의 얇은 패널은 컬러에 포인트를 주고, 부드러움과 입체감으로 연출하였다.

ⓑ 톱에서 백, 네이프는 롤 말기와 트위스트 혼합 기법의 입체감을 주며 고난도 테크닉으로 완성하였다.

3-10. 콘로우 땋기

3-10. 콘로우 땋기

3-10. 콘로우 땋기

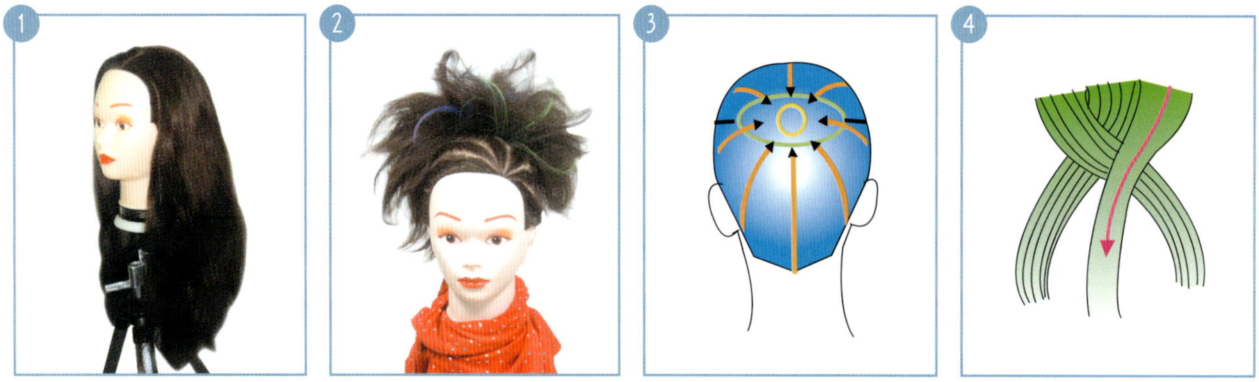

ⓐ 젊음과 자유를 표현하고자 하는 쥬니어 스타일로서 동양적인 기법 분위기로 컨셉을 잡았다.

ⓑ 파팅과 배열을 중요하게 지키며 오돌토돌하고 고급스러운 콘로우 브레이드 스타일로 완성한다.

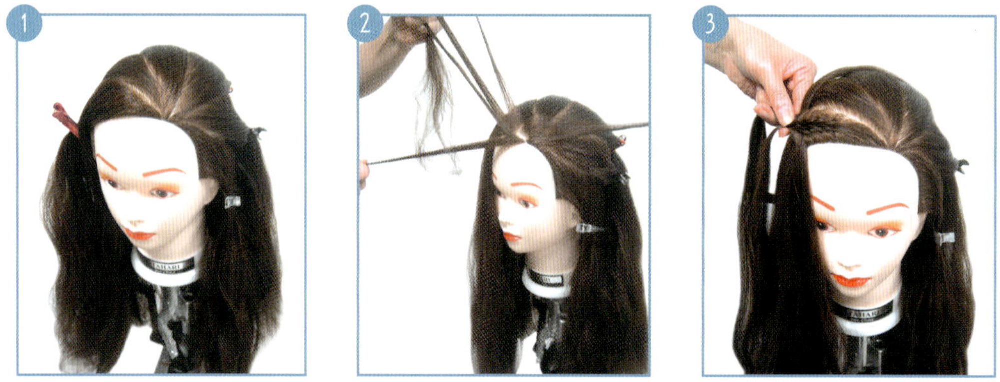

ⓐ 이어 백 이어 섹션을 나누어 놓고, 전두부에서 톱은 6~7개의 피봇 파팅한다.

ⓑ 전두부 프린지 파팅에서 상 · 하단 두개로 나눈다.

ⓒ 상단(실 사용 가능)은 그대로 두고, 하단을 3패널 땋기한다.

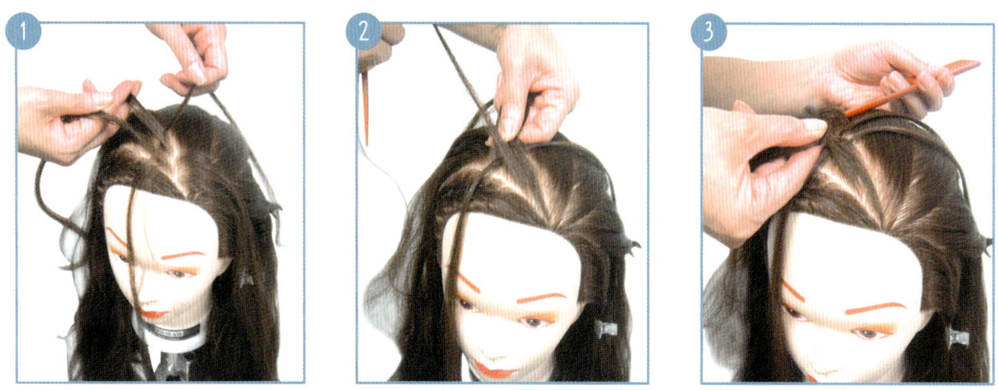

ⓐ 3패널 양쪽 땋기할 때 가운데로 교차하지 않고 위로 남겨 놓는다.

ⓑ 양쪽 슬라이스 잡은 모발과 상단에 남겨둔 모발을 2개로 나누어 총 5개 패널 양쪽 교대로 슬라이스를 잡아 가운데로 들어간 모발과 합하여 엮어준다.

ⓐ 동일한 방법으로 다음 파팅들을 정교하게 시술한다.
ⓑ 피봇 방사형 파팅이 흐트러지지 않도록 매끄럽게 땋아준다.
ⓒ 위의 표면이 오돌토돌하고 짜임새가 고급스러운 패턴으로 진행된다.

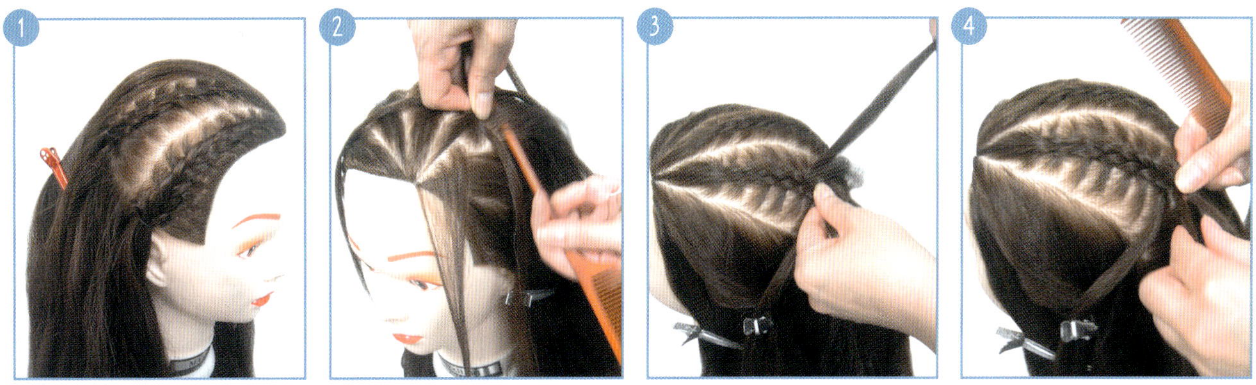

ⓐ 백 부분까지 땋으면 파팅 위치에 실핀 또는 U핀 등으로 풀리지 않도록 단단하게 고정한다.
ⓑ 남은 끝모발은 그대로 남겨둔다.
ⓒ 다른 파팅들도 3패널의 중앙으로 교체될 모발을 남기고 슬라이스 잡은 모발과 상단 모발을 섞어 교차로 엮어주는 동작을 연속으로 진행한다.

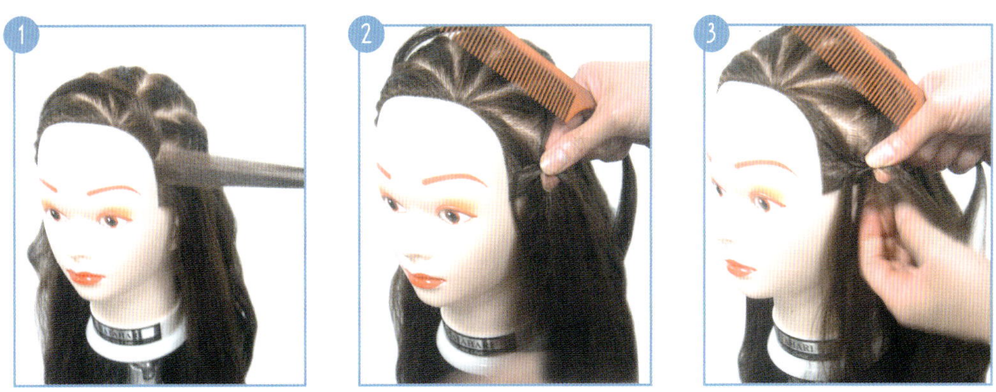

ⓐ 마지막 파팅까지 같은 방법으로 단단하고 매끄럽게 시술한다.
ⓑ 파팅 부분까지만 땋아 핀으로 고정하고 남은 끝모발은 그대로 남겨둔다.

ⓐ 콘로우 땋은 모발과 이어 백 아래 남겨둔 모발을 하나로 묶어 백위에 핀으로 단단하게 고정한다.

ⓑ 남은 모발을 백콤하여 스트레이 분사로 고정하고 끝부분이 날아갈듯 가볍게 연출한다.

ⓐ 백콤 부분이 뭉치지 않고 소프트한 느낌으로 펼쳐준다.

ⓑ 컬러 피스 등으로 포인트를 화려고 환상적으로 강조한다.

3-11. 콘브레이드 실믹스

3-11. 콘브레이드 실믹스

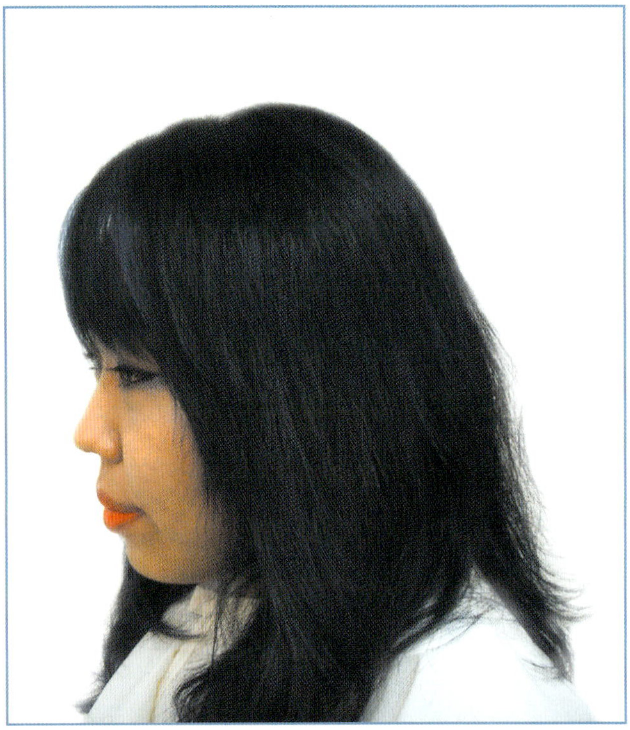

3-11. 콘브레이드 실믹스(콘로우 & 에어리언)

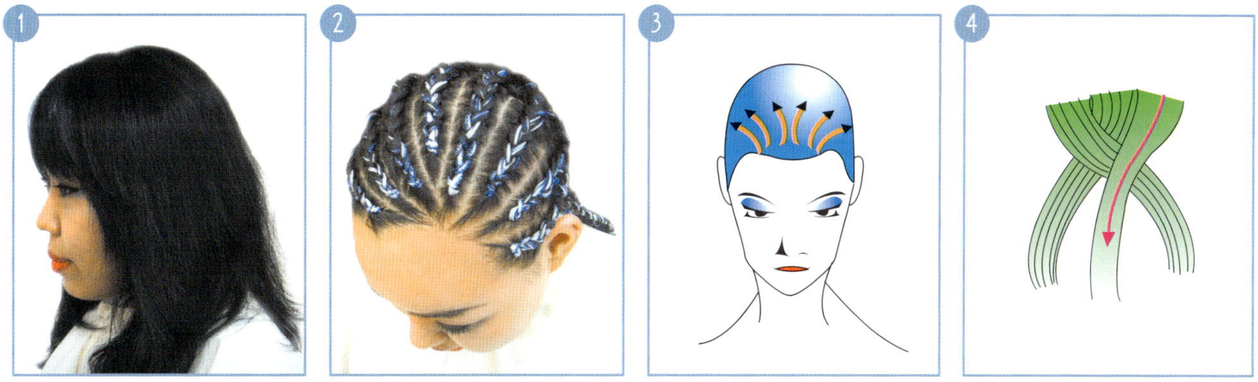

ⓐ 농구선수 아이버슨이 자주 하고 나오는 헤어 스타일. 우리나라에는 디스코 머리가 콘로우에 가장 비슷한 스타일이다.
ⓑ 모델의 두상과 얼굴형, 페이스 라인에 따라 디자인을 설정한다.

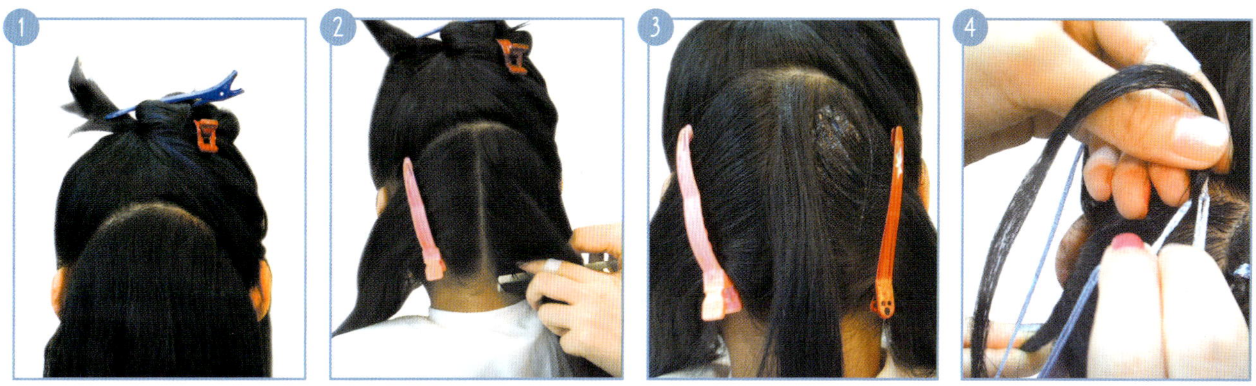

ⓐ 엑스테리어와 인테리어로 나눈다.(모델의 두상 형태가 편편하기 때문에 A라인 섹션 사용) – 이어 백 이어로 콘 캐이브 섹션 → 네이프 섹션
ⓑ 정중앙선에서 모량을 감안하면서 수직 파팅으로 가이드를 정확하게 나눈다.
ⓒ 실을 세줄로 나누어 1가닥의 모발과 같이 잡고, 나머지 두줄 실을 트위스트로 꼬아서 모발에 믹스 시킨다.

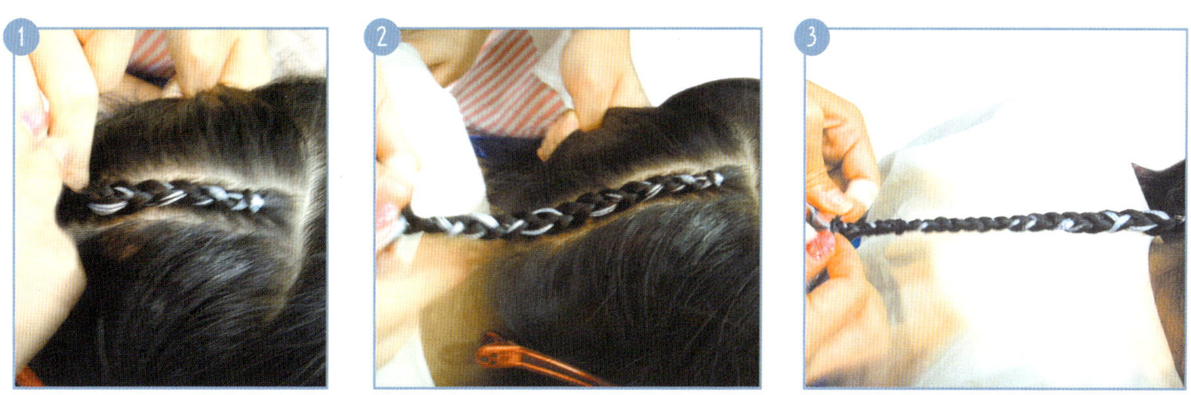

ⓐ 모발과 실을 믹스해 가면서 3패널 언더(거꾸로) 땋기를 해준다.
ⓑ 모발 길이 만큼 꼼꼼히 땋아 주고, 실을 이용해서 매듭을 지어준다.

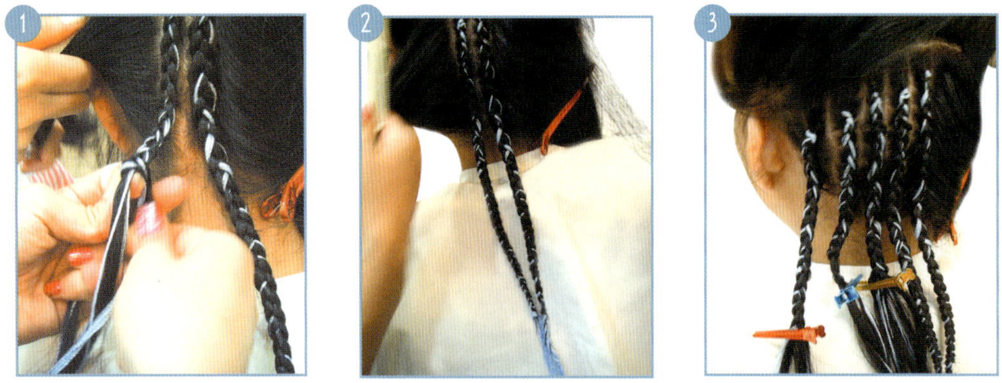

위와 동일한 방법을 이용하여 정중선에서 양 사이드로 진행하면서 3가닥 언더(거꾸로) 땋기로 네이프(엑스테리어)를 마무리 해준다.

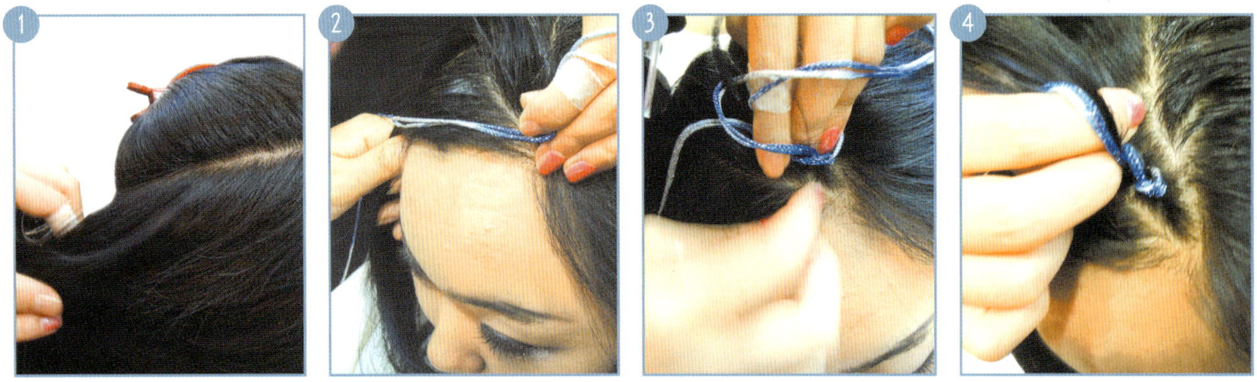

ⓐ 모델의 페이스 라인을 감안하여 인테리어 부분은 왼쪽 라운드 파팅으로 땋기 해준다.

ⓑ 거울을 보며 파팅이 흐트러지지 않도록, 정확하게 왼쪽 라운드 파팅한다.

ⓒ 네이프(엑스테리어)와 동일한 방법으로 실을 3줄로 나누고 1가닥의 모발과 믹스해 땋아간다.

모발을 믹스해 가면서 적당한 텐션을 주어야 모발이 빠지지 않고, 매끄러운 패턴으로 진행된다.

ⓐ 프린지에서 톱, 백 부분까지 브레이드가 끝나면 모발 끝쪽 실을 단정하게 정돈한다.

ⓑ 네이프(엑스테리어) 부분이 보이도록 왼쪽 비대칭으로 반머리를 밴딩처리하여 마무리 한다.

3-12. 콘브레이드 추가 작품

3-13. 오렌지 헤어바이나이트(칵테일 파티 스타일) 창작

헤어바이나이트 스타일이란 짧은 커트 머리형에서 브로우 드라이나 세이핑에 입각한 타이트한 헤어 디자인으로 연출되며 헤어스타일링 제품과 도구를 사용하여 본래의 머리 색상과 잘 조화되도록 미리 작업해 놓은 헤어 피스를 사용하여 우아하고 예술성 있는 업스타일형으로 연출할 수 있다.

3-13. 헤어바이나이트 칵테일 파티 스타일 Ⅰ

3-13. 헤어바이나이트 칵테일 파티 스타일 I

* 브로우 드라이 순서

① 양면 브러시 몰딩

ⓐ 크리에이티브 스타일의 짧은 숏 헤어를 업스타일 형태로 디자인 하기 위해서 30%의 수분과 무스를 전체적으로 골고루 도포한다. 양면 브러시 사용으로 모근 교정과, 방향감을 업세이핑 한다.

ⓑ 귀뒤 → 귀위 → 사이드 →네이프 순으로 C,J 흐름 업세이핑(좌, 우)

② 라운드 브러시 드라이

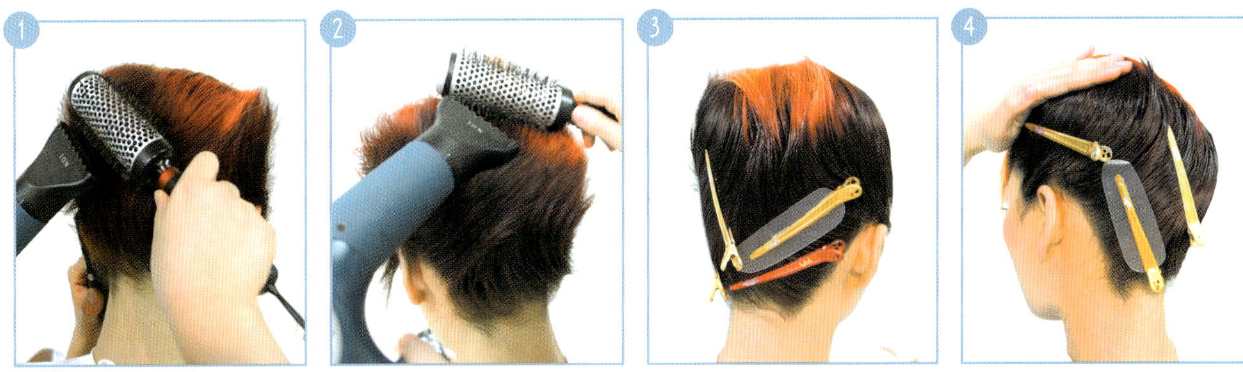

라운드 브러시로 모근쪽에 밀착감을 주면서 양사이드 → 귀뒤 → 귀위 → 네이프 → 백 → 톱 → 전두부까지 C,S,J 흐름으로 플렛(납작)하게 업세이핑 드라이한 다음 무스나 스프레이로 매끄럽게 밀착시킨다.

③ 몰딩과 고정

전체적으로 C,S,J 흐름으로 연결되어 업세이핑 된 모발을 전두부의 프린지 부분에 모아서 핀으로 매끄럽게 고정시킨다.

④ 전두부 헤어피스 위치 고정

ⓐ 전두부 센터의 약간 오른쪽에서 헤어피스 3개를 1/2씩 겹쳐서 하이라이트 부분이 앞쪽으로 오도록 하여 핀으로 고정한다.

ⓑ 겹쳐있는 가장 윗부분의 판넬을 한바퀴 돌려 루프를 만들어서 안쪽에 스프레이를 분사 후 핀컬핀, U핀을 사용하여 임시 고정해준다.

ⓒ 모발끝을 잡고 앞쪽으로 한바퀴 반 회전시켜 고정한 후 끝머리는 매끄럽게 정리한다.

⑤ 전두부 헤어피스 모양 디자인 하기

ⓐ 두번째 판넬을 첫번째 판넬의 루프보다 더 크게 형성하고 고정해 준다.

ⓑ 세번째 판넬도 두번째 판넬의 루프보다 더 크게 형성하고 핀으로 고정하고 스프레이 분사 후 약한 드라이 바람으로 고정한다(소라 모양).

⑥ 전두부 디자인 완성

ⓐ 세번째의 나머지 부분 패널을 윗 방향으로 돌리면서 하이라이트 라인이 최대한 가늘고 매끄럽게 작은 루프를 만들어 스프레이와 U핀으로 고정해 준다.
ⓑ 두번째의 나머지 부분 패널은 작은 루프를 감싸듯 C컬의 흐름으로 펴서 광택 스프레이를 분사하며 굵은 빗살로 빗질한 후 슬라이스를 가늘게 빼면서 C컬의 흐름으로 고정한다.

⑦ 네이프 피스 디자인

ⓐ 네이프에 피스를 핀으로 고정한다.
ⓑ 판넬에 광택 스프레이를 분사하여 굵은 빗살로 빗질 후 슬라이스를 가늘게 빼서 라운드로 고정한다.
ⓒ 모발 끝부분을 잡고 윗방향으로 돌려 ②와 같은 기법으로 루프를 만들어 고정한다.

⑧ 토탈 완성

ⓐ 루프의 안쪽과 바깥쪽에 스프레이를 분사하여 고정하고 핀컬과 U핀을 제거해 준다.
ⓑ 준비한 액세서리를 톱, 사이드, 네이프의 포인트를 강조하며 작품의 구도에 맞게 연출한다.
ⓒ 의상과 메이크업 역시 스타일의 컨셉에 어울리게 코디한다.

3-14. 바이올렛 헤어바이나이트(칵테일 파티 스타일) 창작

헤어 웨스트 피스를 컬러링하여 줄기와 꽃잎, 꽃술을 미리 만들어 놓은 후 완성된 헤어바이나이트 스타일에 백과 네이프를 연결하여 제작된 꽃 피스를 액세서리와 함께 장식하여 우아하고 화려하게 연출한다.

3-14. 헤어바이나이트 칵테일 파티 스타일 II

3-14. 헤어바이나이트 칵테일 파티 스타일 II

＊ 브로우 드라이 순서

① 네이프, 사이드, 크라운

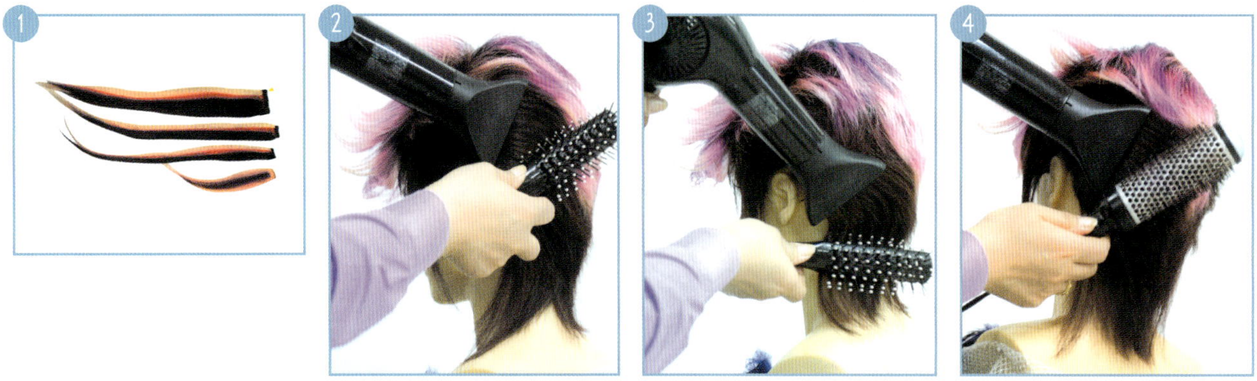

ⓐ 귀 뒤~네이프~사이드까지 귀 뒤 순서로 브러시와 드라이가 같은 방향으로 움직이며 두상에 밀착시켜 C,J라인으로 붙인다.

ⓑ 반대쪽도 같은 방법으로 한다.

ⓒ 백의 하이라이트가 끝나는 좌측 네이프 부분에 남긴 긴 모발들을 하나로 모아 트위스트해서 모발이 튀어나오지 않도록 고정시킨다.

② 백~네이프

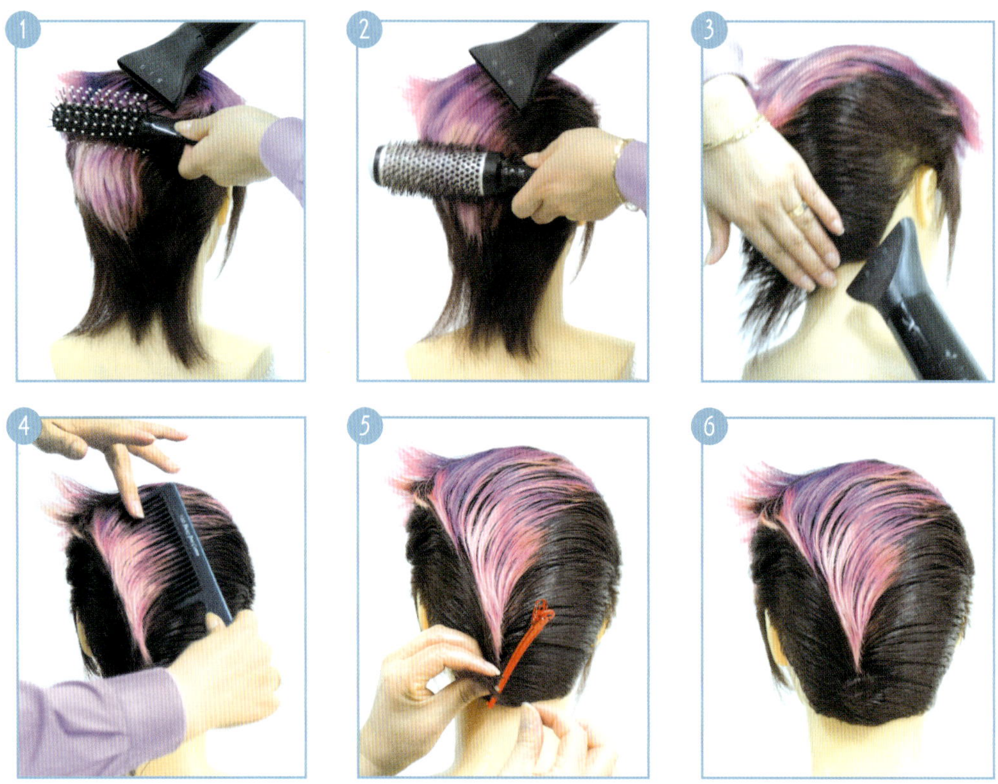

백의 컬러링된 부분은 우측 네이프 쪽으로 큰 C라인으로 톱을 향해 빗어주고, 네이프 사이드 쪽에 몰딩 고정한다.

③ 전두부

우측 사이드 코너에서 톱을 향해 둥근 원형으로 드라이 한다. 프린지는 모근쪽을 살려서 큰 C컬 드라이 하고, 왼쪽 사이드도 톱을 향해 C컬로 드라이해서 깃털처럼 플러프(flap)한 느낌을 살린다.

④ 톱 부분

톱 부분에 헤어 피스와 액세서리 연출 공간을 남기고, 매끄러운 C컬 드라이와 스프레이 분사해서 고정한다.

⑤ 드라이 몰딩 완성

사이드 부분은 부드러운 라인선으로 매끄럽게 두상과 볼에 밀착시키고, 정교한 C,J 라인으로 모델의 이미지에 따른 포인트를 강조한다.

⑥ 스타일링 과정(피스 고정 및 루프 형성)

톱의 빈공간에 제작된 1번 위에 2번을 고정, 먼저 타원형 루프(小)를 만든다. 다음 1번 피스를 2개의 가로 슬라이스해서 타원형 中, 大의 루프를 하이라이트에 얇게 강조해서 만든다.

⑦ 전두부 스타일 완성

ⓐ 남은 모발을 大, 中, 小의 타원형 루프보다 더 작은 원형의 루프 大, 中, 小 크기로 하이라이트를 얇게 강조해서 만든다.
ⓑ 남은 끝모발은 뒤쪽 톱에서 분수, 난 형태로 고정한다.

⑧ 네이프 피스 고정 및 스타일링 완성

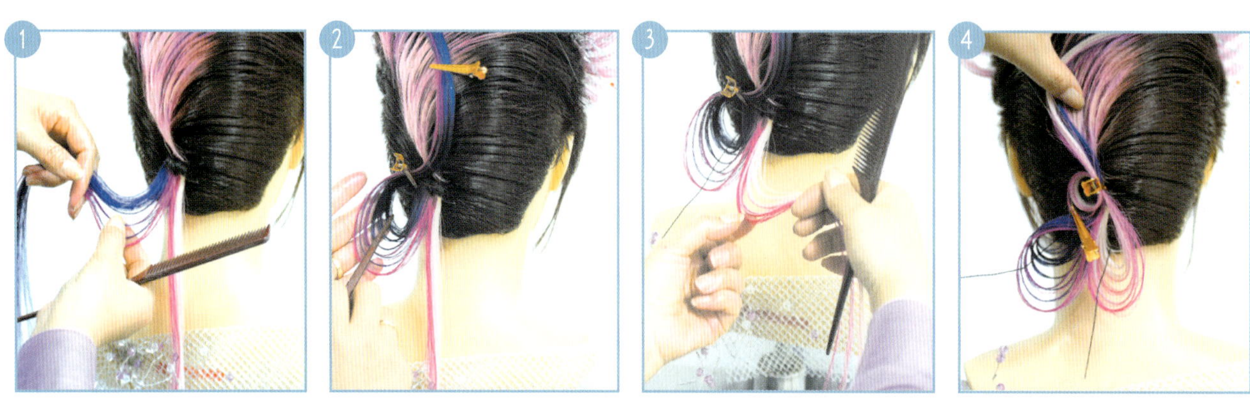

ⓐ 왼쪽 네이프 라인 2cm 위에 3번 피스를 사선 고정한다.
ⓑ 밝은 색상이 바깥라인으로 짙은 색상은 원형 안쪽으로 슬라이스 해서 크고 작은 타원형을 만든다.
ⓒ 남은 모발을 백에서 톱을 향해 얇고 매끄러운 S라인으로 연결한다.

⑨ 토탈스타일 완성

전체적으로 톱, 사이드, 네이프 빈 공간이나 포인트 위치에 제작된 액세서리(Accessory)로 화려하게 연출한다.

⑩ 줄기에 둥근 공 모양과 잎 연결하기

ⓐ 40cm 정도의 3~4가닥 땋아놓은 줄기 위에 넓게 펼쳐진 꽃잎을 붙여준다.
ⓑ 작게 만든 꽃잎을 3~4개씩 꽃 모양으로 만들어 놓은 것을 붙여 고정하고, 둥근 공 모양의 피스를 붙이면서 계속 교대로 부착한다.

⑪ 줄기에 교대로 연결하기

ⓐ 보라색 줄기에 만들어 놓은 꽃, 공, 잎 등을 교대로 장식 연결하여, 고급스럽고 화려한 줄기꽃의 피스를 만든다.
ⓑ 고정 스프레이를 분사하고 핀 등으로 단단히 고정시킨다.

⑫ 완성된 헤어바이나이트

①

②

③

ⓐ 제작된 꽃피스는 헤어바이나이트의 완성된 스타일의 왼쪽 네이프 부분에 부착하고, 어깨선을 지나 대각 사선으로 앞가슴쪽에 끝부분을 화려하게 장식해 놓는다.

ⓑ 전체적으로 의상, 메이크업, 액세서리와 피스 장식이 어우러진 화려하고 우아한 헤어바이나이트 스타일이 완성된다.

4. 고전머리

한국 여인들이 예로부터 부녀자들이 머리치장에 사용한 것으로 가채, 비녀, 뒤꽂이, 떨잠, 댕기, 첩지, 떠구지 등 기타 장신구와 더불어 여인들의 겉모양을 꾸민 장신구들이 있다.

① 다리(가채)

머리를 땋을 때에 머리숱이 많아 보이게 하려고 덧넣는 딴 머리다. 조선 후기에는 부녀자 체계금지령(髢髻禁止令)을 내렸고, 이후에는 궁중 예식에 다리 대신 떠구지를 사용하였다.

② 떨잠

어여머리, 큰머리의 중심과 양 옆에 하나씩 꽂는다. 원형, 각형, 나비 모양의 옥판에 큰머리, 어여머리의 앞 중심과 양 옆에 꽂은 머리 꾸미개로 칠보, 진주, 보석 등으로 꾸몄다.

③ 첩지

부녀자가 예장할 때 쪽머리 위에 꾸미는 것이다. 흔히 은으로 개구리처럼 만들고 양쪽에 긴 머리털을 달았다. 개구리처럼 생긴 몸체를 가리마 위에 대고, 양측의 긴 머리털은 좌우의 머리와 함께 두 귀를 살짝 눌러 뒤에서 한데 묶어 쪽을 쪘다. 첩지는 영조의 발제개혁(髮製改革) 이후부터 쓰기 시작하였는데, 궁중에서는 평상시에 사용하였고, 일반에서는 상류계층이라 하더라도 예장을 갖출 때에만 사용하였다.

④ 비녀

쪽머리가 풀어지지 않도록 꽂는 막대 모양의 물건이다. 10cm 이내 길이의 것에서 30cm가 넘는 것도 있다. 재료나 잠두(暫頭)의 수식이 다양한 모양으로 발전하면서 일반화된 것은 조선 후기 영조 이후의 일이다. 부녀자들이 다투어 다리를 사용함으로써 머리가 크고 사치해져 폐단이 심해지자 1756년(영종 32)에 큰머리, 어여머리 등을 머리를 뒤로 모아 둥글게 서린 후에 비녀를 꽂는 쪽진 머리로 개혁하였다.

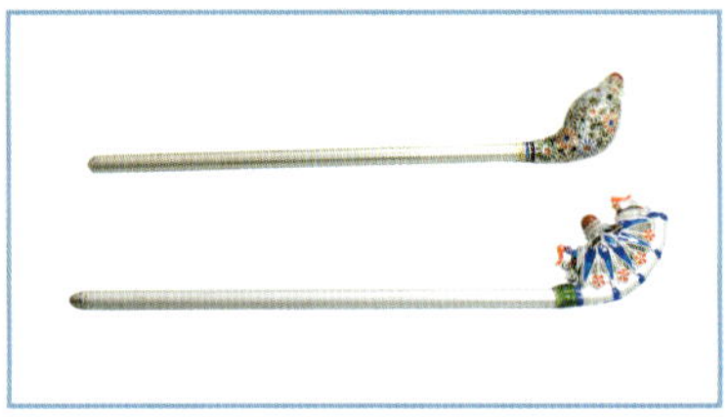
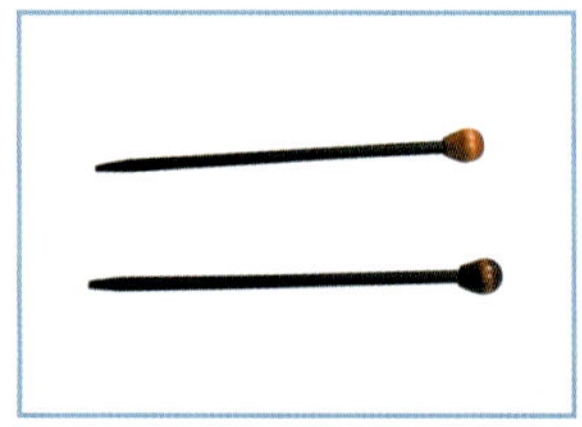
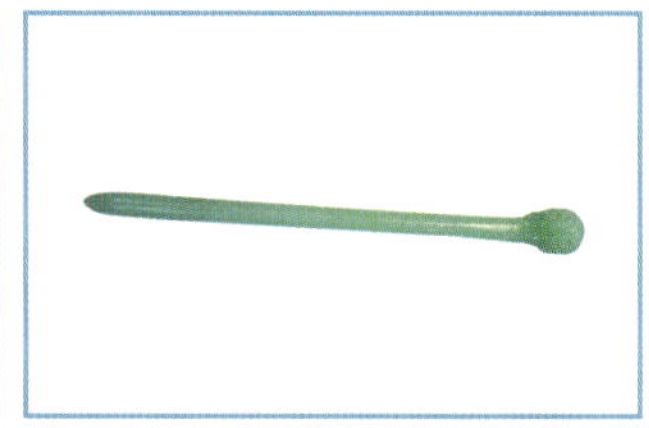

⑤ 뒤꽂이

쪽머리 뒤에 덧꽂는 비녀 이외의 장식물이다. 끝이 뾰족한 단순한 뒤꽂이 외에 실용성을 겸한 귀이개 뒤꽂이, 빗치개 뒤꽂이가 있다.

⑥ 댕기

머리를 장식하는 자주색, 검은색의 헝겊이다. 쪽머리에 장식한 쪽댕기, 궁중에서 큰머리, 어여머리를 할 때 잡아맨 매개댕기, 궁중이나 양반집에서 예장(禮裝)할 때 사용한 큰댕기, 앞댕기, 미혼녀의 땋은머리에 장식한 제비부리댕기, 어린이용인 도투락댕기와 말뚝댕기 등이 있다.

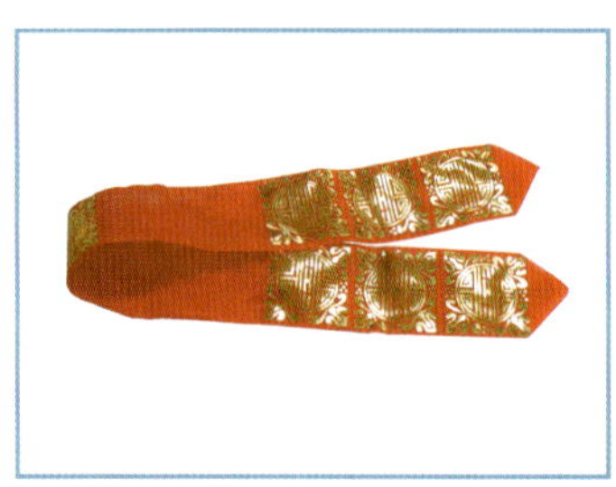

⑦ 배씨, 바둑판

여자 어린이의 머리장식이다.

⑧ 비즈(beads)

수예품, 실내장식, 복식, 장신구 등에 쓰이는 구멍이 뚫린 작은 구슬이다.

⑨ 떠구지

어여머리 위에 장식한 나무 틀이다. 다리를 사용하여 머리를 크게 장식하는 대신 다리와 비슷한 모양을 나무로 만들어 예식 때에 사용하였다.

⑩ 족두리

의식 때 부인들이 머리에 쓰는 관(冠)이다.

4-1. 쪽 머리

4-1. 쪽 머리

4-1. 쪽 머리

Before

After

삼국시대부터 존재했던 쪽머리는 결혼한 부녀자들의 머리모양으로 흔히 낭자 머리로 불려왔다. 현대에도 볼 수 있는 스타일로서 한국 여인의 대표적인 고전머리라 할 수 있다.

1

2

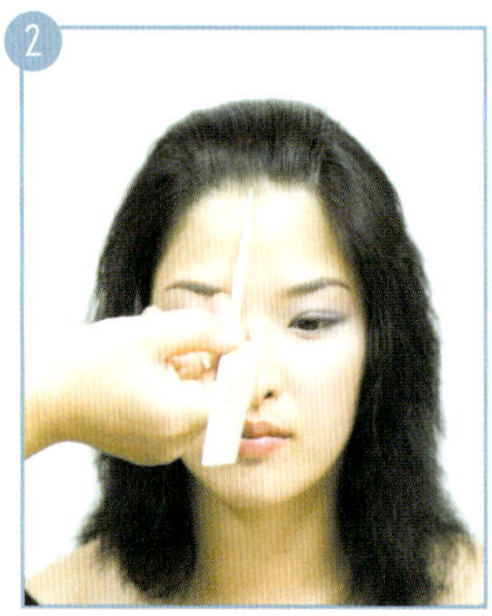

3

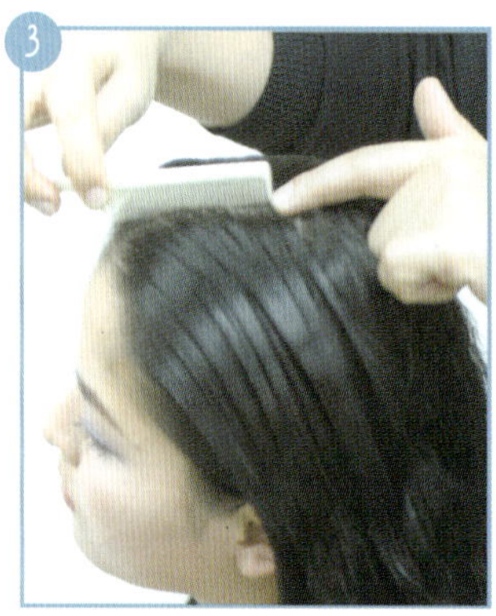

4

ⓐ All Back 빗질한다.

ⓑ 코끝에서 시작하여 C. P를 지나 T. P까지 가운데 가리마를 가르고 양쪽 사이드로 분배한다.

ⓒ 꼬리 빗의 빗살 부분 길이를 기준으로 두고 뒤로 곱게 빗어준다.

ⓓ 모델의 배역에 따라 올려 빗질하면 날카로워 보이고, 내려빗질하면 온순해 보인다.

ⓐ 얼굴형에 따라 볼륨을 부여해주면서 C커브를 그리며 앞머리에 표정을 준다.

ⓑ 양 사이드로 내려 빗질하여 네이프에서 묶어준다. 이때 모델의 양 사이드가 머리의 들뜸을 방지하기 위해 손바닥을 이용하여 밀착시키도록 도움을 받는다.

ⓒ 묶어 놓은 후 네이프의 모발이 당길 수 있으므로, 양쪽 엄지손가락을 이용하여 미리 내려 준다.

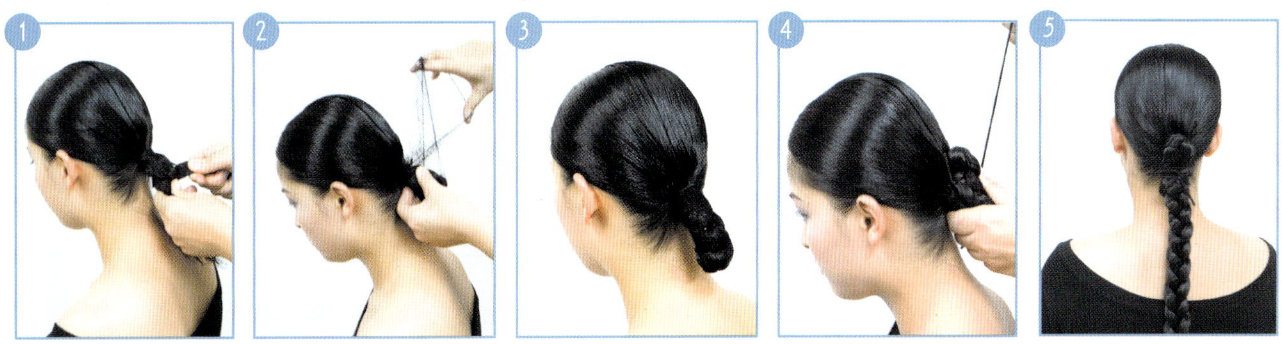

묶어 놓은 다발을 3가닥 땋기하여 동심계 같은 단단한 쪽을 만든다. 그 위에 달비를 긴 검정고무줄로 묶어서 고정시킨다.

땋은 머리의 앞을 잘 구분하여 손바닥 위에 올려놓고 한바퀴 회전시키고 다시 손바닥을 돌려 손 등이 보이도록 하여 쪽머리의 크기를 재어본다.

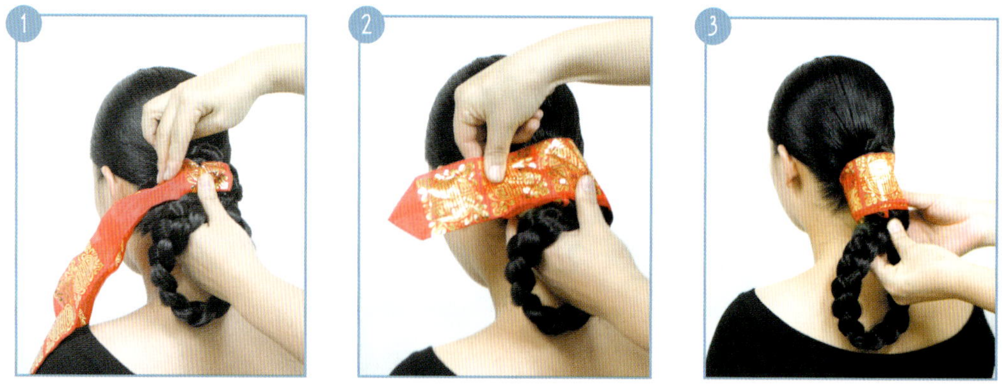

고정된 위치에서 엄지와 검지를 이용하여 잡고 댕기를 돌려 감아 시침핀으로 고정시킨다.

ⓐ 왼손을 펴면서 동그랗게 쪽머리 형태를 만든다.

ⓑ 비녀를 이용하여 고정시키고, 뒤꽂이를 이용하여 고정 및 장식하여 완성시킨다.

4-2. 첩지 머리

4-2. 첩지 머리

4-2. 첩지 머리

정조의 가채 금지령에 따라 쪽머리만 허용되자 밋밋한 머리를 의식해 최소한의 장식을 곁들인 머리가 첩지 머리이다. 신분에 따라 재료와 장식이 달라 황후는 용첩지, 비빈은 봉첩지 명부들은 개구리 첩지를 썼다.

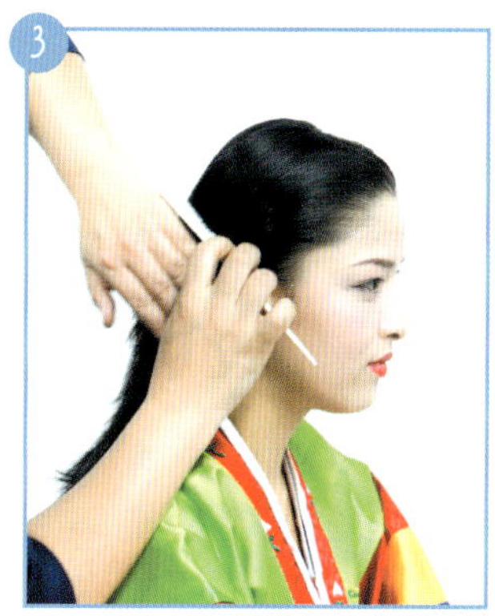

ⓐ 코선에서 센터 가르마를 6~7cm 정도 나누어 양쪽 사이드 방향의 C라인으로 곱게 빗어 네이프 중앙으로 빗는다.
ⓑ 귀 뒷머리는 핀셋으로 고정한다.

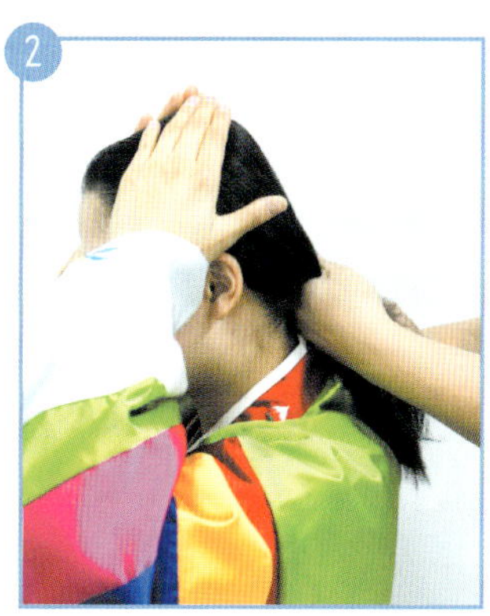

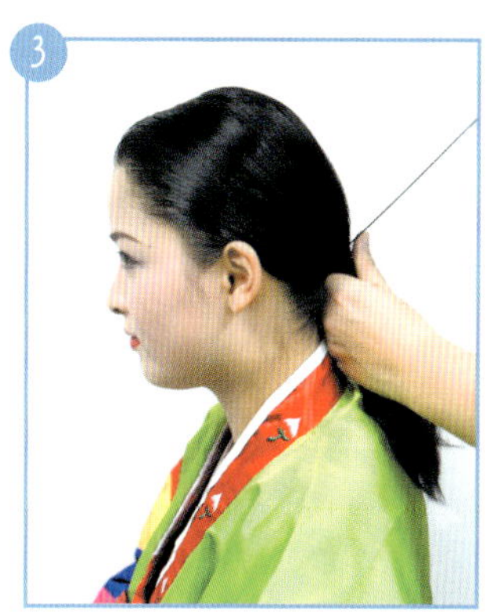

ⓐ 가르마 6~7cm 뒤를 빗어주고, 망으로 모발이 흐트러지지 않도록 두상에 감싸주고 고정 스프레이를 분사한다.
ⓑ 네이프 묶음 부분을 머리카락의 잡아당김을 방지하고 양 엄지 손가락으로 눌러 준다.

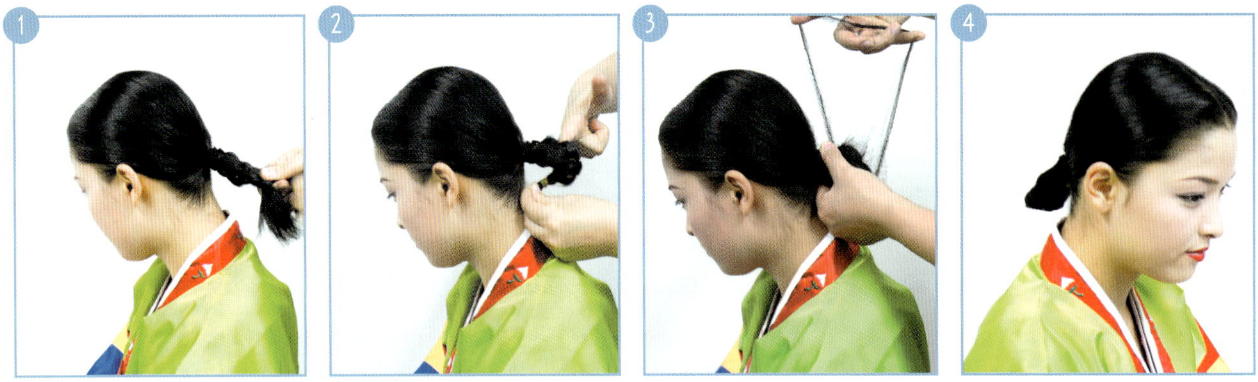

뒤의 묶은 부분을 3가닥으로 땋아서 백에서 내린 망으로 감싸 준다.

ⓐ 땋은 끝머리 부분은 네이프로 둥글게 말아서 보조싱으로 사용한다.

ⓑ 3가닥 땋은 머리에 가채댕기로 연결하고, 네이프 묶음 머리 위에 고무줄을 이용하여 묶어 준다.

댕기 머리를 왼손 바닥 오른손 엄지 손가락으로 잡고, 왼손을 이용하여 매듭처럼 감아서 댕기를 중심으로 둥글게 고정한다.

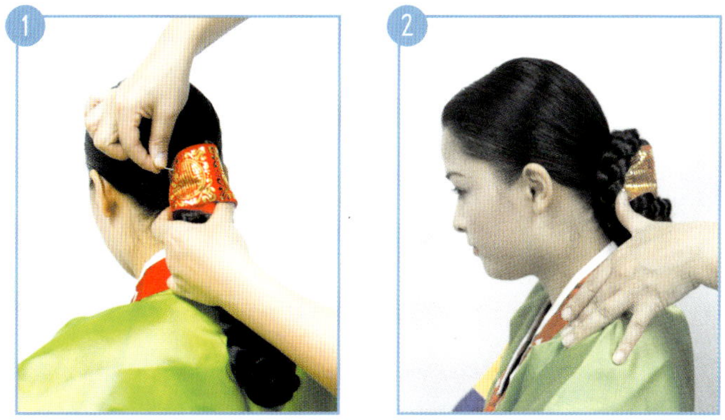

웃는 입술 모양으로 쪽을 짓는다.

① 가르마 가운데 첩지 고정

완성된 쪽머리에 C. P에서 T. P를 향해 2cm 지점에 첩지를 올려 놓는다.

② 첩지 끝머리 족진 머리에 고정

양쪽 귀 뒤를 지나 쪽머리를 기점으로 X자 교차하여 묶어준다. U핀을 이용하여 고정시켜 완성한다.

4-3. 족두리

4-3. 족두리

4-3. 족두리(혼례용, 폐백머리)

Before

After

쪽진 머리 위에 족두리를 얹고 비녀에 댕기를 감아 배치함으로 폐백 때나 전통 혼례 등에서 종종 볼 수 있다.

1

2

3

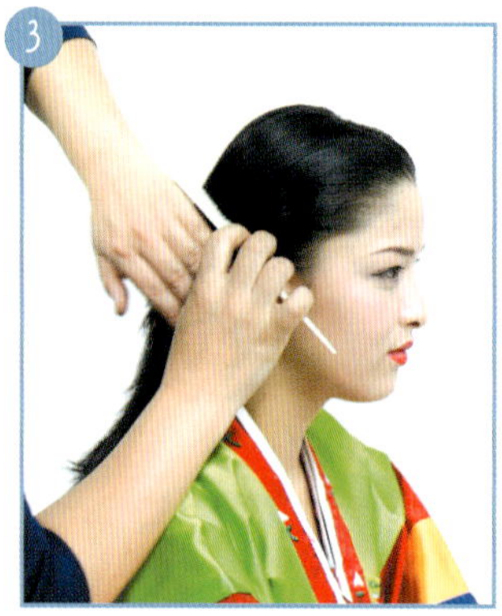

4

ⓐ 코선에서 센터 가르마를 6~7cm 정도 나누어 양쪽 사이드 방향의 C라인으로 곱게 빗어 네이프 중앙으로 빗는다.
ⓑ 귀 뒷머리는 핀셋으로 고정한다.

1

2

3

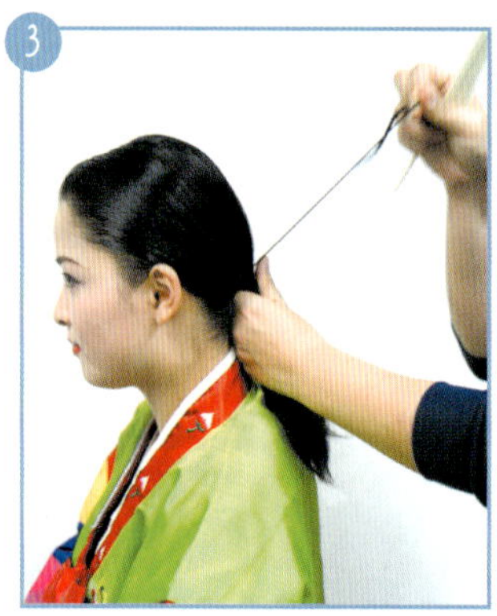

4

ⓐ 가르마 6~7cm 뒤를 빗어주고, 망으로 모발이 흐트러지지 않게 두상에 감싸주고 고정 스프레이를 분사한다.
ⓑ 네이프 묶음 부분을 머리카락의 잡아당김을 방지하고 양 엄지 손가락으로 눌러 준다.

뒤의 묶은 부분을 3가닥으로 땋아서 백에서 내린 망으로 감싸 준다.

ⓐ 땋은 끝머리 부분은 네이프로 둥글게 말아서 보조심으로 사용한다.

ⓑ 3가닥 땋은 머리에 가채댕기로 연결하고, 네이프 묶음 머리 위에 고무줄을 이용하여 묶어 준다.

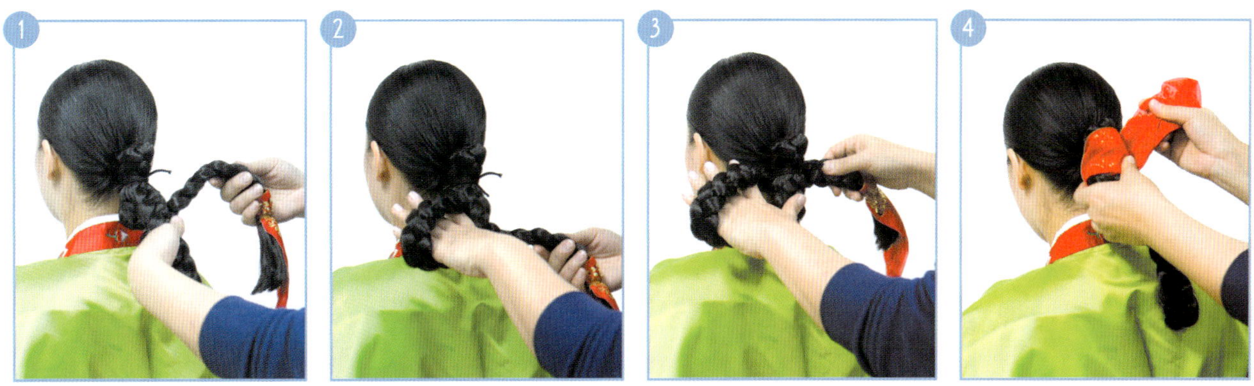

댕기 머리를 왼손 바닥 오른손 엄지 손가락으로 잡고, 왼손을 이용하여 매듭처럼 감아서 댕기를 중심으로 둥글게 고정한다.

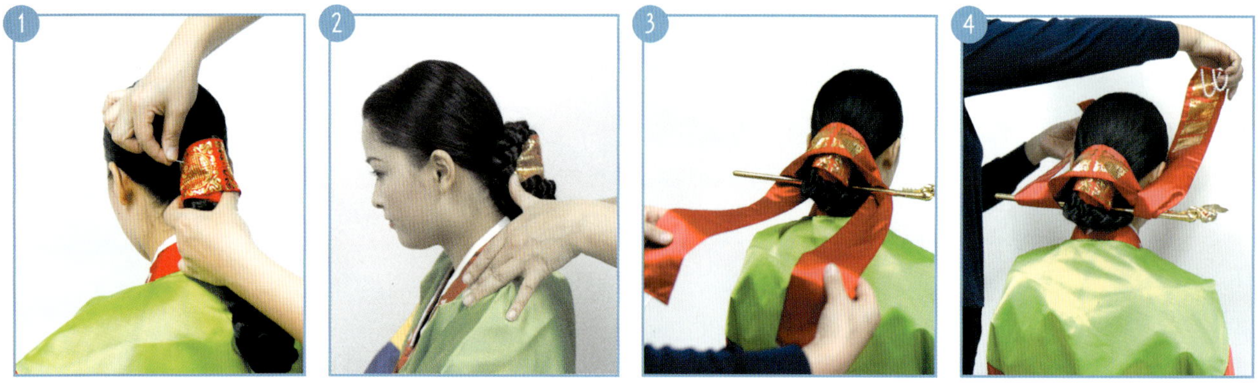

ⓐ 웃는 입술 모양으로 쪽을 짓는다.

ⓑ 비녀는 댕기 안쪽으로 꽂아주고 모델 앞에서 볼 때 수평으로 유지해야 한다.

댕기로 비녀 양쪽을 감아주고, 삼각 댕기는 톱에 고정하고 그 위에 족두리를 얹어 족두리와 비녀가 균형을 이룬다.

족두리 삼각의 넓은 댕기 비녀, 족두리와 의상이 매치되었으며 전통 혼례나 결혼식 뒤 폐백 장소에서 볼 수 있는 고전 머리이다.

4-4. 종종 머리

4-4. 종종 머리

4-4. 종종(배씨) 머리

Before

After

태어나서 처음으로 머리를 땋아 단장시키는 양반가의 여자 아이들에게 적용된 머리 모양이다.

ⓐ 가운데 가르마를 가른다.
ⓑ 양 옆으로 나누어진 가닥을 잡고 나머지는 뒤로 빗질한다.

1

2

3

4

훼이스 라인의 머리만 분배하여 3가닥 땋기로 진행 시킨다.

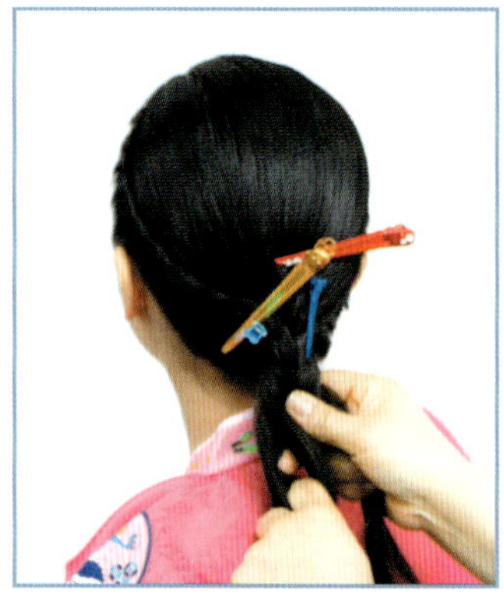

땋아 놓은 양쪽 머리를 임시 고정시킨다.

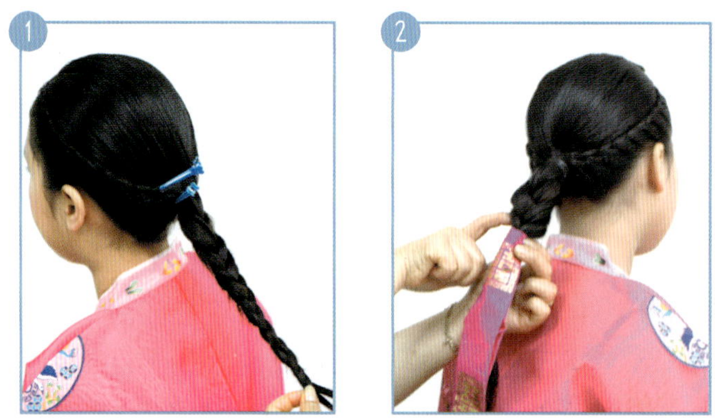

양 갈래로 땋아 놓은 머리를 N, P로 가져와서 세 가닥 땋기를 하고 댕기를 드리운다.

ⓐ 마름모형의 배씨를 머리의 중앙에 올려놓고, 양쪽 보조 댕기 끝으로 짧은 머리가 나오지 않도록 뒤쪽으로 잡아 고정시킨다.
ⓑ 숱이 적고 짧은 머리가 흐트러지지 않게 하고 예쁘게 보이기 위해 Center Line부분에 배씨 댕기를 드리운다.

4-5. 어여 머리

4-5. 어여 머리

4-5. 어여 머리

Before

After

얹은머리의 일종이며 어유미라고도 한다. 의식 때 외명부가 착용하던 머리모양이다.

1

2

3

ⓐ 코선에서 센터 가르마를 6~7cm 정도 나누어 양쪽 사이드 방향의 C라인으로 곱게 빗어 네이프 중앙으로 빗는다.

ⓑ 귀 뒷머리는 핀셋으로 고정한다.

1

2

3

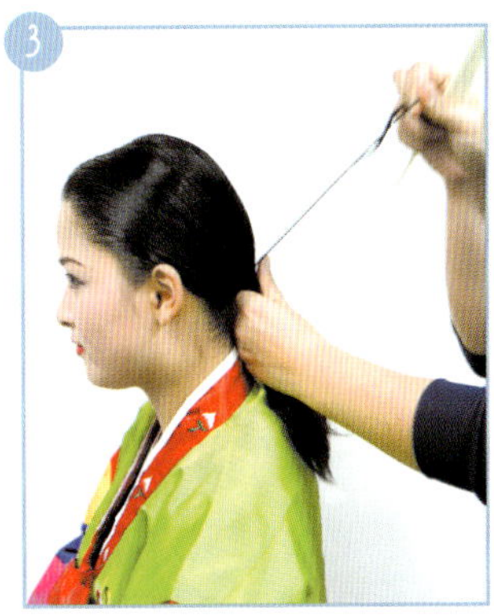

4

ⓐ 가르마 6~7cm 뒤를 빗어주고, 망으로 모발이 흐트러지지 않게 두상에 감싸주고 고정 스프레이를 분사한다.

ⓑ 네이프 묶음 부분을 머리카락의 잡아당김을 방지하고 양 엄지 손가락으로 눌러 준다.

뒤의 묶은 부분을 3가닥으로 땋아서 백에서 내린 망으로 감싸 준다.

ⓐ 땋은 끝머리 부분은 네이프로 둥글게 말아서 보조싱으로 사용한다.

ⓑ 3가닥 땋은 머리에 가채댕기로 연결하고, 네이프 묶음 머리위에 고무줄을 이용하여 묶어 준다.

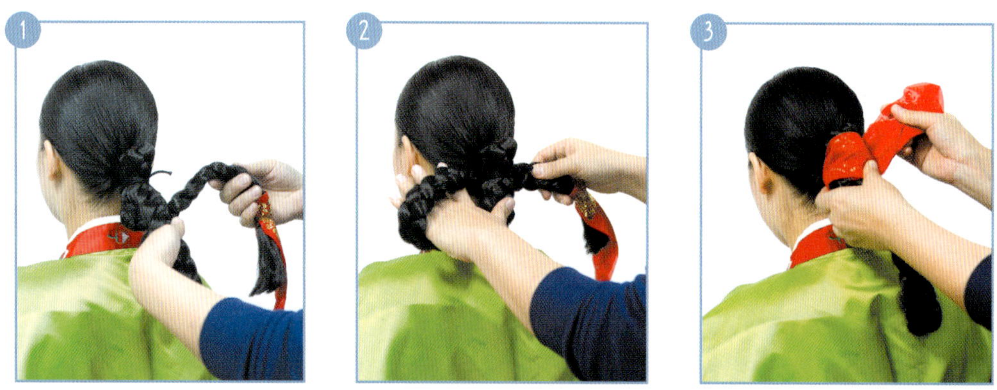

댕기 머리를 왼손 바닥 오른손 엄지 손가락으로 잡고, 왼손을 이용하여 매듭처럼 감아서 댕기를 중심으로 둥글게 고정한다.

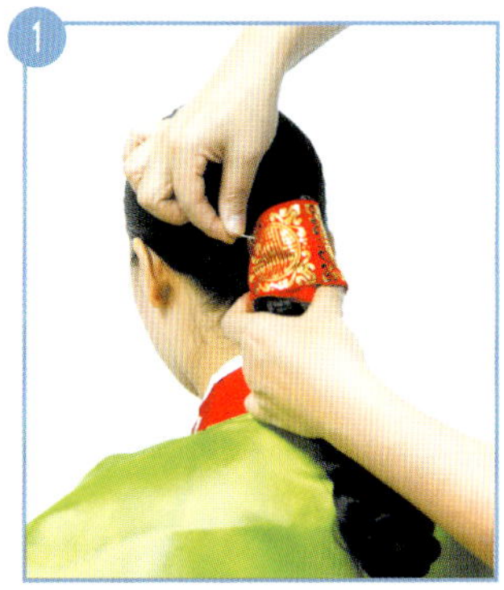

웃는 입술 모양으로 쪽을 짓는다.

어염 족두리를 Center Line에 고정시킨다.

3가닥 땋은 가체 네이프에서 위로 올려준다.

어염 족두리 위에서 틀어서 양 사이드로 내려준다.

고무줄로 고정시킨다. 양 사이드는 내려서 목 비녀로 고정시킨다.

어여머리가 완성된 상태이다.

떨잠을 어염족두리 위, 양쪽 귀 옆에 위치시킨다.

4-6. 트레 머리

4-6. 트레 머리

4-6. 트레 머리

Before

After

기본 얹은머리에 가체를 사용하여 높고 풍성하게 올려진 머리모양을 말하며 높게 올린다는 의미에서 '고계'와 비슷한 머리모양이다.

1

2

3

4

ⓐ 코선에서 센터 가르마를 6~7cm 정도 나누어 양쪽 사이드 방향의 C라인으로 곱게 빗어 네이프 중앙으로 빗는다.
ⓑ 귀 뒷머리는 핀셋으로 고정한다.

1

2

3

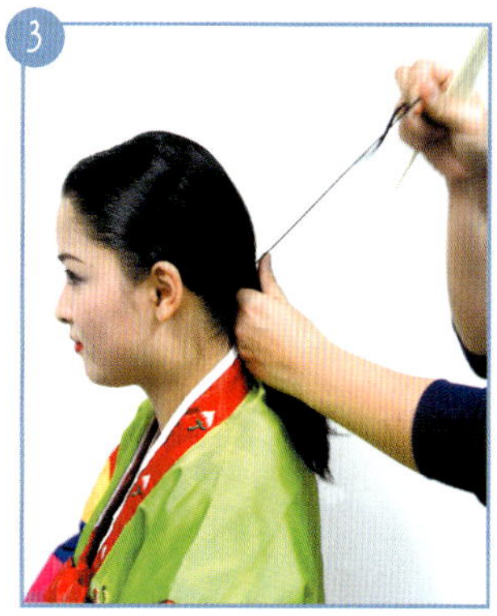

4

ⓐ 가르마 6~7cm 뒤를 빗어주고, 망으로 모발이 흐트러지지 않게 두상에 감싸주고 고정 스프레이를 분사한다.
ⓑ 네이프 묶음 부분을 머리카락의 잡아당김을 방지하고 양 엄지 손가락으로 눌러 준다.

뒤의 묶은 부분을 3가닥으로 땋아서 백에서 내린 망으로 감싸 준다.

ⓐ 땋은 끝머리 부분은 네이프로 둥글게 말아서 보조싱으로 사용한다.

ⓑ 3가닥 땋은 머리에 가채댕기로 연결하고, 네이프 묶음 머리 위에 고무줄을 이용하여 묶어 준다.

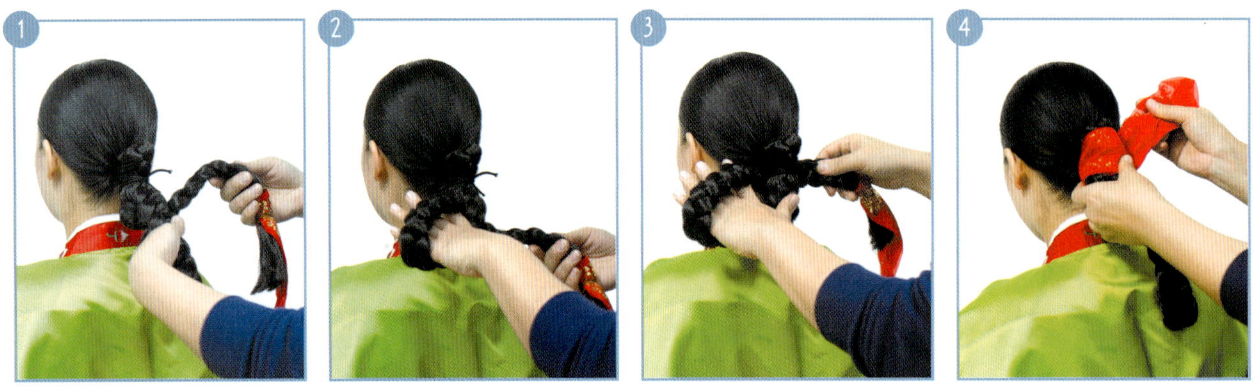

댕기 머리를 왼손 바닥 오른손 엄지 손가락으로 잡고, 왼손을 이용하여 매듭처럼 감아서 댕기를 중심으로 둥글게 고정한다.

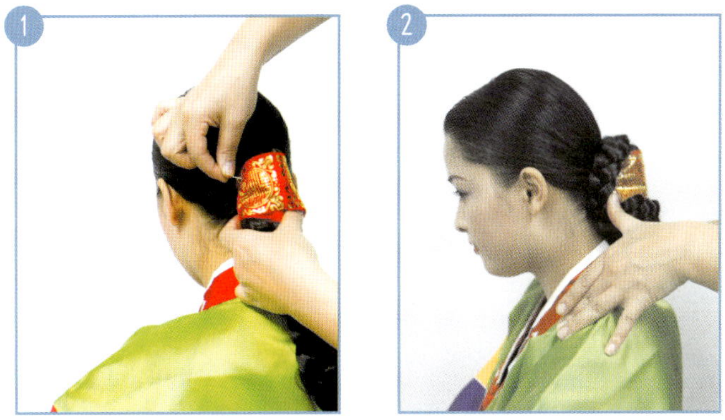

웃는 입술 모양으로 쪽을 짓는다.

쪽머리 위에 굵게 꼬아 놓은 가체 끝을 가체 앞부분의 고리 사이로 집어 넣어 모델의 머리에 둘러준다.

가체를 꼬아가면서 가체를 앉혀 주는데 구도를 잡아가면서 목 비녀를 이용하여 고정시킨다.

또 다른 가체를 그 위에 얹어서 형태를 만들어 주고 화려한 꽃이나 비녀, 댕기로 장식하여 완성한다.

<table>
<tr><td colspan="2">20   년   월   일</td></tr>
<tr><td colspan="2">작품 내용 :</td></tr>
<tr><td>

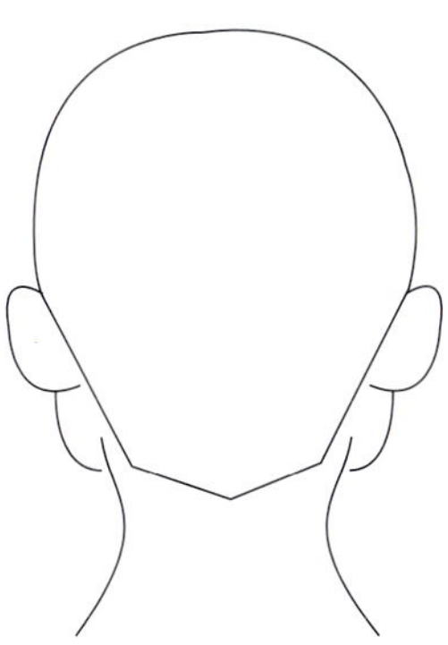</td><td></td></tr>
</table>

20　　년　　월　　일	
작품 내용 :	
전 면	
우측면	
좌측면	
후 면	

20 년 월 일

작품 내용 :

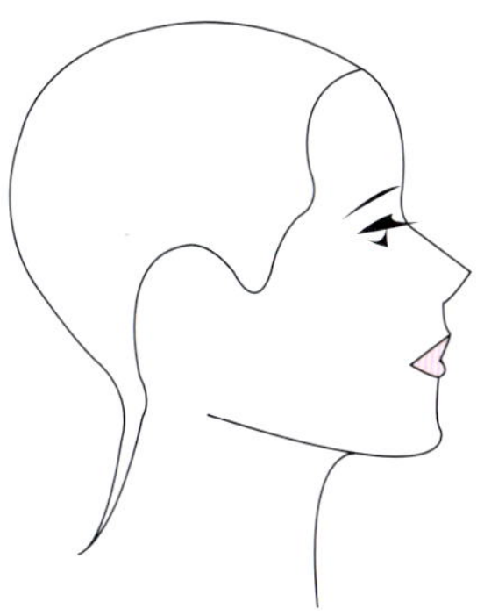

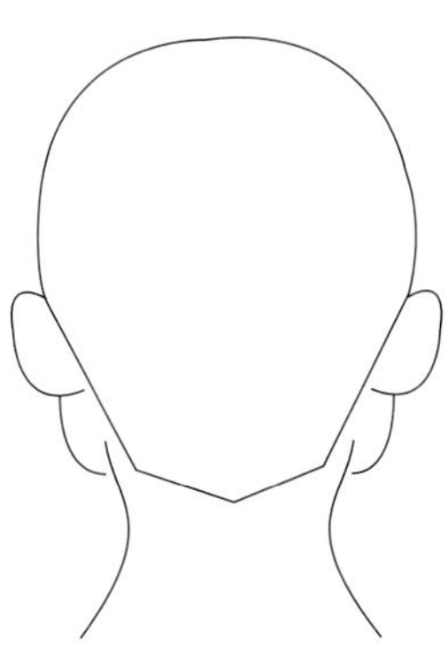

20　　년　　월　　일	
작품 내용 :	
전 면	
우측면	
좌측면	
후 면	

20　　년　　월　　일

작품 내용 :

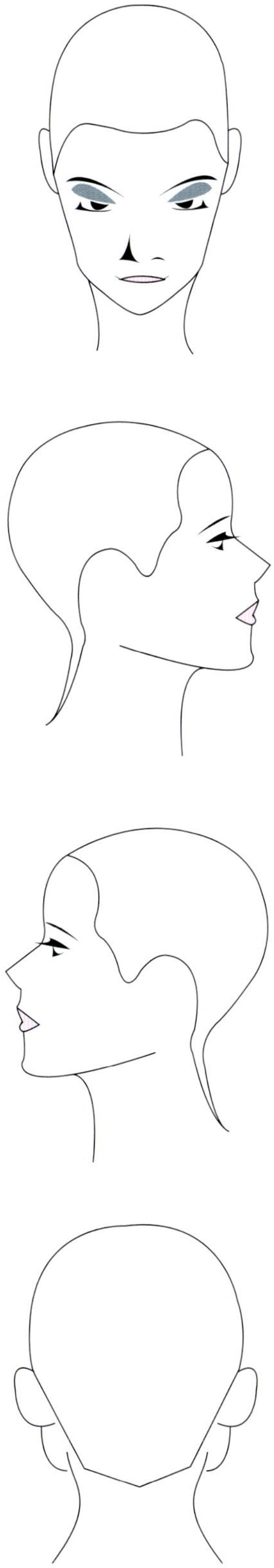

20 년 월 일	
작품 내용 :	
전 면	
우측면	
좌측면	
후 면	

20 년 월 일

작품 내용 :

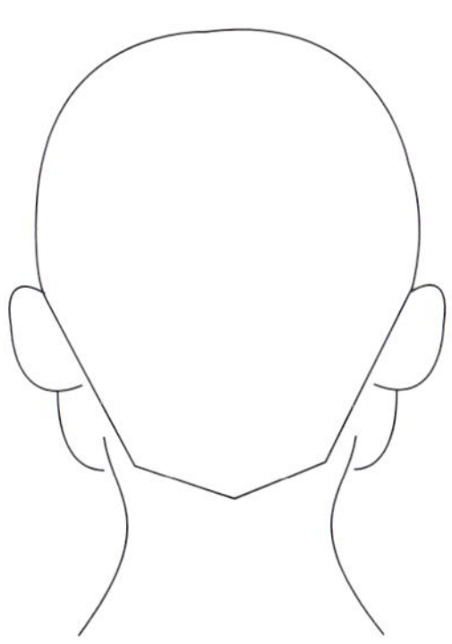

20　　년　　월　　일	
작품 내용 :	
전 면	
우측면	
좌측면	
후 면	

20　　년　　월　　일

작품 내용 :

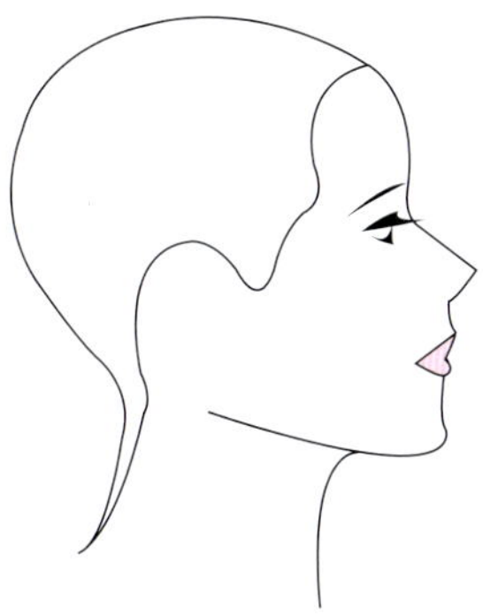

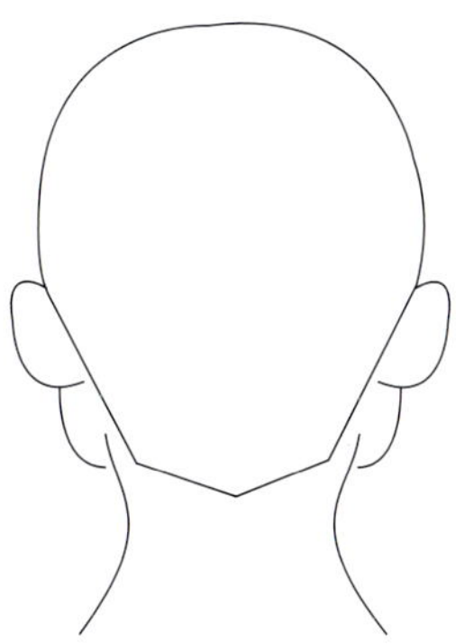

20　　년　　월　　일	
작품 내용 :	
전 면	
우측면	
좌측면	
후 면	

20　　년　　월　　일

작품 내용 :

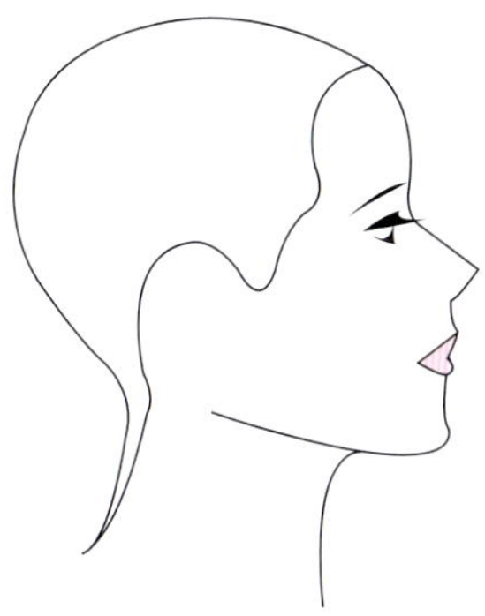

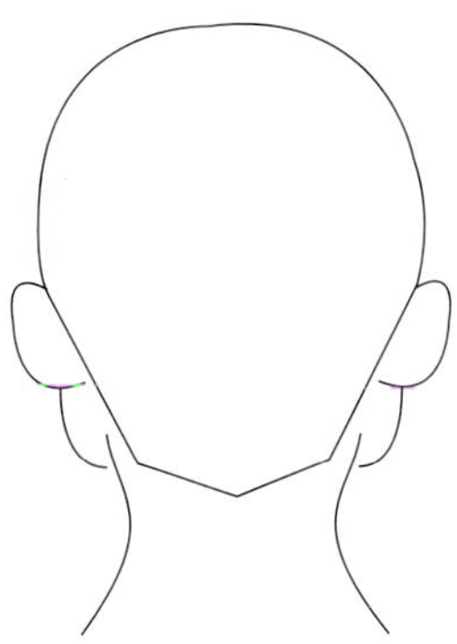

20　　년　　월　　일	
작품 내용 :	
전 면	
우측면	
좌측면	
후 면	

20 년 월 일

작품 내용 :

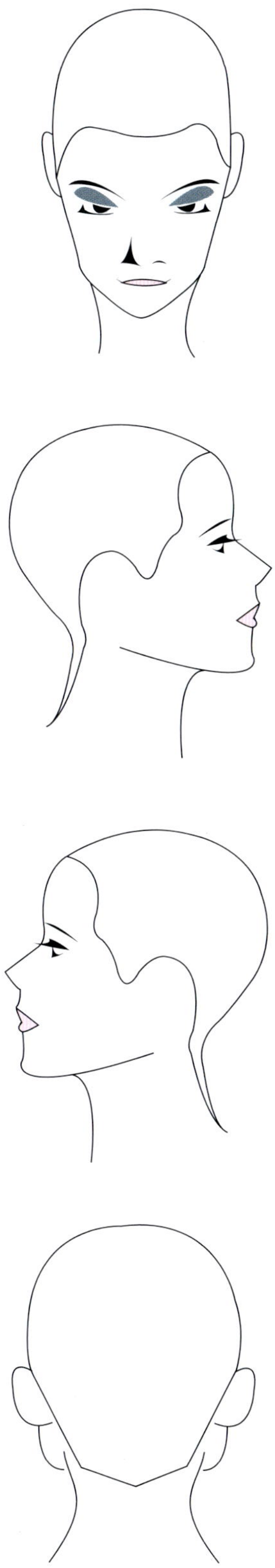

20　　년　　월　　일	
작품 내용 :	
전 면	
우측면	
좌측면	
후 면	

부 록

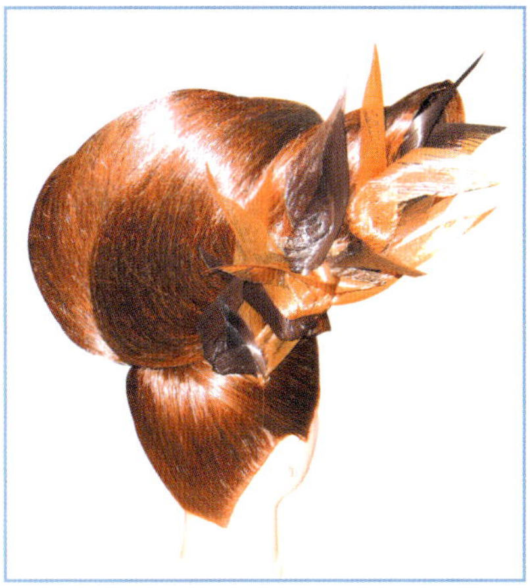

용어해설

『ㄱ』

* 가이드 라인(guide line) : 스타일을 만드는데 기준이 되는 머리의 길이
* 강조(accent) : 디자인에 있어 선이나 실루엣, 재질, 색채 중에서 어느 한 부분의 표면 효과를 강조하는 것
* 개성(individuality) : 각 사물 또는 각 개체가 지닌 고유한 특징적 성격
* 골덴 포인트(golden point) : 턱에서 양 귀를 연결한 선의 연장선이 두정부에서 만나는 지점
* 꼬기(twist) : 하나. 둘 혹은 세 가닥의 머리를 교차하거나 꼬아서 모양을 만들거나 다른 형태를 내는 방법

『ㄴ』

* 내로우 웨이브(narrow wave) : 릿지(등성이)와 릿지의 폭이 좁은, 커브가 급한 웨이브, 파장이 많으므로 전체가 곱슬곱슬한 웨이브
* 노트(kote) : 본래의 뜻은 매는 것으로 미용에서 가닥을 묶거나 얽는 매듭 부분, 또는 토대나 베이스를 만들기 위하여 만드는 부분의 의미
* 뉘앙스(nuance)(불) : 색조, 농담, 음영, 그라데이션(선염법) 톤, 감정, 정서 등의 여러 가지 표현을 포함. 다른 것과 조금 다른 미묘한 특색을 표현하는 것
* 내츄럴 (natural) : 자연의, 자연스러운
* 네이프(nape) : 목덜미를 뜻하며 후두부의 목덜미를 말한다.
* 네이프라인(nape line) : 헴 라인이라고도 하며 목덜미 부분의 모발과 피부의 경계선으로 후두부에서 머리가 나기 시작한 곳의 선을 말한다.
* 노블레스(nobesse) : 귀족적인, 귀족풍을 말한다.
* 네트(net) : 망

『ㄷ』

* 다운 스타일(down style) : 다운 헤어, 머리를 자연적으로 내린 머리모양의 총칭.
* 다운 스템(down stem) : 스템은 줄기, 컬을 만드는 경우, 베이스로부터 컬이 말리기 시작한 곳까지의 부분을 가리킨다. 다운 스템은 스템이 밑 방향을 향하게 되고, 두피에 대해 각도가 작게 된 상태이다.
* 다이아그램(diagram) : 그림, 도해, 도표
* 다이아고널 웨이브(diagonal wave) : 다이아고널은 대각선의, 사선의란 뜻. 웨이브의 굴곡선이 사선이 되는 웨이브
* 대상(object) : 예술에 있어서는 표현작용을 향한 목표가 되는 소재, 제재 등을 총칭한다.
* 대칭(symmetry) : 균형을 잡는 것
* 대조(contrast) : 다른 것과 맞추어보는 것, 서로 대립하는 두개의 요소가 확실한 것
* 덜 웨이브(dull wave) : 덜은 활발하지 않은, 둔한, 침체되었다는 뜻. 굴곡이 확실하지 않은 웨이브
* 디테일(detail) : 상세, 세부
* 디멘션(dimension) : 차원
* 디랙션(direction) : 모발의 방향과 흐름을 말한다. 하나의 선이나 면이 가는 길
* 디자인(design) : 예술적인 단어로 계획하다라는 뜻, 헤어디자인 3요소로는 머리형태와 질감, 칼라가 있다.
* 디포메이션(deformation) : 형을 바꾼다. 모양을 바꾼다. 변형한다는 뜻

『ㄹ』

* 라운드 사이드 파트(round side part) : 사이트 파트가 곡선을 그린 파트 라인, 라운드 파트라고도 말함.
* 라이프 스타일(life style) : 패션을 생활전체에서 찾아내는 것이 라이프 스타일, 생활 감각이 복장, 머리모양, 하나의 스타일을 만드는 것
* 랫 테일 코움(rat-tail comb) : 꼬리빗, 쥐의 꼬리 같이 가는 자루가 붙어있는 빗. 자루 부분은 파트를 나누거나 머리 묶음을 나눌 때 사용된다.
* 러프(rough) : 격식 없는, 조작 없는, 거친
* 렉탱귤러 파트(rectangular part) : 머리를 나누는 방법의 하나, 두정부를 장방형으로 나눈 것, 렉탱귤러는 장방형이란 의미
* 로마네스크(Romanesque) : 11세기 12세기 중엽에 걸쳐 유럽 전 나라에서 행해진 고대 로마의 요소에

동양적인 수법을 가미한 건축, 조각, 회화의 양식. 원형 아치, 스탠드글라스, 복장에서는 장식한 튜닉이나 망토 등이 대표적이다.
* 로맨티지즘(romanticism) : 낭만주의. 몽상적, 감상적, 주관적 정서를 즐기는 경향
– 8세기말부터 9세기에 걸쳐 프랑스에서 일어나, 유럽에 전개된 문예사조, 고전주의에 반항하여 자유스런 공상과 감정을 중시하는 경향
* 로맨틱(romantic) : 공상적, 시적인
* 로얄(royal) : 왕위의, 왕가에 어울리는, 고귀한
* 로우(low) : 낮다는 의미
* 로우 웨이브(low wave) : 파상의 부드러운, 산 모양의 완만한 웨이브
* 롤러(roller) : 머리모양에 볼륨을 위해 쓰는 세트용 기구
* 롤(roll) : 머리가 롤러에 의해 말린 상태
* 롤링(rolling) : 빗, 롤, 브러시를 반복 회전시키는 동작
* 롱 스템 롤러 컬(long stem roller curl) : 스템을 길게 롤로 만 컬, 머리다발을 두피에 대해 45도 각도 방향으로 세이프하여 만다. 각도가 작아지게 하기 위해서 스템 부근은 롤러에 말지 않고 길게 남김.
* 루즈(loose) : 깔끔하지 못한 모양, 야무지지 못한
* 리드미컬(rhythmical) : 율동적
* 리듬(rhythm) : 운율, 박자
* 리버스(reverse) : 반대, 역전, 포워드에 반대되는 말
* 리세트(reset) : 끝마무리나 콤 아웃(comb out), 브러시 아웃 등으로 불리 우는 기술로 최종의 끝마무리 작업
* 리젠트 스타일(regent style) : 리젠트, 앞머리, 양 사이드 모두 뒤로 넘긴 머리모양
* 릿지(ridge) : 산등성이, 웨이브의 융기, 융기선을 말한다.
* 럭셔리(luxury) : 사치스러운, 호화로운
* 레게 헤어(reggea hair) : 흑인 스타일의 대표적인 땋은 머리형

『ㅁ』

* 매치(match) : 조화된 것
* 메리트(merit) : 가치
* 메쉬(meche)(불) : 머리의 묶음, 탈색 하다 라는 뜻으로 머리의 일부분을 칼라링하는 것
* 모던(modern) : 현대적인, 근대적인
* 모듈레이션(modulation) : 가감, 조정
* 모드(mode) : 방법, 형식, 양식, 유행
* 몰드(mould) : 모양을 만들다, 갖추다.
* 무브(move) : 움직임, 움직이는 듯한 느낌
* 미니멀리즘(minimalism) : 장식적인 요소는 일절 제하고, 최소한으로 표현한 양식

『ㅂ』

* 버티컬(vertical) : 세로
* 바이어스(bias) : 사선, 비스듬한
* 반복(repetition) : 모든 단위가 위치를 제외하고 동일 할 때
* 방사 분배(radial distribution) : 머리를 한 시작점에서 분배하는 것
* 배렐 컬(barrel curl) : 통의 의미로 빗과 손가락으로 롤을 만드는 컬을 말함
* 백(back) : 배경, 미용용어에서는 두발의 뒷부분
* 백콤(back comb) : 볼륨을 더해주고 방향을 유도할 때 머리다발을 들어 올려 빗으로 밀어 넣는 동작.
* 밴딩(banding) : 고무줄이나 끈으로 묶어 고정하는 것
* 밸랜스(balance) : 균형, 디자인 요소들의 평형관계
* 뱅(bang) : 잘라서 내린 앞부분의 머리
* 버라이어티(variety) : 다양성, 변화
* 베리에이션(variation) : 변화
* 베이스(base) : 기본, 기준, 토대, 심지, 미용에서는 컬을 만들기 위해 나눈 머리다발의 근원부위를 말한다. 커트나 퍼머, 핀컬, 드라이 등을 시작할 때 제일 먼저 결정되어지는 머리의 가장 적은 부분, 밑뿌리를 말하는 것으로, 화장에서는 기초 밑바탕이 되는 밑화장을 말한다.

* 보이쉬 스타일(boyish style) : 남자아이 같은 머리형으로 자른 여성의 헤어스타일, 1930년경 영국의 여배우 베아트리스 리리에 의해 보이쉬 보브가 일반화되었다.
* 보헤미안(bogemian) : 방랑적인 생활을 하는 사람, 보헤미아 풍
* 볼륨(volume) : 부피의 감각
* 브러싱(brushing) : 머리를 브러시로 빗는 것, 두피의 더러움을 제거하거나, 적당한 자극으로 혈액순환을 원활하게 하거나, 모발의 흐트러짐을 정리하는 것
* 브레이드(braid) : 헤어에서 3개의 짜임으로 대표되는, 조직상으로 짜여진 머리를 말한다. 꼰 실을 몇 가닥 늘어놓고 묶은 머리, 여러 가닥을 꼰 머리, 테이프 상의 머리, 장식용 끈 등
* 블로킹(blocking) : 미용 기술을 시술할 때, 머리카락을 크게 구분하여 나누는 것, 시술하기 용이 하기위하여 스타일에 맞추어서 구분짓는 구획
* 비조화(discord) : 단위들 간 최대치의 간격; 극도의 대조

『ㅅ』

* 사이드(side) : 양측두부
* 샤기(shaggy) : 보풀이 일어난 긴 표면털(직물에 난 털)을 가진 모직물, 텁수룩한 털이란 뜻
* 서클 파트(circle part) : 서클은 기하학적 곡선으로 원, 원주, 파트는 원형으로 잡은 것, 라운드 파트와 같음
* 선(line) : 연장된 점(점들의 집합)
* 세미 롱(semi–long) : 숏과 롱의 중간의 머리 길이로 정돈된 머리모양
* 세이핑(hair shaping) : 빗으로 빗기면서 형을 만드는 것으로 컬과 웨이브를 만들기 위한 기초 기술 등을 말한다. 헤어스타일을 위한 업 세이핑(up shaping), 다운 세이핑(down shaping)이 있다.
* 세트(set) : 본래 의미는 특정한 위치나 상태로 둔다 라는 뜻이지만 정리한다 라는 의미로 쓰인다.
* 섹션(section) : 부분. 블로킹으로 구분한 부분 또는 그 보다 더 작게 나눈 부분
* 센스(sense) : 감각, 사려, 사물의 미묘한 느낌
* 센시빌리티(sensibility) : 감수성
* 센터 백 파트(center back part) : 두정부에서 뒤 네이프까지의 전체를 중앙으로 하나로 나누는 것
* 센터파트(center part) : 머리를 이마에서 정중선으로부터 나눈 것
* 스윙 웨이브(swing wave) : 스윙은 흔들리는, 진동한다는 뜻, 흔들리는 듯이 큰 움직임을 가진 웨이브
* 스크런칭(scrunching) : 디퓨저를 사용해 머리를 말릴 때 부드럽게 머리를 쥐어주는 마무리 기법
* 스퀘어(square) : 정방형
* 스퀘어 베이스(square base) : 정방형 베이스
* 스파이럴 컬(spiral curl) : 나선형으로 머리묶음을 땋는 컬
* 스파이키(spiky) : 머리의 앞, 머리 묶음에 날카로움을 주는 것
* 스타일(style) : 양식, 격식, 형, 좁은 뜻으로는 시대의 대표적인 형으로서 정착된 경우를 말한다. 복장에서는 룩, 패션과 같은 뜻으로 쓰인다.
* 스타일링(styling) : 양식, 실용적, 미적 효과를 높이기 위해 외견 스타일에 특색을 주는 것. 또는 프로세스를 말한다.
* 스타일리스트(stylist) : 패션쇼, 잡지, 텔레비전, 영화 등의 의상과 소품 또는 실내장식품을 선정, 코디네이터 하는 사람
* 스탠드 업 컬(stand up crul) : 스템이 두피로부터 선 듯이 만든 컬, 볼륨을 만들고 싶을 때 사용, 마는 방향에 따라 포어드와 리버스의 두 종류가 있다.
* 스테이지 메이크 업(stage make up) : 무대용의 화장, 도란(화장용 유성분), 글리스 페인트 등을 사용
* 스템 (stem) : 컬의 베이스(기준점) 밑뿌리에서 컬을 말기 시작하는 곳 까지, 즉 머리 줄기를 말한다.
* 스트랜드(strand) : 실, 가닥 등의 의미로 한 줄기의 모발 묶음, 한 가닥의 모발을 말한다.
* 스트림 라인(streamline) : 스트림은 흐르다, 경사의 뜻, 유선형
* 스트레이트 백(straighe back) : 스트레이트는 똑바른, 말끔하다는 의미, 머리를 전부 뒤로 넘긴 스타일, 속칭 올백
* 스페이스(space) : 공간, 장소, 여백, 건축, 조형 등에 있어서 3차원적인 공간과 넓이, 회화 글 등에서는 2차원 적인 화면, 여백 등의 의미로 쓰인다.
* 슬라이스(slice) : 한번 자른, 부분, 얇게 자른. 머리카락을 아주 적게 나누는 것
* 시뇽(chignon)(불) : 틀어 올린 머리, 머리를 틀어 올리거나, 묶거나 롤로 말아 묶은 것
* 시메트리(symmetry) : 좌우가 대조적으로 균형이 맞는 것, 좌우대칭
* 실루엣(silhouette)(불) : 윤곽선, 라인과 같은 뜻으로 쓰임

* 심볼(symbol) : 상징, 표상, 기호
* 써멀 스타일링(thermal styling) : 머리를 디자인하기 위해 열이 필요한 기구, 예를 들어 컬링 아이롱이나 전기 셋트와 같은 기구를 사용하는 것
* C컬 : 웨이브 모양 중에 S자 컬의 1/2인 C자 형태의 웨이브
* S자 웨이브 : C컬과 반대 C컬이 합쳐진 모양의 웨이브

『ㅇ』

* 아킹(arching) : 아킹 동작으로 머리를 커트하는 레저 커팅기법
* 아크베이스(arc base) : 반달모양의 베이스
* 액티베이트(activated) : 커트한 머리 끝이 보이는 거친 머리표면
* 아웃라인(outline) : 외형, 윤곽, 약도, 사물의 대략적인 형태, 미용에서는 머리모양의 실루엣(silhouette)
* 악시피탈 본(occipital bone) : 후두부에 튀어나온 뼈를 가리킴으로 후두부에서 움푹 들어간 부분과 대응함
* 앙글레즈(anglaise)(불) : 길게 세로로 땋아 묶은 머리, 이탈리아 풍의 세로 롤의 머리모양에서 19세기 중반 유행
* 앙상블(emsemble) : 정돈됨, 통일, 조화란 뜻, 정돈된 복장에서부터 장식품에 이르기까지 전체적으로 조화를 이룸
* 역모(逆毛) : 백콤의 결과로 이루어진 쌓인 모발
* 애프터 이미지(after image) : 심리학 용어로서 잔상
* 액세서리(accessory) : 장신구, 부속품, 주로 의복에 대해 복장을 제외한 것. 팔찌, 브로치, 귀걸이, 벨트, 모자, 장갑, 손수건, 가방, 신발 등의 장식 할 수 있는 것
* 액센트(accent) : 강조, 강약, 억양, 어조, 즉 어느 부분을 강조하거나 눈에 띄게 하는 의미로 사용된다.
* 앵글(angle) : 각, 각도, 시점이란 뜻으로, 대상과 시선 관계의 각도를 말한다.
* 양감(weight) : 볼륨. 물체의 크기, 무게 두께 등의 느낌, 조형예술에서는 대상물의 실재감, 입체감을 포함한다.
* 어낼러시스(analysis) : 분해, 분석, 어떤 디자인 전체를 부분으로 나누는 절차
* 어레인지먼트(arrangement) : 순서를 정하다. 배치, 배합, 장식을 의미하기도 한다.
* 어시메트리(asymmetry) : 비대칭, 불균형, 부조화를 말하는 것으로 머리카락의 흐름이나 부풀어 있는 정도가 좌우 대조적으로 균형이 맞지 않는 것
* 언더 브레이드(underbraid) : 바깥 가닥을 가운데 가닥의 아래로 교차시키면서 땋는 방식 = 아래 땋기
* 언밸런스(unbalance) : 불균형, 불평형, 균형이 잡히지 않은 것으로 운동감을 주는 효과가 있다.
* 업 다이아고널 파트(up diagonal part) : 다이아고널은 대각선, 경사의 뜻, 파트는 나눈다는 의미, 사이드 파트의 경우 나누는 선이 뒷 방향에서부터 올라가는 것을 말함.
* 업 스웹트 스타일(up swept style) : 빗이나 브러시로 쓸어 올린다는 의미 = 업 스타일(up style)
* 업 스타일(up style) : 올림머리, 얹음머리
* 엔드 오브 컬(end of curl) : 컬 상태로 만들어진 모발의 선단 부분, 컬의 끝 부분
* 엔드 플루프(end fluff) : 플루프는 솜털, 푹신푹신한 느낌이란 뜻, 엔드 프루프는 머리카락의 처리를 볼륨을 주어 뜨게 하는 것, 라운드 프루프와 베이지 보이 프루프가 있다.
* 엘레강스(elegance) : 우아, 우미, 품격 높은, 바르고 우아함
* 오너먼트(ornament) : 장식품, 장식하는 것, 목걸이나 가슴의 꽃 등
* 오리지날(original) : 원시의, 고유의, 독창적
* 오리지날리티(originality) : 독창성, 창조력, 신기술의 구축, 작품의 아이디어
* 오버랩(overlap) : 겹치다. 중복되다. 컬과 컬을 겹치는 것
* 오벌 페이스(oval face) : 달걀형의 얼굴, 오벌은 달걀형, 타원형이란 뜻
* 오브롱(oblong) : 장방형의, 직사각형의
* 오프 더 페이스(off the face) : 얼굴로부터 떨어져서라는 의미, 미용용어에서는 머리를 뒤로 넘겨서 이마를 확실하게 드러내는 헤어스타일을 말한다.
* 와인딩(winding) : 모발을 로드에 마는 기법, 랩핑(wrapping)이라고도 한다
* 원(circle) : 기하학적인 닫힌 곡선 모양으로 원주로 둘러싸여 있으며 중앙의 시작점에서 직경이 일정하다.
* 원랭스 커트(one length cut) : 모발의 커트선이 일정한 라인을 유지하면서 인사이드와 아웃사이드의 단차가 없는 상태

* 원 롤(one roll) : 양 귀의 후두부로부터 네이프에 따라서 밖으로 말아, 큰 롤 상으로 전체가 말린 머리모양, 봉 모양으로 만들어진 보조머리를 심으로 사용한다.
* 원심(遠心) : 회전하는 물체가 중심에서 멀어지려는 작용, 얼굴 바깥으로 모발의 흐름을 갖는 것
* 위그(wig) : 가발
* 위로 땋기(over braid) : 바깥 가닥을 가운데 가닥 위로 교대로 겹치는 땋기
* 위브(weave) : 한 끝에서 다른 끝까지 안과 밖을 엮으며 지나가기
* 유니섹스(unisex) : 모노섹스. 복장 등에서 남녀 구별이 없는 현상
* 유니티(unity) : 단일, 일치, 조형미를 만들어내기 위한 기본원리의 하나
* 유형(type) : 타입
* 이미지(image) : 모습, 모양, 꼴, 상징, 마음속에 그려지는 사물의 감각적인 영상
* 이미지 라인(image line) : 얼굴, 턱, 두부의 형으로부터 전체 실루엣을 정해 헤어디자인을 위해 만드는 라인
* 이어 투 이어 라인 (ear to ear line) : 귀에서 귀를 잇는 선
* 이어 투 이어 파트(ear to ear part) : 한쪽 귀의 귓바퀴로부터 다른 한쪽의 귓바퀴로, 두정부를 가로로 나눠지도록 머리를 나누는 것
* 익스텐디드 웨이브(extended wave) : 익스텐디드는 넓은, 넓혀진 이란 뜻. 웨이브를 연장한 경우, 우측으로 만 컬의 배열 다음, 좌측으로 만 컬, 그 다음에 다시 우측으로 만 컬로 교차해 배열하는 방법을 말한다. 우측 컬 = C(크로크와이즈) 시계방향, 좌측 컬 = CC(카운터 크로크 와이즈) 반시계방향
* 익스텐션(extension) : 신장, 넓이, 붙이는 머리의 일종으로 머리의 길이, 양감, 다른 질감을 더하는 것
* 인덴테이션 라인(indentation line) : 거꾸로, 반대방향의 선

『ㅈ』

* 지오메트릭 쉐입(geometric shapes) : 직선이나 곡선으로 닫히거나 연결된 선
* 장식(decoration) : 꾸미는 것, 장식한 것, 근대에서는 일반적으로 아름다움을 준다는 의미로 쓰인다.
* 조형 : 형체를 만드는 것, 좁은 의미로는 조형예술을 가리키지만, 오늘날에는 여러가지 미술적 요소를 지닌 것을 포함시킨 개념으로서 쓰인다.
* 조형예술 : 물질적 재료에 형태를 주는 것으로 공간적으로 고정되어, 시각에 호소하는 예술, 건축, 조각, 회화, 장식품 등의 총칭
* 조화(harmony) : 한 가지 혹은 몇 가지 점에서 비슷한 단위들의 어울리는 혼합으로 어긋남이 없이 서로 잘 어울림
* 지그재그(zigzag) : 지그재그
* 진행(progression) : 모든 단위가 비슷하지만 비례에 따라 커지거나 작아지면 점진적으로 변화한다.
* 질감(texture) : 물질 그 자체의 독특한 재질의 느낌. 매끈매끈, 꺼칠꺼칠함과 같은 질감은 촉감적, 시각적이다.

『ㅊ』

* 창작(creation) : 예술적 감동을 문예, 회화, 음악 등의 작품으로서 독창적으로 표현하는 것. 그 심리과정에는 창작적 기분, 착상, 연상, 완성의 단계가 있다.
* 축(axis) : 어떤 물체의 주위를 회전하는 가상의 직선

『ㅋ』

* 카우릭 파트(cowlick part) : 가르마를 타는 방법의 하나, 가마를 중심으로 해서 자연스런 머리의 흐름에 따라서 나누는 방법, 노파트로 된다.
* 컨벡스(convex) : 구의 표면과 같이 바깥쪽으로 휘어진 모양
* 컨스트럭션(construction) : 구성, 구조
* 컨케이브(concave) : 움푹 들어갔다는 의미, 기본적인 컷 라인의 하나로, 인레이어와 아웃레이어로 구성되는 들어간 라인의 모양, 머리숱을 적게 보이게 함
* 컨트라스트(contrast) : 대조, 대비
* 컨트롤(control) : 조절, 통제, 조정
* 컨셉(concept) : 작품의 기본 계획과 의도하는 스타일의 주제

* 컬(curl) : 머리를 마는 것. 또는 말린 머리 그 자체, 컬의 목적은 웨이브를 만드는 것, 앞 머리에 변화를 주기 위하여 볼륨감을 만들기 위해서 등이다.
* 컬러(curler) : 컬을 만들어 주는 말이 기구
* 컴비네이션(combination) : 결합, 조합, 배합
* 컴포지션(composition) : 작문, 구도, 구성, 여러 부분을 하나의 전체로 구성하는 수단
* 코로넷(coronet) : 금이나 보석, 꽃 등으로 만들어진 부인용 머리장식, 원래는 왕족과 귀족의 왕관
* 코밍(combing) : 코움(빗)을 이용해서 머리를 빗는 것, 머리를 가지런하게 하거나, 머릿결을 정돈하고, 움직임을 주기도 한다.
* 코스튬(costume) : 복장, 머리모양 등을 포함하여, 어떤 국민, 계급, 지방, 시대 등에 특유한 옷차림, 의상, 특히 부인복, 연극의 시대의상
* 코이퓨어(coiffeur)(불) : 꽃 머리 장식, 생화, 조화 또는 생화와 조화를 엮어 만든다. 귀여운 신부를 연출할 때 쓰는 소품의 하나
* 콤(comb) : 빗
* 콤 아웃(comb out) : 마무리 테크닉, 오리지날 셋에서 대충 형을 갖춘 머리를 빗이나 브러시로 형으로 만드는 것
* 크라운(crown) : 관, 옛날에 왕이 쓰던 위엄을 드높이는 장식구이었지만, 최근에는 신부가 웨딩 드레스에 맞추어 사용하는 대표적인 햇 드레스 정도가 되었다. 두부의 한 섹션, 두부로부터 후두부에 걸친 부분을 가리킨다.
* 크레스트(crest) : 볏, 깃털 장식, 파도의 가장 높은 곳, 웨이브의 가장 높은 부분
* 크로스 피닝(cross pinning) : 십자로 교차시켜 핀을 꽂는 것
* 클립(clip) : 소형의 끼우는 금속기구, 웨이브나 컬을 만들 때 머리에 끼우는 금속기구, 용도에 따라서 컬 클립, 웨이브 클립으로 나눈다.

『ㅌ』

* 타원(oval) : 원주로 둘러싸여진 기하학적 닫힌 곡선 모양으로 시작점에서의 직경이 일정하지 않다.
* 테크니컬(technical) : 기술적인, 전문적인
* 텐션(tension) : 장력, 긴장력
* 템플(temple) : 성당, 신전, 관자놀이, 측두부
* 톱(top) : 정상, 선단, 최고위, 수상
* 톱 헤어(top hair) : 두정부의 머리
* 통일(unity) : 많은 것을 하나로 정리하는 것, 모든 요소, 소재 또는 조건을, 선택하고, 정리하여 하나의 완성체로 만드는 것
* 투피(toupee) : 머리, 딴머리(덧넣는 머리)
* 트라이앵귤러 베이스(triangulat base) : 삼각베이스
* 트랜드(trend) : 방향, 경향
* 트리밍(trimming) : 손질하는 것, 불필요한 부분을 버리고, 전체를 정리하는 등의 의미가 있다. 마무리하기 위해서 머리끝을 가볍게 커트하는 기법
* 트위스트(twist) : 꼬다, 비틀다.

『ㅍ』

* 파나쉬(panache)(불) : 깃털 장식이 가볍게 겹쳐진 듯한 스타일
* 파트레스(partless) : 모발에 나누어진 부분이 없는 것, 노 파트라고도 말함
* 파티션(partition) : 분할, 경계의 나눔
* 패널(panel) : 가는 판상으로 나눈 머리묶음
* 패러렐(parallel) : 평행, 상이, 비교
* 패셔너블(fashionable) : 유행의, 당 시대 풍의
* 패턴(patten) : 형, 유형
* 퍼룸(forum) : 소재, 질감, 양감, 움직임 등을 가미해서 만들어진 형
* 퍼스탈리티(personality) : 개성, 인격
* 퍼워드 컬(forward curl) : 머리의 앞 부분이 얼굴 방향으로 돌아가며 말린 컬, 우측두부는 카운터 크로크 와이즈, 좌측두부는 크로크 와이즈가 된다.

* 퍼포먼스(performance) : 연기, 행사, 여흥, 성과, 행위, 순서, 예술의 완결성에 대하여 역의 기원을 두고 있는 미래파, 다다이즘 등의 표현행위에 의한 것으로, 우연성을 중시하는, '과정' 의 작품을 말한다.
* 펑크스타일(punk style) : 머리 정수리 쪽의 머리카락이 가볍게 위로 치켜 올라가는 형
* 페이스(face) : 훼이스라고도 하며 얼굴, 얼굴모양
* 포니테일(pony tail) : 1950년대에 미국의 10대 소녀들 사이에 크게 유행된 스타일로 뒷머리 부분의 머리 다발을 말의 꼬리와 같이 내려진 머리형으로 쥬니어에게 어울리는 헤어스타일의 기본형이다. 일종의 놋트 스타일이라고 할 수 있는데 머리전체를 하나로 모아 정수리 위에 묶는 것
* 포워드 롤(forward roll) : 머리의 앞부분이 포워드가 된 스탠드 업 컬의 일종으로, 포워드 컬에 비교해 말린 머리의 폭이 넓은 롤의 형태가 된다.
* 포인트(point) : 요점, 시, 장소, 중요한 점
* 퐁타쥬(Fontage)(불) : 17세기말을 장식한 대표적 머리모양, 프랑스의 루이 14세의 애인 퐁타쥬가 고안하였다고 한다. 철사를 넣어서 정면을, 넓게 만 컬의 묶음으로 장식하여, 컬의 부족부분은 가발로 메운다. 여기에 퐁타쥬라고 불리는 부채꼴의 본넷을 앞 방향에 휘어진 모양으로 다는 머리모양
* 폼(form) : 형, 형식, 자태, 형태
* 퐁파두르(Pompadour)(불) : 이마 선으로부터 앞머리 전체를 높게 올린 스타일을 말한다. 루이 15세의 애인 퐁파두르 백작 부인의 머리형에서 유래한 유명한 헤어스타일로 오늘날에도 유행 머리의 기본형의 하나로 되어 있다.
* 표현(expression) : 심적 상태와 정신적, 주체적인 것을 외면적, 감성적 형상으로 나타내는 것, 창작의 근본작용으로 내적인 표현을 예술적 형식의 결정체로 만드는 점에서 표출과 구별되어 사용된다.
* 플렛 컬(flat curl) : 납작하게 맨 살갗에 살짝 붙는 컬
* 프로세스(process) : 과정, 순서
* 프로포션(proportion) : 전체적인 비율
* 프로필(profile) : 옆얼굴, 측면관, 약력
* 프런트(front) : 전두부
* 프린지(fringe) : 이마를 부분적으로 또는 완전히 덮은 스타일
* 피봇 포인트(pivot point) : 컬의 기점, 회전하는 포인트, 피봇은 선회축, 급소, 중심점, 회전하다의 의미
* 핀 컬(pin curl) : 세팅로션과 무스 등을 발라 빗과 핀을 이용하여 평면적인 컬을 연출할 때 사용

『ㅎ』

* 하모니(harmony) : 조화, 화합
* 하트 브레이커(heart breaker) : 17세기, 남성을 힌트로 프랑스 궁정의 여성사이에서 유행한 머리모양, 러브 록과 함께 유행함, 옷깃에 걸치는 애교머리, 좌측 사이드의 머리를 일부분 길게 늘어뜨린 것
* 햄 라인(hem line) : 머리가 나기 시작한 선
* 헤비 사이드(heavy side) : 파트를 나눈 경우, 머리 양이 극단적으로 많은 쪽을 가리킨다.
* 헤어 넷(hair net) : 머리의 흐트러짐을 방지하는 넷(그물)
* 헤어 모드(hair mode) : 머리모양의 유행
* 헤어 세팅(hair setting) : 머리카락을 특정의 위치, 상태에 놓는다는 것
* 헤어 피스(hair piece) : 머리의 일부분에 붙이는 가발. 붙임 머리
* 형태(form) : 디자인의 외형이나 윤곽선 ; 디자인의 3차원 모양
* 호리존틀 웨이브(horizontal wave) : 호리존틀은 지평선, 수평선의 의미, 웨이브의 릿지가 수평으로 되어 있는 것
* 히피 스타일(hippie style) : 히피는 기성세대의 제도나 관습에 부정적인 젊은이들의 집합을 말함. 1960년대 후반, 미국에서 일어남. 장발에 비전통적 복장, 반문명적인 행동이 특징.

참고문헌

손복심, 우리나라 업스타일의 변천과정과 재현에 관한 연구, 광주여자대학교 대학원 석사학위 논문, 2007.
이숙자, 미용 전문잡지에 나타난 컨슈머와 헤어바이나이트 디자인 변화에 관한 연구, 광주여자대학교 미용과학과 대학원 석사학위 논문, 2005.
김명주 외, 모발미용학, 훈민사, 2005.
김진숙 외, UP STYLE DESIGN, 청구문화사, 2006.
손진아, Contest Design Skills, 미디어 뷰, 2006.
롱헤어디자인, PIVOT POINT INTERNATIONAL, 피봇포인트, 2000.
롱 헤어디자인 포럼, PIVOT POINT INTERNATIONAL, 피봇포인트, 2001.
홍도화 외, 한국 헤어 스타일의 변천, 한국 미용장회 중앙회, 서경커뮤니케이션, 2006.
이혜정 외, C.C.C UP STYLE, 청구문화사, 2004.
이온숙, LEE ON SOOK NOBLESSE UP-STYLE, 일산 피엔피, 2003.
손미경, 한국여인의 髮자취, 이화, 2004.
미용회보, 1985~2006.
정찬이, HAIR UP STYIE, 현문사, 2006.
한성진의 UP&UP 한성진의 15분 업스타일, 드림 북, 2003.
류은주, 모발미학사, 이화출판사, 2003.
김환, 열두손가락 업스타일, 도원출판, 2001.
조진애 외, 서양 복식의 역사, 경춘사, 2001.
김희숙, 화장문화사, 청구문화사, 2000.
정흥숙, 서양복식문화사, 교문사, 1997.
정미경, 우리나라 머리모양에 관한 연구, 국민대학교 대학원 석사학위 논문, 1989.
김송정, 고구려 집안과 평양지역 고분에 표현된 여성들의 헤어스타일 연구, 성균관대학교 생활과학대학원 석사학위 논문, 2002.
정임숙, 20세기 서구여성의 헤어스타일과 복식변천에 관한 연구, 한성대학교 예술대학원 석사학위 논문, 2002.
김희숙 · 유송옥, 한국 현대여성 헤어스타일 변천과 특징에 관한 연구, 미용학회지.
김태영, 朝鮮後期 헤어스타일의 變化 要因 硏究, 東亞大學校 의상섬유학과 大學院 석사학위논문, 2002.
나윤영, 한국여성의 헤어스타일 변천에 관한 연구 -1900년대부터 1990년대를 중심으로- , 호남대학교 정보산업대학원 석사학위 논문, 2001.
최혜정, 얼굴형에 따른 헤어스타일 연구, 한남대학교 사회문화과학대학원 석사학위 논문, 2005.
정숙향, 업헤어스타일의 디자인 개발에 관한 연구, 대구카톨릭대학교 대학원 석사학위논문, 2002.
新唐書
舊唐書
北史
周書
宋史
三國史記
成宗實錄
英祖實錄
正祖實錄
增補文獻備考
東京志
北學議
李圭景, 五洲衍文長箋散稿
李如星, 朝鮮服飾史, 白楊堂, 1947.
국사편찬위원회, 국사, 교학사, 2005.
장지현, 근 · 현대사, 한빛공무원학원, 2004.
유희경, 한국복식문화사, 교문사, 1981
전호태, 고분벽화로 본 고구려 이야기, 풀빛, 1999.
김기웅, 고구려 고분 벽화, 서문당, 2002.
유희경, 한국복식문화사, 교문사, 1993.
문영대, 한국불교미술사, 한언, 1997.
현장, 티베트, 예술과 자연, 불교출판 연지문, 1998.
김춘득, 동서양미용문화사, 현문사, 2002.
정흥숙, 근대복식문화사, 교문사, 1995.
한국헤어스타일 변천, 한국미용장회중앙회, 2006.
전선정 외, 미용미학과 미용문화사, 청구문화사, 2004.
http://cafe.naver.com/romankillers.cafe?iframe_url=/ArticleRead.nhn%3Farticleid=611 도련도
http://100.naver.com/100.nhn?docid=27171

찾아보기

INDEX

업스타일 총론

2007년 9월 10일 초판인쇄
2007년 9월 30일 초판발행

지은이 : 강미영 · 김명주 · 김민정 · 김순옥 · 손복심 · 어숙희
유의경 · 이수희 · 이숙자 · 이은정 · 이재숙 · 허순득
펴낸이 : 이상태
디자인 : 김연지
펴낸곳 : 청구문화사
주 소 : 120-831 서울특별시 서대문구 연희 1동 436-1
전 화 : 02-332-0541(代) 팩스 : 02-337-9577
등 록 : 1990년 11월 2일 제9-247호

가격 45,000원

ISBN 978-89-5616-218-8 93590